DE LA GÉNÉRATION

DES

ÉLÉMENTS ANATOMIQUES

Paris. — Imprimerie de E. MARTINET, rue Mignon, 2.

DE LA GÉNÉRATION

DES

ÉLÉMENTS ANATOMIQUES

PAR LE DOCTEUR

G. CLÉMENCEAU

Ex-interne des hôpitaux de Nantes, ex-interne provisoire des hôpitaux de Paris

PRÉCÉDÉ D'UNE INTRODUCTION

PAR

M. Ch. ROBIN

Membre de l'Institut, professeur à la Faculté de médecine de Paris

PARIS

LIBRAIRIE GERMER BAILLIÈRE

17, RUE DE L'ÉCOLE-DE-MÉDECINE, 17

1867

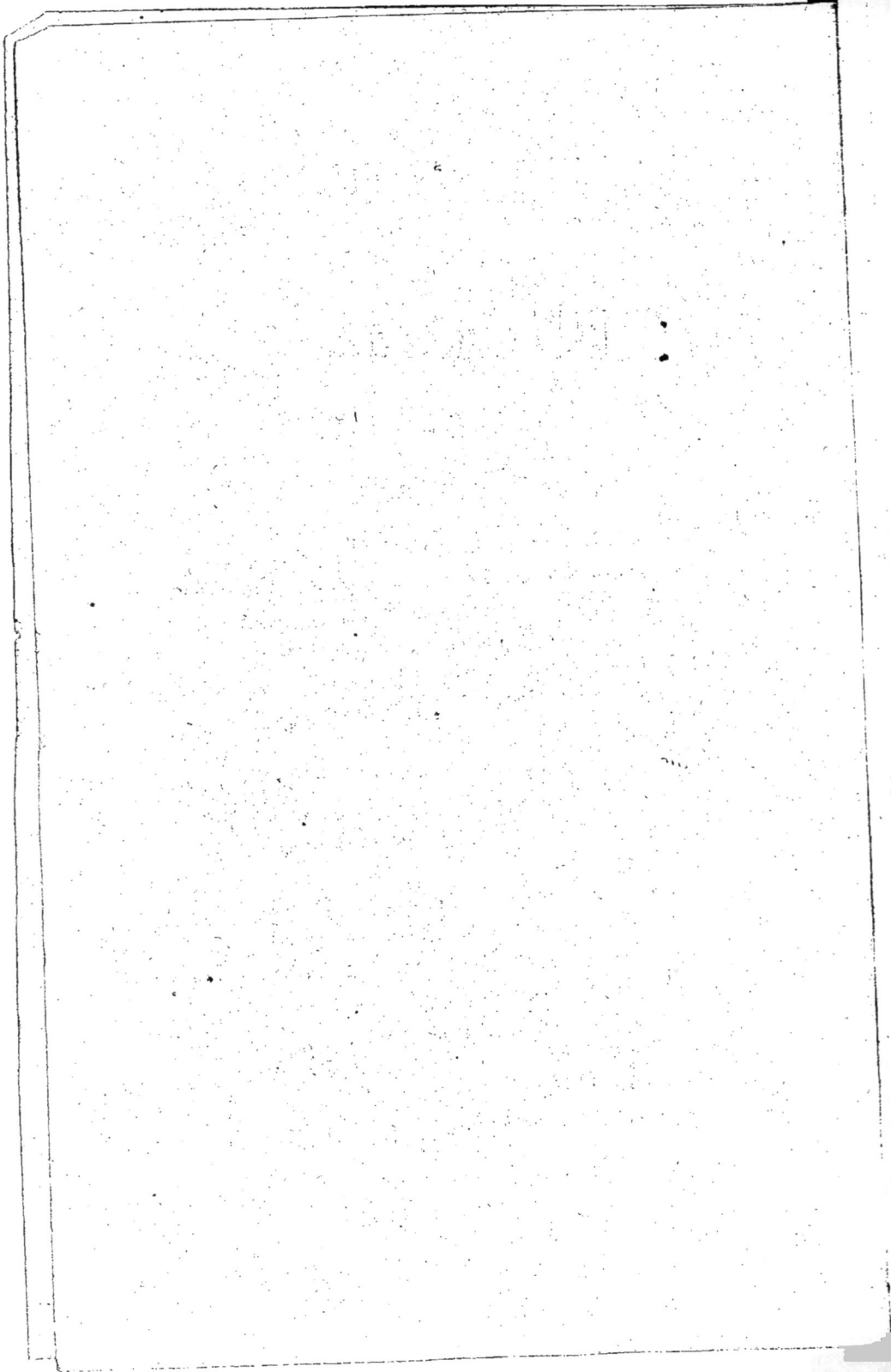

INTRODUCTION

DE M. LE PROFESSEUR ROBIN

———

Le but de M. Clémenceau, en publiant le travail dont il fait paraître la *deuxième édition*, a été d'exposer l'ensemble des faits particuliers et généraux dont l'étude l'a conduit aux convictions qu'il exprime, touchant le mode de génération des éléments anatomiques. Le but de cette préface est de faire comprendre l'importance, souvent méconnue, des questions de méthode lorsqu'il s'agit d'une analyse qu'il est indispensable d'étendre au delà de l'examen de la forme, du volume et de l'arrangement réciproque des parties directement actives dans l'économie animale.

Chacune de ces parties ne remplissant un rôle spécial, comme élément *élastique, contractile, innervable,* etc., qu'autant que sa substance même est en voie de rénovation moléculaire continue, cette analyse doit nécessairement être poussée jusqu'à la détermination de la nature chimique de ces molécules, c'est-à-dire des principes immédiats composant cette substance, dite organisée. D'un autre côté, l'apparition d'individus nou-

a

veaux parmi ces éléments anatomiques, ne peut avoir
lieu sans l'apport d'une nouvelle quantité de principes
immédiats, transmis d'un élément anatomique à ceux
qui l'avoisinent, et sans la formation incessante de
certains d'entre eux. On comprend donc que l'analyse
anatomique doit inévitablement être poussée jusqu'à
l'examen de la nature de ces principes, lorsqu'il s'agit
de suivre les éléments dans l'ordre de leur progression
ascendante, depuis l'instant où chacun d'eux apparaît.
Le but de cette préface est conséquemment aussi de
donner un court résumé de l'état de nos connaissances,
sur les conditions et les modes de la génération des éléments anatomiques.

I

La nature des parties constituantes élémentaires de
l'économie, que seul le microscope nous dévoile, est telle
que nul des objets que nous montre l'œil nu ne peut
donner une idée nette des premières en dehors de toute
observation personnelle. L'interprétation de la nature
des caractères constatés exige en outre une éducation
de l'œil pour l'étude de ces objets, de l'image desquels
nous regardons la projection sur un seul plan ; elle exige
encore une éducation des facultés d'analyse et de synthèse pour arriver à considérer toujours, par exemple,
comme ayant trois dimensions et une surface des corps
qui sont vus par lumière transmise; de telle manière
que l'image de leur superficie et celle des parties plon-

gées dans leur épaisseur se trouvent projetées sur un même plan.

On sait en effet que sur chaque espèce de ces parties il est nécessaire d'étudier : 1° leurs caractères d'ordre mathématique relatifs à leur siége, à leur volume, à la durée de leur existence par rapport à l'organisme ; 2° leurs caractères d'ordre physique relatifs à leur consistance, à leur élasticité, à leur couleur ; 3° leurs caractères d'ordre chimique relatifs aux actions colorantes, coagulantes ou décomposantes des agents physiques et chimiques, puis relatifs aussi à leur composition immédiate.

La valeur logique et l'importance pratique de la connaissance de chacun de ces ordres de caractères vont en augmentant à mesure qu'on approche davantage de l'examen des caractères chimiques ; elle devient particulièrement prédominante lorsqu'on arrive à celui des réactions décelant les analogies et les différences de la composition immédiate de chaque espèce. La raison de ce fait est que la connaissance de ces données nous place plus près des conditions moléculaires des actions exercées par chacune d'elles, et elle nous rapproche davantage des notions relatives à leur état d'organisation, c'est-à-dire des conditions les plus directes de leur activité organique. Il y a donc dans l'étude des réactions et des autres caractères d'ordre chimique des éléments anatomiques, des humeurs et des tissus, un point de méthode qui nous donne la raison scientifique de ce qui rend la connaissance de ces caractères plus importante encore que celle des caractères d'ordre physique, ou de ceux de forme et de volume, lorsqu'il s'agit de distinguer les éléments anatomiques d'une espèce de ceux d'une autre espèce. C'est ainsi, par exemple, que deux éléments de même forme, de même volume, de même consistance, etc., ne peuvent être considérés comme étant de même espèce s'ils réagissent différemment, si l'un par exemple est attaqué par l'acide acétique lorsque l'autre ne l'est pas. Aussi nulle description des éléments n'est-elle acceptable, quand il s'agit de déterminer une espèce de l'un d'eux, si l'indication comparative des caractères de cet ordre a été omise(1).

Le désir de voir et surtout de produire vite entraîne plus d'un observateur à négliger ces données qu'il est si indispensable de prendre en considération ; par suite, bien des erreurs d'interprétation sont commises par ceux qui pensent pouvoir en méconnaître impunément l'importance. Rien ne saurait donner une idée du peu de rigueur scientifique qu'ils apportent à la détermination de la nature des éléments anatomiques, facteurs individuels des actes qui se passent en nous, et à celle des tissus. D'une part, ils ne distinguent pas l'étude des

(1) On *détermine la nature* d'un élément anatomique en tant qu'appartenant à telle ou telle espèce, par la détermination de son siége, de sa forme, de son volume, de sa consistance, de ses réactions chimiques, de sa composition immédiate et de sa structure, comparés entre eux dans le plus grand nombre possible des phases de son évolution. Chaque élément anatomique, en effet, doit être envisagé non seulement sous le rapport de sa structure propre, mais encore au point de vue du lieu, du mode et de l'époque de son apparition dans l'organisme, puis des modifications normales et accidentelles qu'il présente à partir de cette apparition. Car chaque espèce présente des phases d'évolution différentes de l'une à l'autre ; c'est-à-dire qu'il y a pour

premiers, qui relativement représentent des corps simples, de celle des seconds ou corps complexes que ceux-là forment en s'associant par juxtaposition. D'autre part, ne reliant pas l'étude des altérations de tissus, tant par modifications évolutives de leurs éléments constitutifs propres, que par génération entre ces derniers éléments d'espèces différentes, ne reliant pas, dis-je, cette étude à celle de l'état normal du tissu affecté, leurs descriptions et l'incohérence qui résulte du mélange des nomenclatures adoptées rendent insaisissables le résultat scientifique et les applications possibles de ces efforts. Ici des éléments qui diffèrent par leur structure, par leurs réactions, par les modes que suivent leurs altérations sont décrits sous le même nom parce que leur forme et leur volume sont à peu près semblables. Ailleurs, le même nom est donné

chacune *un lieu* et *un mode* particuliers d'apparition, puis chacune ensuite se développe à sa manière. Puisque toute propriété normale ou troublée suppose un siège correspondant, il est nécessaire de connaître avant tout d'une manière complète chaque élément anatomique individuellement, il est indispensable d'en avoir fait la *biographie*, avant d'aborder l'examen anatomique et physiologique des parties de plus en plus complexes que ces éléments forment essentiellement par leur réunion. Alors seulement il est possible de déterminer la nature des *tissus* sains ou malades, parties complexes, et cela par la connaissance des éléments ou individus relativement simples qui les composent. Les éléments anatomiques, parties du corps véritablement nouvelles· pour nous, une fois connus, il ne reste plus rien de nouveau à décrire dans l'économie. Une fois connus, il n'y a plus à étudier que leurs arrangements de plus en plus complexes, sans qu'il y ait, à proprement parler, d'autres parties nouvelles à observer dans l'organisme ; car par leur groupement ils forment les tissus dont l'ensemble représente les systèmes, et ce sont les parties primaires de divers systèmes qui, réunies, constituent les organes, comme l'association d'organes différents compose les appareils dont l'ensemble est l'économie vivante.

à des produits morbides formés d'espèces d'éléments
reconnus comme manifestement distincts. Là encore
on voit les épithéliums considérés comme ne pouvant être distingués des autres éléments quelconques,
malgré les différences si caractéristiques que l'observation faite avec un peu de méthode. permet de saisir
aisément, quand on les compare aux autres espèces
d'éléments anatomiques, tant en ce qui touche leur
mode de génération qu'en ce qui regarde leurs caractères anatomiques et physiologiques normaux et accidentels. Ailleurs enfin, ce qui logiquement prend le nom
de *trame* dans la description des tissus normaux reçoit
dans celle de leurs altérations celui de *stroma*; et cela
malgré l'évidente différence de signification de ces mots
aux points de vue historique et étymologique, et malgré
surtout l'impropriété du dernier dans le sens qu'on lui
donne ainsi. Le manque de rigueur dans l'emploi des
méthodes scientifiques là même où elle est le plus nécessaire, ne peut en effet que faire oublier que la sévérité
et l'exactitude dans le choix des termes sont, en tout
état de cause, des auxiliaires aussi utiles en biologie
qu'en chimie (1).

(1) L'étude de la composition élémentaire et de la texture des tissus
morbides, lorsqu'elle est basée sur la connaissance des caractères correspondants des tissus normaux et du mode de développement de
ceux-ci, ne valide point les classifications et les nomenclatures anatomo-pathologiques établies d'après les caractères extérieurs seulement. Elle conduit à des résultats tout autres, imprévus, parce qu'on
ne pouvait les prévoir avant d'avoir vu les parties simples de la réunion desquelles les organes dont les caractères extérieurs nous frap-
pent sont la *résultante*. En cherchant, d'après l'examen de la couleur,

D'accord avec l'anatomie, la physiologie arrive à démontrer graduellement que chaque espèce d'élément remplit un rôle qui lui est propre, et s'altère accidentellement d'une manière autre aussi que ne le font les éléments dissemblables. Parmi ceux-là même qui cherchent à étudier cette diversité des altérations de tissus, il s'en trouve cependant qui tombent dans les incohérences que je viens de rappeler. C'est là une conséquence à peu près inévitable des observations anatomiques lorsqu'elles sont faites empiriquement, c'est-à-dire sans distinguer l'étude des divers ordres de caractères des éléments anatomiques, du même

de la consistance, du mode de déchirure, et autres caractères visibles à l'œil nu, à deviner la nature intime, c'est-à-dire la composition anatomique élémentaire des tumeurs, par exemple, qui ne peut être constatée qu'avec des instruments amplifiants et à tel ou tel grossissement déterminé, on n'est jamais tombé juste. Associer dans les descriptions les nomenclatures anciennes (fondées sur cette forme de l'empirisme alors inévitable), à d'autres plus récentes, mais qui ne s'appuyent pas sur la comparaison de l'état morbide à l'état normal, constitue une inconséquence manifeste; celle-ci ne laisse que des rapports rares et éloignés entre les descriptions et la réalité qu'elles sont destinées à traduire en signes, parce que les termes sont contredits par la nature même des faits qu'ils devraient exprimer. Lorsqu'on recherche la cause de cette manière de faire, on ne la trouve que dans la tendance qu'ont certains esprits à subordonner les résultats de leurs observations à d'anciennes hypothèses que ces observations même renversent, dans l'espoir de donner une autonomie à l'anatomie pathologique et à ses nomenclatures. L'examen des liens naturels (bien que ne se manifestant qu'accidentellement) qui unissent les états morbides à l'état sain, et qui font que la nomenclature pathologique doit être un dérivé de celle qui est usitée en anatomie normale, se trouve ainsi rejetée au dernier plan, au grand détriment de la pratique de l'art aussi bien que de la science.

genre d'examen fait sur les tissus ; sans observation des
éléments aux différentes phases de leur évolution normale avant d'en constater les altérations. C'est par cette
confusion qu'on arrive à la doctrine qui n'admet pas de
délimitation entre les épithéliums et les cellules nerveuses ou les globules rouges et blancs du sang, les
fibres musculaires, les spermatozoïdes, etc., etc. ; à
cette doctrine, en un mot, qui réduit toutes les espèces
d'éléments anatomiques à une seule ou à n'être que des
formes instables d'une seule et même espèce type, avec
possibilité pour chaque forme de passer à l'une quelconque de toutes les autres indifféremment, sous de
nombreuses influences accidentelles et en moins de
temps qu'un élément n'en met normalement pour
arriver de l'état embryonnaire à celui de plein développement ; doctrine séduisante, car elle évite toute préoccupation sur les connaissances qu'il est nécessaire d'acquérir d'abord avant de pouvoir arriver à constater les
caractères distinctifs de ces espèces.

L'unité d'agent entraînant l'unité d'action, cette doctrine ne peut faire aussi de toutes les propriétés d'ordre
organique que des formes instables les unes des autres
ou d'une propriété fictive et met toute la vie dans une
cellule, c'est-à-dire dans la seule des formes d'éléments
dont ce système admet l'existence. Placer les propriétés végétatives, plus la contractilité et l'innervation
tout à la fois, dans une seule espèce d'élément anatomique revient, en fait, à ne plus laisser possible une
distinction entre des propriétés aussi radicalement différentes, pas plus qu'entre les éléments qui en sont

doués. Autant vaudrait réduire à un seul ordre également les altérations si distinctes dont chaque espèce
d'élément est le siége, alors que les différences qui
séparent ces espèces se manifestent aussi bien par
leurs altérations, que par leur constitution normale
et le rôle qu'elles remplissent; alors que ces différences
se montrent, dès les premières périodes de leur évolution, par des altérations qui parfois les atteignent à
cette époque comme plus tard. Ramener ainsi de force
le normal ou le pathologique à l'unité n'est que réduire
tout à une illusion. C'est dans l'intérêt d'une hypothèse, remplacer par l'homogénéité et conséquemment
par la confusion la plus complète, la notion de solidarité
entre les parties nécessairement diverses, qui constituent
un organisme; notion de solidarité qui, dans l'étude
du normal et du pathologique, couronne celle des divers
degrés de l'organisation et celle de la diversité tant du
siége que de la nature des actes accomplis; notion qui
montre non pas l'unité, ni l'identité des composants,
mais leur concours dans un tout formé d'espèces de
parties simples, diverses de nature, aussi bien que géo-
métriquement distinctes individuellement; sans que
cette solidarité vienne rien enlever à chacune de celles-ci
de leur individualité anatomique et physiologique, en
l'absence de laquelle le tout pourrait encore représenter
une masse, mais non un organisme.

D'un autre côté, les bizarreries dans les interprétations
sont nombreuses, ainsi qu'on le comprend facilement,
de la part de ceux qui croient qu'il est possible de juger
les résultats auxquels conduisent les observations mi-

croscopiques sans avoir étudié les éléments anatomiques et les tissus. Il serait injuste pourtant de ne pas reconnaître que leurs préventions antiscientifiques sont en partie justifiées par les incohérences dont je viens de parler, et qui pourtant séduisent tant de personnes par l'apparente facilité qu'elles semblent donner à tout saisir rapidement dans ces questions. Mais ce n'est pas là faire de la science que de chercher à soumettre ainsi de force la description des objets observés et l'interprétation des faits, aux arbitraires limites d'un système absolu, dans l'espoir de faire croire à sa validité; la question, au contraire, est de se préoccuper de constater l'ensemble des caractères de chaque objet et de chaque phénomène, afin de voir de mieux en mieux comment les choses sont réellement, pour s'élever ensuite graduellement par induction à une formule générale exprimant le mieux possible la réalité.

Il faudrait donc se garder de supposer avec beaucoup de ceux qui se refusent à répéter toute observation de ce genre, que l'anatomie générale ne consiste guère qu'en une série de systèmes arbitraires; dans l'impossibilité où ils se trouvent d'apprécier la somme considérable de données réelles, sur lesquelles les interprétations seules varient, ils méconnaissent l'importance de celles qui demeurent acquises comme base et point d'appui scientifique immuable.

Les remarques précédentes sont applicables également aux questions de physiologie générale qui correspondent aux données anatomiques de cet ordre. C'est ainsi qu'en ce qui touche la génération des éléments anatomiques d'une part, et leur évolution de l'autre, des hypothèses sur ces deux ordres de phénomènes (ordinairement confondus en un seul), ont été généralisées, d'après l'observation d'un petit nombre de faits, avant qu'on pût, par induction après observation du plus grand nombre, établir une véritable doctrine sur ce point.

Ces théories ne pouvaient pas ne pas varier tant que le mode d'après lequel a lieu la naissance des éléments et tant que les phases de leur développement n'avaient été observées que sur un nombre restreint des espèces de ces parties du corps. Elles ont dû, au contraire, se modifier pour exprimer de mieux en mieux la réalité à mesure que ces phénomènes venaient à être connus sur quelques-unes des espèces où ils n'avaient pas encore été décrits.

II

On peut voir dans le travail de M. Clémenceau combien, dans l'examen des questions complexes de l'ordre de celles qui concernent la génération des éléments anatomiques, il importe de distinguer l'étude d'un phénomène de celle des conditions qui permettent l'accomplissement de ce phénomène lui-même.

Sans parler ici de tout ce qui touche à ce sujet, notons que partout où existe de la substance organisée en voie de nutrition, on peut saisir sur le fait la génération d'éléments anatomiques. Notons d'autre part, qu'on n'a encore vu cette génération que là ; par suite la *genèse* des éléments anatomiques est une *génération spontanée*, en ce qu'elle consiste en une apparition de particules formées de substance organisée, alors qu'elles n'existaient pas là quelques instants auparavant; mais on voit d'un autre côté que par les conditions dans lesquelles a lieu cette apparition aujourd'hui bien connue, cette genèse est nettement distincte de l'*hétérogénie* ou génération d'êtres dans des milieux cosmologiques, ou non organisés.

Dans la rénovation moléculaire continue ou nutrition, l'acte d'assimilation consiste, comme on le sait, en une formation dans l'intimité de chaque élément anatomique, de principes immédiats qui sont semblables à ceux de la substance même de ce dernier; ils sont pourtant différents de ceux du plasma sanguin qui en a fourni les matériaux avec transmission endosmo-exosmotique de chaque élément à ceux qui l'avoisinent et réciproquement. Alors que cette formation l'emporte sur la décomposition désassimilatrice, elle amène l'augmentation de masse de l'élément; mais, fait capital, cette formation de principes s'étend bientôt au delà, au dehors même de cet élément, dès qu'il a atteint un certain degré de développement; ce sont là ces principes immédiats qui, envisagés synthétiquement dans leur ensemble, comme un tout temporairement distinct des parties ambiantes, reçoivent le nom de *blastème*. A mesure qu'a lieu leur formation, ces principes ne peuvent pas ne pas s'associer moléculairement en une substance amorphe ou figurée, semblable à celle de composition immédiate analogue, qui a été la condition essentielle de la formation de ces mêmes principes.

Telle est la cause directe de cette formation des principes constitutifs du nouvel individu élémentaire, formation qui elle-même est chimiquement la cause inévitable de leur réunion ou groupement moléculaire; car, formation et association sont choses simultanées ou à peu près, en raison même des lois de l'affinité chimique, qui là, non plus qu'ailleurs, ne perd aucun droit. Tel est le mécanisme intime d'après lequel la nutrition d'une part, et l'arrivée du développement de chaque élément jusqu'à un certain dégré, d'autre part, deviennent les conditions nécessaires de l'accomplissement de la genèse ou génération de nouvelles particules élémentaires de substance organisée amorphe ou figurée ; conditions capitales, sur l'importance desquelles Auguste Comte a tant insisté d'une manière générale sans être compris de la plupart des physiologistes.

Il y a là, comme on le saisit facilement, tout un ordre de notions dont on ne saurait trop se pénétrer par un examen approfondi de la nutrition et du développement, si l'on veut comprendre quoi que ce soit à l'étude de la génération des éléments ; notions dont la méconnaissance est la source des erreurs systématiques et des hypothèses contradictoires qui partagent tant d'observateurs et jettent le trouble dans bien des esprits en ce qui touche ces problèmes.

Toute apparition de substance organisée, amorphe ou figurée, est caractérisée par ce fait que rien n'existant que des éléments anatomiques dont la substance

est en voie de rénovation moléculaire continue, des
éléments de même espèce ou d'espèce différente apparaissent de toutes pièces, par genèse ou génération nouvelle, à l'aide et aux dépens des principes immédiats
fournis par les premiers ; principes qui s'associent moléculairement en une masse de forme déterminée ou
pour quelques-uns sans autre forme que celle que lui
permettent de prendre les interstices qu'elle occupe lors
de son apparition. Cette apparition a lieu ainsi sans
qu'il y ait de lien généalogique substantiel direct de
l'élément nouveau avec quelque autre élément préexistant que ce soit.

Ce sont, comme on le voit, des éléments qui n'existaient pas et qui apparaissent ; c'est une génération
d'individus nouveaux qui ne dérivent d'aucun autre
directement. Ces éléments nouveaux, pour naître, n'ont
besoin de ceux qui les précèdent ou les entourent au moment de leur apparition que comme condition d'existence
et de production ou d'apport des principes qui s'associent
entre eux ; d'où les termes *genèse, naissance*, etc.

On observe la genèse sur l'embryon, le fœtus et
l'adulte, tant chez les animaux que dans les plantes.
Dans aucune de ces circonstances, les éléments ne
sont, au moment de leur apparition, semblables à ce
qu'ils seront plus tard. Quelques-uns, en petit nombre,
peuvent rester pendant plus ou moins longtemps, ou
toute la vie tels qu'ils étaient lors de leur genèse, mais
le plus grand nombre est *consécutivement* le siége des
phénomènes du *développement* ; ces derniers consistent
en une augmentation de masse en même temps qu'en

une succession d'apparitions de parties nouvelles, par génération au sein de cette masse de divers granules, de nucléoles, etc.. Les phénomènes primitifs de la genèse vont donc se répétant durant le développement en même temps que la masse augmente, et c'est ainsi que chaque élément atteint peu à peu les caractères qu'il offre chez l'adulte. Ces caractères ne doivent pourtant pas être dits *définitifs*, car, par les progrès de l'âge ou pathologiquement, les éléments anatomiques peuvent s'atrophier, s'hypertrophier ou être le siége de déformations diverses avec des modifications presque constantes dans leur structure. Mais dans les animaux particulièrement, et, pour certains éléments sur les plantes, toute espèce qui naît par genèse, prise au moment de son apparition, diffère des autres espèces quelconques prises à la période correspondante, et nulle, dans son évolution, ne devient semblable temporairement ou d'une manière permanente à quelque autre espèce. Il importe de connaître ce fait, car la plupart des espèces d'éléments anatomiques qui ont forme de fibre ou de tube ont pour centre de génération un noyau, né antérieurement (mais qui souvent s'atrophie et disparaît dans la suite du développement), ce qui donne temporairement à quelques-uns une ressemblance avec les éléments appelés cellules, au moins quant à l'aspect extérieur.

Parmi les phénomènes dont une fois née, la matière organisée sans configuration propre est le siége, les plus remarquables sont ceux qui ont pour résultat son individualisation en éléments anatomiques proprement dits

ou figurés, offrant la forme spéciale de cellule dont chacune présente une évolution normale ou morbide indépendante.

On sait, par exemple, qu'une fois apparu par genèse,
puis développé et fécondé, le vitellus devient le siége
du phénomène dit de *segmentation*, qui débute après
qu'a eu lieu, vers son centre, l'apparition par genèse
du *noyau vitellin* (1).

Ce phénomène a pour résultat la division progressive
de la substance vitelline en cellules ; celles-ci se juxtaposent graduellement en membrane blastodermique, et
l'on arrive ainsi jusqu'à l'apparition des rudiments de
l'embryon. C'est de la sorte que de l'état de masse

---

(1) Un quart d'heure ou vingt minutes après l'achèvement du troisième globule polaire (et par conséquent longtemps après la disparition du noyau dit *vésicule germinative*), on peut saisir au milieu de la
partie centrale du vitellus, devenue plus foncée, un petit espace clair
circulaire, large d'un centième de millimètre environ. Il se dessine
de mieux en mieux et atteint peu à peu une largeur de cinq centièmes
de millimètre. Au bout d'une heure environ, ses contours deviennent
saisissables par demi-transparence, bien qu'avec difficulté. On peut
alors constater qu'il s'agit là d'un corps solide, bien que facile à
aplatir, corps séparable du reste du vitellus, qui doit recevoir le nom
de *noyau vitellin*. Ce dernier, en se divisant en même temps que la
substance même du vitellus, forme les noyaux des cellules blastodermiques ; en naissant par genèse de toutes pièces, molécule à molécule,
longtemps après la disparition complète de la *vésicule germinative*, il
ne représente plus, quand il existe, le noyau de l'ovule, mais bien
celui du vitellus fécondé qui, par la fécondation, vient d'acquérir les
qualités d'un nouvel être, l'embryon ; qui vient d'acquérir une indépendance qui lui est propre, une indépendance par rapport à la membrane vitelline en particulier, dont auparavant il était solidaire. Ces
deux faits de la disparition de l'un de ces noyaux, que suit, après la
fécondation, l'apparition d'un noyau différent, caractérisent nettement

amorphe le contenu de l'ovule ou vitellus arrive à l'état d'éléments anatomiques d'une configuration déterminée, formant par leur arrangement réciproque les rudiments transitoires d'un nouvel organisme; car ces cellules disparaissent peu à peu par atrophie à mesure qu'apparaissent entre elles les éléments anatomiques définitifs et permanents du nouvel individu, ou bien elles ne forment que des organes qui lui sont extérieurs et sont caducs (vésicule ombilicale, chorion et amnios).

Dans l'ovule des Insectes et des Araignées le vitellus ne se segmente pas, mais c'est par *gemmation* d'une portion seulement de la substance vitelline, la portion superficielle, que cette substance s'individualise en autant de cellules embryonnaires. Celles-ci constituent le blastoderme enveloppant le reste du vitellus, qui ne gemme plus, et qui sert ultérieurement à la nutrition de l'embryon (1).

la succession directe d'une *individualité nouvelle* à une autre (vitellus fécondé), représentée jusque-là par un élément anatomique plus ou moins développé (ovule non encore fécondé). Or, fait capital, ce n'est pas la *segmentation du vitellus* qui est le phénomène initial par lequel débute l'indication de la constitution de cette individualité nouvelle; celle-ci est, au contraire, annoncée par un acte de genèse, celui de la génération autonome du *noyau vitellin* au sein d'une masse homogène en voie de rénovation moléculaire continue, le vitellus fécondé. Ce n'est que postérieurement à l'autogenèse de ce noyau que commence la segmentation, tant de ce dernier même que du vitellus, segmentation qui a pour résultat l'individualisation de la masse vitelline en cellules blastodermiques ou embryonnaires.

(1) Chez les animaux dont le blastoderme se forme par segmentation du vitellus, le point où ce phénomène va commencer est décelé d'avance par la production d'une cellule appelée *globule polaire*. C'est par *gemmation* que s'individualise cette cellule dont le mode d'appa-

Sur la surface du derme, sur celle des muqueuses à la face interne de la paroi propre des tubes urinipares, de celle des culs-de-sac glandulaires, etc., l'apparition des couches épithéliales débute par la genèse des noyaux, d'abord contigus, très-petits, et peu à peu ces derniers grandissant sont écartés graduellement les uns des autres, par suite de la genèse entre eux d'une couche de matière amorphe. Bientôt, cette substance interposée devient le siége de phénomènes de segmentation qui ont pour résultat son individualisation en cellules. Des plans ou sillons de division se produisant dans l'intervalle des noyaux, partagent ces couches en

rition et la signification physiologique sont restés longtemps ignorés. Le second mode d'apparition du blastoderme est caractérisé par ce fait que cette gemmation s'étend (Insectes et Araignées) à toute la surface vitelline, au lieu d'être bornée à un seul point comme chez les animaux dont le vitellus se segmente. Le résultat de la gemmation comme celui de la segmentation est d'amener l'*individualisation* de la substance du vitellus en cellules, en éléments anatomiques de configuration et de structure déterminées, juxtaposés en *blastoderme* et en *tache embryonnaire ;* elle conduit par suite la partie principale de l'ovule, le vitellus, à se trouver dans les conditions de rénovation moléculaire continue avec échange des principes immédiats de l'un à l'autre de ces éléments qui sont immédiatement contigus, conditions mentionnées plus haut (page XII), qui sont celles-là même qui ont pour résultat d'amener la genèse d'éléments anatomiques nouveaux. Ces éléments sont les premiers éléments définitifs du nouvel être (cellules et gaîne de la notocorde, éléments du tissu du cœur, de l'axe nerveux, des cartilages vertébraux, etc.). Au point de vue physiologique, la segmentation conduit, en un mot, à l'apparition dans l'ovule des mêmes conditions générales de la genèse que l'on retrouve ensuite pendant toute la durée de l'existence individuelle, pour l'accroissement proprement dit des organes, la régénération des tissus lésés ou la production des éléments des tissus accidentels.

autant de cellules prismatiques ou polyédriques qu'il y
a de noyaux comme centre de segmentation. Ce n'est
que postérieurement à cette individualisation que les
cellules et leurs noyaux peuvent s'hypertrophier, se
creuser parfois, et par exception aussi, devenir individuellement le siége d'une scission ou d'une gemmation.
Dès que leur augmentation de masse dépasse certaines
limites, ces dernières ont alors pour résultat la reproduction par le noyau ou par la cellule divisés, d'un
élément semblable à eux-mêmes.

La découverte de ces faits lie entre eux de la manière la plus logique les phénomènes de segmentation
et de gemmation quelles que soient les périodes de la
vie, où, depuis l'état ovulaire jusqu'à l'âge le plus
avancé, on peut les observer. Mais, d'un autre côté,
donnée capitale, elle les *subordonne* partout au fait de
la *genèse* préalable de la substance dont ils amènent
l'individualisation en cellules et à celui du *développement*
des cellules et des noyaux dont ils amènent la multiplication par reproduction. Dans le premier cas, la segmentation comme la gemmation ont pour résultat la
prise de forme déterminée et individuelle d'une substance déjà née, qui n'avait pas une figure qui lui fût
propre (vitellus et couches de matière amorphe épithéliale non encore segmentée). Dans le second cas,
elles ont pour résultat l'apparition d'un nouvel individu
ayant configuration propre, mais toujours semblable à
l'élément figuré dont il dérive de toutes pièces et jamais
d'espèce différente. La matière organisée préexistant
s'individualise, ou les individus qu'elle constitue se mul-

tiplient par scission ou par gemmation, mais ces actes n'ont pas pour résultat la formation d'espèces nouvelles par division d'espèces différentes.

Depuis leur première manifestation dans l'ovule jusqu'à l'âge le plus avancé, ces phénomènes ont pour résultat l'individualisation en éléments figurés de substances sans configuration déterminée par fractionnement régulier en cellules nettement délimitées. Les tissus exclusivement formés de cellules, depuis le blastoderme jusqu'aux couches épithéliales, se rapprochent ainsi les uns des autres par le mode d'après lequel leurs éléments constitutifs naissent d'abord et s'individualisent ensuite.

Les phénomènes de segmentation et de gemmation peuvent avoir lieu encore sur les noyaux apparus par genèse ; ils peuvent aussi avoir lieu sur les cellules, soit blastodermiques, soit épithéliales, dont l'individualisation en éléments de forme déterminée résulte de la segmentation de la substance du vitellus ou de celle qui est née par genèse entre les noyaux d'épithélium qu'elle écarte. Ils s'observent même sur un certain nombre de noyaux et de cellules apparus par genèse, ayant pris dès l'apparition première de leur substance une forme déterminée et ne résultant pas, comme les cellules épithéliales et blastodermiques d'une individualisation par scission ou par gemmation de couches ou de masses sans configuration spécifique. Tels sont, par exemple, les hématies, les leucocytes, les cellules du *corpus luteum* parmi les cellules, les noyaux embryoplastiques parmi les noyaux libres. Mais beaucoup

d'autres cellules comme les cellules nerveuses gan-
glionnaires et céphalo-rachidiennes, les fibres-cellules, etc., ne sont jamais le siége de cette segmentation
ni de cette gemmation, qui sont les phénomènes correspondants à ce qu'en botanique d'abord, puis dans
divers écrits médicaux, on a nommé *hyperplasie par
prolification*, *prolifération* ou *proligération* des noyaux
et des cellules.

Mais ces cellules une fois individualisées de la sorte, et
les noyaux et les cellules apparus par genèse, qui peuvent être aussi le siége d'une division par segmentation ou scission, ou par gemmation, ne se segmentent, etc., que lorsqu'ils ont atteint ou dépassé leur entier
développement, leurs dimensions les plus habituelles.
Ainsi, lorsque des cellules et des noyaux reproduisent
un élément semblable par suite de cette segmentation
ou de cette gemmation, ces phénomènes sont un signe
que l'entier accroissement de ces éléments est atteint
ou dépassé. En d'autres termes, ces derniers phénomènes (caractérisant ce qu'on a nommé parfois la *prolifération* des cellules) ne s'observent que sur les noyaux
et les cellules devenus grands, sur ceux de ces éléments
qui nés et doués de leur individualité propre, depuis plus
ou moins longtemps, dépassent en volume les limites du
développement du plus grand nombre (1). On constate,

(1) Les faits de cet ordre s'observent sur la plupart des éléments
anatomiques, tant animaux que végétaux, ayant les caractères de cellules ou de noyaux libres. C'est à ce titre qu'ils ont lieu sur des cellules reproductrices animales (ovules de quelques animaux) et végétales appelées autrefois spores libres (*conidies* de Tulasne), telles que
celles des ferments et autres *mycéliums* dits *mycodermes* et considérés

inversement, que les noyaux et les cellules encore petits, nés depuis peu, tant sur l'embryon que dans les cas de régénération sur l'adulte, ne sont pas le siége de ces phénomènes, contrairement à ce qu'admettent implicitement ou explicitement, sans pouvoir le constater formellement, ceux qui, croyant à l'absolue généralité de la scission et de la gemmation, comme phénomènes

souvent comme autant d'espèces végétales distinctes, sans que toutes les phases de leur évolution aient été suivies. Toutes les fois que ces éléments anatomiques se trouvent placés dans des conditions qui favorisent leur nutrition et par suite leur accroissement de manière à leur faire dépasser le volume habituel pour un état donné des premières phases de leur évolution au lieu d'acquérir lentement la disposition de tube *mycélial*, ils se segmentent eux-mêmes en deux éléments ou cellules semblables ou en émettent un ou plusieurs par gemmation à leur surface. De là cette multiplication rapide de ces cellules encore à l'état embryonnaire et sans que parfois elles atteignent même jamais l'état de complet développement. Cette multiplication rapide a pour condition d'existence l'énergie de leur propriété assimilatrice nutritive en ce qui les regarde; mais en ce qui touche le milieu ambiant particulier qui leur fournit les principes ou matériaux assimilés, cette énergie de leur propriété de nutrition a elle-même pour cause la décomposition et le dédoublement de certains des principes de ce milieu ; phénomènes appelés *fermentations*. C'est ainsi qu'ils jouent le rôle de *ferment*, lequel, comme on le voit, repose d'abord sur l'intensité de leurs actions assimilatrices et auquel leur multiplication, conséquence de leur rapide développement, tend à donner une extension progressive. Or, comme les actes d'assimilation et de désassimilation nutritives qui amènent ce dédoublement chimique (dit catalytique) sont eux-mêmes des actions chimiques, on voit qu'il n'y a, dans les fermentations qu'amène la présence de ces corps, rien autre que des phénomènes chimiques de même nature que tous ceux qui sont déjà connus. Les conditions qui en suscitent la manifestation sont seules différentes ; mais ce serait à tort qu'on voudrait les regarder comme d'ordre différent ou comme étant les effets d'un principe fictif particulier, vital ou autre.

primitifs et essentiels de toute génération, pensent expliquer tout et lever toute difficulté en ces questions par une phrase qui est sacramentelle, dès que s'y trouvent les termes *hyperplasie* ou *prolifération*, que vont répétant de confiance les imitateurs auxquels les mots suffisent en dehors de la trop difficile observation des faits et des trop dures exigences de la logique inductive.

Ainsi l'apparition des individus nouveaux d'une même espèce d'éléments, tant par scission que par gemmation d'éléments déjà individualisés et d'une configuration déjà nettement déterminée, loin d'être un fait général, reste bornée à un nombre restreint d'espèces et de circonstances particulières en ce qui regarde ces espèces. La segmentation et la gemmation sont donc des actes particuliers subordonnés aux phénomènes d'évolution ou de développement d'une partie déjà existante ; ils ont bien pour résultat soit l'*individualisation* de couches déjà produites, soit la *reproduction* d'éléments déjà individualisés par scission ou nés par genèse, mais ils ne caractérisent nullement la *production* proprement dite.

A plus forte raison, la naissance dans l'embryon d'espèces d'éléments anatomiques qui n'y existaient pas encore, loin d'être la conséquence d'une scission, suite du développement outrepassé d'une autre espèce préexistante, c'est, au contraire, le développement qui comprend entre autres choses pour chaque élément anatomique individuellement, des phénomènes de génération intérieure, amenant successivement l'apparition de granules, de nucléoles, de stries, etc.

L'examen général des résultats auxquels conduit l'observation de tous ces phénomènes, montre que la formation de l'organisme est due à une *succession d'épigenèses* d'éléments anatomiques ; chaque espèce des éléments anatomiques définitifs a un lieu, une époque et un mode d'apparition qui lui sont propres, comme chacune est douée de propriétés d'élasticité, de contractilité, d'innervation, etc., que ne possèdent pas les autres. Ce n'est pas par *métamorphose* ou *transformation* d'une seule espèce-type d'élément, en plusieurs espèces distinctes, qu'a lieu la formation des fibres lamineuses ici, là des fibres élastiques, des fibres musculaires, des éléments nerveux, etc., pas plus que la contractilité n'est une transformation de l'élasticité et l'innervation de la contractilité.

Jamais on ne voit un élément ayant atteint son plein développement présenter une succession de nouvelles modifications le faisant passer à l'état d'espèce différente, comme de l'état de cellule épithéliale à celui de fibre élastique, etc. Quelles que soient les suppositions implicitement ou explicitement admises comme vraies par les fauteurs de l'hypothèse de la métamorphose des éléments d'une espèce en ceux d'une autre espèce, jamais on ne voit un élément venant de naître, ayant les caractères d'une fibre lamineuse, ou d'une fibre élastique encore aux premières phases de leur évolution devenir fibres musculaires, cellules épithéliales ou nerveuses, etc. ou réciproquement. Et pendant leur évolution ou après qu'ils ont atteint leur plein développement, les aberrations accidentelles de forme, de structure, etc., que présentent parfois les éléments de telle ou telle de ces espèces, n'amènent en aucune manière l'un d'entre eux à prendre les caractères des éléments de l'une quelconque des autres ou *vice versá*. Dans leurs modifications accidentelles, ils oscillent autour d'un type, si l'on peut dire ainsi, sans perdre leurs attributs essentiels pour en acquérir d'autres permanents ou non, mais propres à des éléments doués de propriétés différentes. Ni jeune ni adulte, un élément quelconque n'est *indifférent*, anatomiquement ni dynamiquement parlant, c'est-à-dire apte à rester inerte plus ou moins longtemps pour, sous des impulsions dont on masque en vain l'état d'indétermination sous le nom vague de *besoins fonctionnels des parties*, devenir à un moment donné fibre élastique, musculaire, etc., etc., contrairement à ce qu'admettent explicitement ou non quelques hypothèses. On ne voit pas non plus des éléments adultes émettre par scission ou par gemmation des éléments qui, encore très-petits, et avant d'avoir atteint leur développement complet, proliféraient abondamment de la même manière, pour se transformer en individus doués d'attributs anatomiques et physiologiques différents de ceux qu'on dit avoir été le point de départ de la multiplication ainsi admise.

Cet examen montre, en outre, que tout élément anatomique, tout tissu, tout organe qui est né devient, par le fait de son apparition, de son développement et de sa nutrition, la condition de la genèse d'un élément anatomique, d'espèce semblable ou différente, et par suite de l'apparition d'un tissu, d'un organe, etc.; il devient même, à certaines périodes, l'une des conditions de l'atrophie de quelque autre partie. C'est de la sorte que les éléments anatomiques deviennent successivement générateurs les uns des autres, sans l'être primitivement, c'est-à-dire sans qu'il y ait un lien généalogique direct entre la substance de celui qui apparaît avec celle des éléments de même espèce ou d'une autre espèce entre lesquels il naît. C'est par cette série de conditions survenant successivement, que s'établit la connexité qui existe d'une part entre l'apparition constante de plusieurs éléments à la fois, se montrant aussitôt avec une forme spécifique, et d'autre part leur réunion suivant un arrangement réciproque déterminé, conduisant ainsi pas à pas l'organisme à présenter les dispositions qui entraînent avec elles l'accomplissement de chaque fonction.

Toute méthode rigoureuse exige que cette succession de conditions soit logiquement étudiée, depuis les premiers phénomènes de la fécondation jusqu'à ceux qui ont lieu dans les derniers temps de la vie ; hors de là il est absolument impossible d'arriver à pouvoir se rendre compte exactement des phénomènes normaux et morbides d'ordre organique, même de ceux qui nous apparaissent comme les plus simples. Aussi, lorsqu'on s'est rigoureusement soumis à ces exigences inévitables de la science, on voit que ceux-là vont tombant d'erreurs en erreurs, qui croient pouvoir se passer de l'observation des dispositions et des phénomènes embryonnaires pour entrer de plain-pied dans les études anatomo-pathologiques ; il en est encore ainsi de ceux qui pensent pouvoir donner la théorie exacte des faits relatifs à la génération des éléments en étudiant les actions évolutives observées chez l'adulte ou dans les produits morbides, alors que les premiers sont indispensables pour comprendre les secondes.

Il en est enfin de même de ceux qui admettent que tout élément anatomique serait une provenance évolutive substantielle et directe par scission répétée d'un élément anatomique-souche d'espèce différente ou semblable indistinctement. Cette hypothèse est, par une généralisation forcée, l'extension à tous les éléments anatomiques d'un fait que l'observation prouve être restreint à un certain nombre d'espèces seulement. Elle substitue la notion d'évolution à celle de génération que, malgré l'évidente supériorité de son importance, elle supprime de fait ; car la segmentation d'un élément préexistant caractérise une des phases de l'accroissement ou développement de certaines espèces d'entre eux ; cette phase a pour résultat la séparation d'un nouvel individu, mais semblable (*reproduction*), et dont la substance existait avant la division qui l'a individualisé. Cette hypothèse supprime davantage encore toute notion de génération en admettant, contrairement à l'observation embryogénique, que les éléments doués de propriétés physiologiques différentes, telles que l'inextensibilité, l'élasticité, la contractilité, l'innervation, ne naissent pas différents les uns des autres, mais que c'est en se développant qu'ils arrivent à être spécifiquement distincts de ceux dont ils viendraient de dériver ainsi directement.

En supprimant toute obligation de l'étude des faits précédents concernant la génération, ces hypothèses ac-

quièrent une simplicité qui est des plus séduisantes et
cela explique leur succès ; malheureusement elles sont
erronées par suite de ce fait même qu'elles ne tien-
nent pas compte de toutes les conditions indispensables
à l'accomplissement de phénomènes dont il importe tant
de déterminer les lois. Il n'est pas nécessaire de rappeler ici comment l'hypothèse d'après laquelle l'apparition de tous les éléments anatomiques dans les
conditions normales et morbides résulterait d'une scission continue d'éléments d'espèce semblable ou différente, supprime en fait la notion de génération en faisant
de l'apparition d'un nouvel individu un cas particulier
du développement de son antécédent ; il n'est également
pas nécessaire de montrer en détail comment, par là,
elle constitue une simple extension de la théorie de
l'évolution, dite aussi de l'emboîtement des germes.
Mais, sans établir une identification qui ne serait pas
soutenable ici, il n'est pas inutile de faire observer qu'au
point de vue logique l'hypothèse de la production des
éléments par *scission continue* dite *prolifération* est, à la
théorie inductive de leur *genèse*, avec ou sans *reproduction* ultérieure par scission, ce que l'hypothèse de l'émission de la lumière est à la théorie des vibrations lumineuses. Les auteurs qui admettent la première, en sont
encore en cet ordre de questions où en étaient ceux qui,
au temps de Fresnel, admettaient l'hypothèse de l'émission
substantielle de la part des corps lumineux, au lieu de
reconnaître la validité des notions prouvant la réalité
des vibrations lumineuses de la matière. Nous avons vu,
en effet, que le mouvement intime de rénovation molé-

culaire continue ou nutritive de chaque élément, suscite de proche en proche, autour de celui-ci, la formation chimique de principes immédiats analogues ou semblables à ceux qui constituent sa substance même, sans que ces éléments *émettent* directement et abandonnent en cela leur propre matière constitutive. Quant à l'émission par *gemmation endogène* ou *exogène* d'un élément semblable à soi, lorsqu'elle a lieu, elle n'est qu'un phénomène ultérieur, qui n'est ni constant, ni général, et qui ne s'observe que dans un certain nombre de cas particuliers et déterminés.

Dans l'hypothèse de la prolifération par gemmation ou scission tant endogène qu'exogène, on admet que la matière organisée émettrait incessamment et substantiellement d'autre substance organisée ; ce sont les éléments figurés qui émettraient continûment des éléments semblables ou non ; quant aux substances sans configuration propre, autre que celle des interstices qu'elles comblent (et dites intercellulaires), bien que sans analogie de constitution avec les *sécrétions* elles sont considérées alors comme des produits sécrétés par les éléments qui ont forme distincte.

D'un trait se trouve ainsi supprimée la nécessité de toute notion des mouvements moléculaires nutritifs et évolutifs incessants qui, arrivés à un certain degré, deviennent la condition de la génération d'une substance analogue par uite de la formation de principes qu'ils entraînent autour d'eux; formation qui, en ce qui touche les substances coagulables propres à chaque espèce d'éléments, telles que la musculine, l'élasticine, etc., est le fait initial de toute génération (1). Les éléments anatomiques, en effet, d'après l'hypothèse précédente, ne naîtraient pas, ils seraient directement émis par d'autres éléments et, au lieu de génération par association moléculaire avec innéité possible, il n'y aurait plus qu'émission par un individu d'un autre individu de même espèce, ou, qui plus est, d'une autre espèce que lui-même.

D'un trait se trouve également supprimée toute différence entre le phénomène si remarquable de la genèse et cet autre acte non moins admirable, par lequel les substances sans configuration spécifique nées et suffisamment développées s'individualisent en corpuscules, de configuration et de structure propres, celle de cellules ; acte qu'on observe sous des aspects divers, selon les conditions de lieu et de temps depuis la période embryonnaire la plus primitive représentée par le vitellus fécondé

---

(1) La *naissance* ne saurait être confondue sans erreur grave avec la *rénovation moléculaire continue* ou *nutrition*, et définir celle-ci par la première comme on l'a fait si souvent depuis Harvey et Leibnitz (Voyez *Nouvelles lettres et opuscules inédits de Leibnitz.* Paris, 1857, in-8°, *Introduction*, par M. Foucher de Careil, p. LXXVI et suivantes, et p. 412-435), n'est qu'une manière de reculer une difficulté faute de pouvoir la résoudre. Dans la nutrition, les éléments anatomiques, sans cesser d'être les mêmes individuellement, sans disparaître de l'économie, sont le siége d'un remplacement matériel, molécule à molécule, de la matière inapte à servir davantage et qui se désassimile, remplacement opéré par des principes immédiats qui n'ont pas encore été utilisés. Dans la génération, c'est l'apparition de substance organisée, amorphe ou à l'état d'éléments anatomiques figurés, qui n'existait pas, ou qui ayant existé n'existe accidentellement plus comme dans le cas de la *régénération* ou cicatrisation. Si ces deux phénomènes n'en faisaient qu'un, l'économie durerait toujours, car, dans le cas où la nutrition serait une *génération continue*, il y aurait remplacement inces-

dans lequel vient de naître le noyau vitellin, jusqu'à l'âge le plus avancé, sur les couches épithéliales les plus diverses s'individualisant en cellules par segmentation de leur matière amorphe, segmentation intercalaire par rapport aux noyaux; acte qui, dans l'un et l'autre cas, est consécutif à un fait de genèse préalable, celui du noyau vitellin au sein du vitellus dans le premier cas, celui de la genèse des noyaux épithéliaux et de la matière amorphe interposée dans le second.

En résumé, on trouve dans l'organisme des parties constituantes solides élémentaires, qui ont une configuration individuelle déterminée, et d'autres qui n'ont pas d'autre forme que celle des interstices qu'elles comblent entre les parties figurées ou des surfaces tégumentaires, glandulaires, etc., qu'elles tapissent. Celles-ci ne sont pas une provenance substantielle directe, ou proligération immédiate des éléments anatomiques figurés, mais apparaissent par genèse (page XIII et XIV). Arrivées à un certain degré de développement avec ou sans genèse de noyaux dans leur épaisseur, quelques-

sant de toutes pièces, par *néo-genèse* de parties n'ayant pas encore servi; ou bien, en cas d'identité de celle-ci avec la nutrition, ces parties supposées préexistantes et apparues on ne sait comme, ne feraient que renouveler leurs principes immédiats, sans qu'il y eût possibilité de *régénération* des parties enlevées comme dans le cas de la cicatrisation des brûlures, etc., autrement que par allongement des éléments restants, ce qui n'est pas. La nutrition seule exprime réellement dans l'économie ce que Leibnitz entend sous le nom de *loi de continuité*, et cela par la série de phénomènes rigoureusement de même ordre qu'elle représente tant que persistent certaines conditions de composition immédiate de la substance organisée et de circonstances extérieures à cette dernière.

unes d'entre elles (vitellus, couches épithéliales encore amorphes, etc.), elles peuvent secondairement gemmer ou se segmenter en corpuscules d'une forme et d'une structure déterminées, celles dites de cellules, qui ultérieurement s'accroissent individuellement plus ou moins, et chacune à leur manière, selon la composition immédiate de leur substance et leur siége, et par suite, selon la nature et la quantité des principes qu'elles reçoivent et assimilent. Arrivées à un certain degré de développement, ces cellules ou les noyaux peuvent se diviser également; chacun se double ainsi, pour chacun se doubler ou non de nouveau à son tour en un semblable et nullement en un dissemblable, c'est-à-dire nullement, de manière que tant dans l'ovule, après la segmentation vitelline, que sur l'adulte, un élément non contractile, non doué d'innervation, etc., puisse, par exemple, émettre un corpuscule devenant peu à peu fibre musculaire, cellule ou tube nerveux, etc. C'est entre d'autres éléments ou des éléments semblables en voie de rénovation moléculaire continue que croissent par genèse, et en prenant chacun dès l'origine, une forme et une structure spécifiques distinctes, modifiées, mais jamais renversées, par l'évolution, que naissent, dis-je, ces éléments, ainsi que tant d'autres, tels que les éléments élastiques, cartilagineux, osseux, etc., etc.

DE LA GÉNÉRATION

DES

ÉLÉMENTS ANATOMIQUES

« Ces cellules sont autant d'individus vivants, jouissant chacun de la propriété de croître, de se multiplier, de se modifier dans de certaines limites, et qui
sont les matériaux constituants des plantes. La plante
est donc un être collectif. »

(DE MIRBEL, *Nouvelles notes sur le Cambium*,
in *Comptes rendus de l'Académie des sciences*,
29 avril 1839.)

Le minéral le plus complexe, en quelque point qu'on
interroge sa structure, offre toujours une substance
identique avec elle-même. Pour raisonner des combinai-
sons chimiques, il faut reculer jusqu'à l'atome, qui seul est
immuable. Il n'est pas besoin de remonter si haut pour
interpréter les phénomènes de la physiologie. La matière
organisée, qui n'est après tout qu'un des modes de la
matière brute, présente un arrangement moléculaire
très-complexe, mais aussi très-fragile, et qui diffère
suivant le point de l'organisme où on l'étudie. Constituée
par des principes immédiats d'ordres divers et diversement combinés, la matière organisée s'observe sous
deux aspects. Elle est *amorphe* ou *figurée* (Buffon).

Amorphe, elle est dépourvue de toute structure. « Mais, dit M. Robin, ce n'est pas la forme qui caractérise l'organisation, c'est la composition intime et immédiate, le mode d'union molécule à molécule de principes d'une nature spéciale (1). » C'est là le degré le plus simple d'organisation, mais c'est aussi le caractère fondamental de la substance organisée.

Les *granulations moléculaires* établissent une sorte de transition entre l'état *amorphe* et les *éléments figurés*, ou *éléments anatomiques* proprement dits.

Ceux-ci (cellules, fibres ou tubes) offrent pour caractère particulier d'avoir une *structure* qui leur est propre et varie suivant l'espèce.

C'est de Mirbel qui, en 1801, est arrivé à la notion de l'élément anatomique entrevue par Glisson (1650), Leeuwenhoeck (1680), Boerhaave, Haller (2) (1750) et

---

(1) *Programme du cours d'histologie*, p. 14, 1864.

(2) Haller dit formellement, au commencement de ses *Elementa physiologiæ* : « La fibre (*fibra*) est pour le physiologiste ce que la *ligne* est pour le géomètre. » Plus tard, on regarda la fibre comme servant de base à presque toutes les parties du corps. C'est à la fibre qu'on ramena, en dernière analyse, les tissus les plus variés.

À la fin du dernier siècle, il se produisit une réaction contre la théorie de la fibre. Celle-ci fut remplacée par le *globule*. On alla jusqu'à considérer la fibre comme un alignement idéal de globules. On supposait que la cellule se formait par suite de la disposition des globules en membrane, cette dernière entourant les globules qui formaient le contenu (Baumgärtner et Arnold). La théorie de la formation des cellules par enveloppement fut la conséquence de cette doctrine. Les globules élémentaires étaient supposés se trouver, dans le principe, dispersés dans le fluide formateur. Sous l'influence de diverses causes, ces globules se rassemblaient en petits amas qui s'entouraient d'une membrane d'après le procédé que nous avons dit.

Bichat. — Il dit le premier que l'organisme était le résultat de l'association de parties élémentaires, vivant *chacune pour son compte*. Gruithuisen (1811), Treviranus (1815), Turpin (1818), reprirent sur les animaux les observations de de Mirbel sur les plantes. En 1828, Turpin arrivait à cette conclusion : « 1° Les êtres organisés les plus compliqués sont des sortes de composés par surajoutement d'êtres organisés plus simples qu'eux. 2° Chaque vésicule, chaque fibre et la cuticule générale dont se compose la masse tissulaire d'un végétal, sont des individualités qui ont leur centre vital particulier de végétation et de propagation. Mais toutes ces individualités simplement contiguës les unes aux autres ou collées par leur surface, deviennent solidaires et constituent par leur assemblage l'individualité composée d'un arbre (1). » Les recherches modernes n'ont fait que confirmer ces vues. Ce que de Mirbel disait de la plante peut donc s'entendre de l'homme. C'est *un être collectif*, — une fédération d'éléments anatomiques. Son individualité n'est qu'une synthèse de la leur.

L'analyse anatomique, en effet, réduit le corps de l'animal, et de l'homme par conséquent, en corpuscules ultimes : ce sont les éléments anatomiques, que l'analyse chimique décompose à son tour en principes immédiats. Chaque élément anatomique jouit d'une individualité qui lui est propre, aussi bien au point de vue de sa nutrition et de son développement que de sa forme. Il

(1) Turpin, *Mémoires du Muséum d'histoire naturelle*, 1828, t. XVI, p. 157.

naît, s'évolue et meurt d'une façon absolument indépendante et d'après les lois physiologiques qui régissent
son espèce. — Chaque espèce a son autonomie, son rôle
physiologique, sa manière de se juxtaposer ou de s'en-
chevêtrer dans de certaines proportions et suivant certaines lois pour former les tissus. Enfin ces derniers
s'associent pour constituer les organes du fonctionne-
ment desquels résulte l'organisme. Quel que soit l'arrangement moléculaire de la matière organisée, elle
possède deux ordres de propriétés : les unes en commun
avec la matière brute, les autres qui lui sont spéciales.
M. Robin a caractérisé ces dernières du nom de *propriétés d'ordre organique ou biologique.* « Elles varient
dans leurs manifestations, non-seulement avec la constitution physique et la composition moléculaire ou élémentaire, mais avec la forme et le volume de chaque
élément anatomique en particulier » (1). Elles sont au
nombre de cinq : les unes dites *végétatives,* parce que ce
sont les seules qu'on retrouve dans les éléments végétaux ; les autres qui, si l'on excepte les spermatozoïdes
de quelques plantes, ne s'observent que dans les éléments
animaux, sont appelées *propriétés animales.* Les premières sont la *nutrition,* le *développement,* la *naissance ;*
les secondes : la *contractilité* et l'*innervation.*

Cette classification appartient à M. Robin. L'importance de cette distinction est grande, surtout en ce qui
concerne les propriétés végétatives qu'on a souvent

---

(1) *Revue des cours scientifiques*, n° 47, 22 octobre 1864. Cours de
M. Robin, *De l'organicisme, des propriétés vitales et de l'irritation,*
recueilli par M. Taule.

cherché à ramener à une seule. Aussi croyons-nous utile, avant d'entrer en matière, de définir les trois termes : *nutrition*, *développement*, *naissance*, et de les distinguer.

La *nutrition* est en même temps la plus élémentaire et la plus générale de ces propriétés. Il y a des éléments anatomiques qui n'en ont pas d'autre, mais tous ont au moins celle-là. Nous la définirons avec M. Robin (1) « le double mouvement continu de combinaison et de décombinaison que présentent sans se détruire les éléments anatomiques ». Elle est la condition d'existence même de toutes les autres propriétés d'ordre organique. Toutes la supposent ; elle n'en suppose aucune.

Le *développement* consiste dans l'accroissement (2) en tous sens de l'élément anatomique, depuis sa naissance jusqu'à sa mort, c'est-à-dire jusqu'au moment où la nutrition y cesse. Cette propriété de se développer est sans doute le résultat de la nutrition (3), mais ce n'en est

(1) *Dictionnaire dit de Nysten*, art. NUTRITION.

(2) Le développement, dit M. Robin (*Programme du cours d'histologie*, p. 32), consiste en : 1° une augmentation dans les trois dimensions ; 2° en un changement de forme ; 3° en modifications graduelles de structure.

Si le *développement* produit l'*accroissement*, il ne faudrait pas pour cela se croire autorisé à confondre ces deux termes. L'*accroissement*, c'est-à-dire l'augmentation de masse, est aussi bien le résultat du *développement* que de la *multiplication* (par *naissance*) des éléments anatomiques.

(3) « Les phénomènes d'évolution, quels qu'ils soient, consistent en changements incessants, ayant lieu dans les éléments anatomiques pendant toute la durée de leur existence, phénomènes qui restent incompréhensibles, si l'on cesse un instant de se rappeler que le développement est subordonné à la nutrition. On entend par là que la

pas la conséquence inévitable. Il peut très-bien en effet se rencontrer un élément anatomique qui se nourrisse sans s'accroître, par suite d'un équilibre parfait entre l'assimilation et la désassimilation. — Ainsi se trouvent distinguées l'une d'avec l'autre les deux propriétés que nous venons de définir. D'ailleurs, si le développement entraîne des modifications successives de forme, de volume et de structure, l'apparition même des propriétés animales n'est qu'un fait d'évolution, puisque l'élément se montre avant la propriété. « Nul élément n'est, lors de son apparition, ce qu'il sera plus tard. — Alors il diffère plus de ce qu'il sera étant adulte que cet état ne diffère de l'état sénile ou d'aberration morbide extrême » (1).

nutrition par la rénovation continue des principes immédiats fournit ou enlève incessamment des matériaux à chaque élément, et devient ainsi la condition, l'accomplissement de ces changements de forme, de volume et de structure qui caractérisent toutes les particularités du développement. » (M. Robin, *Mémoire sur la naissance des élém. anat.; Journal d'anat. et de physiol.*, 1864, p. 364.) Toutes les propriétés *d'ordre biologique* étant subordonnées à la nutrition; la plus simple mais la plus nécessaire de toutes, la propriété de naissance ne pourra se manifester que consécutivement à la nutrition. C'est dire qu'on n'observe la génération des éléments anatomiques que dans un organisme en voie de nutrition.

(1) M. Robin, *Programme du cours d'histologie*, p. 26.

Depuis Turpin (1826), beaucoup d'auteurs ont tenté d'expliquer la génération des éléments anatomiques par l'idée d'un *développement continu, supprimant toute idée de naissance proprement dite*, ou par celle d'une *génération de cellules dans d'autres cellules*, c'est-à-dire par ce qu'on a décrit depuis sous le nom de *génération endogène*. La confusion est manifeste : ces deux propriétés, définies comme nous l'avons fait, sont parfaitement distinctes. Quant à l'endogenèse, nous verrons plus loin que c'est un phénomène très-rare et qui ne s'observe que dans certains cas pathologiques.

Dans un être vivant, c'est-à-dire en voie de nutrition, la production d'un élément anatomique au moyen de principes immédiats variés est ce qui caractérise la *naissance*. C'est la propriété dont jouissent les éléments anatomiques de déterminer dans leur voisinage la production ou génération d'autres éléments, ou d'en reproduire directement de semblables à eux. Cette définition est celle de M. Robin. Il ajoute seulement que, pour manifester cette propriété, les éléments anatomiques doivent se trouver placés dans de certaines conditions de nutrition et de développement. Le mot *naissance* exprime donc une seule propriété, mais à deux points de vue différents. C'est la propriété que possède l'élément de donner lieu à la génération d'éléments semblables à lui, d'*engendrer* en un mot d'une façon plus ou moins directe. — Mais c'est aussi la propriété qu'a l'élément de naître, d'apparaître. Que cette naissance ait lieu par *reproduction*, c'est-à-dire aux dépens de la substance même des éléments préexistants, ou de toutes pièces par *genèse*, molécule à molécule, à l'aide et aux dépens d'un blastème fourni par ces derniers, le fait caractéristique est toujours l'apparition d'un élément qui, quelques instants auparavant, n'existait pas. Un nouvel individu a surgi ; ce fait capital permet de séparer nettement cette propriété de celles de nutrition et de développement avec lesquelles on a cherché à la confondre. « La *naissance*, écrit M. Robin, y compris la *reproduction* et la *régénération*, ne saurait être confondue, sans erreur grave, avec la *rénovation molléculaire continue* ou *nutrition ;* et définir celle-ci par la première, comme on l'a fait si souvent depuis Harvey et Leibnitz, n'est qu'une manière de reculer une difficulté, faute de pouvoir la résoudre. Dans la nutrition, les éléments anatomiques, sans cesser d'être les mêmes individuellement, sans disparaître de l'économie, sont le siége d'un remplacement matériel molécule à molécule, de la matière devenue inapte à servir davantage et qui se désassimile, remplacement par des principes immédiats qui n'ont pas encore été utilisés. Dans la génération, c'est l'apparition de substance organisée, amorphe ou à l'état d'éléments anatomiques figurés, qui n'existait pas, ou qui, ayant existé, n'existe accidentellement plus, comme dans le cas de la *régénération* ou *cicatrisation*, etc. » (1).

Il nous suffit d'avoir défini les termes dont nous aurons à nous servir. — Nous allons étudier la *génération des éléments anatomiques*, c'est-à-dire que nous chercherons à déterminer, d'après les données de l'expérience, où, quand et comment ils naissent.

On observe la naissance des éléments anatomiques, soit *dans l'ovule fécondé*, « devenu par là un individu nouveau » (2), soit *dans le corps de l'être déjà formé* (embryon, fœtus ou adulte). Le premier de ces phénomènes est la génération même de l'organisme : ici l'apparition dans l'ovule du premier élément anatomique et la naissance de l'être sont un seul et même fait qu'il est impossible de scinder. Le second a pour résultat

---

(1) Robin, *Journal d'anatomie et de physiologie ; Mémoire sur la naissance des éléments anatomiques,* 1864, t. 1, p. 40, note.

(2) Robin, *Journal d'anatomie et de physiologie,* p. 31, 1re année; n° 1. Paris, 1864.

l'accroissement de l'organisme, qui est en même temps amené par le développement des éléments antérieurs.

La naissance des êtres nouveaux, je veux dire des éléments anatomiques qui arrivent à l'individualité, s'opère d'après deux modes : par *reproduction* ou par *genèse*. Il y a *reproduction* quand un élément anatomique figuré en *produit* directement un semblable par *gemmation* ou par *segmentation*. La *genèse* consiste dans l'apparition d'un élément anatomique qui n'existait pas, « dont les principes seuls étaient répandus dans le lieu où se passe ce phénomène moléculaire, mais *en des proportions* qui ne sont pas celles qu'on trouve dans l'élément apparu » (1).

Enfin l'*individualisation* est un mode de naissance des éléments, intermédiaire à la *genèse* et à la *reproduction*. Elle tient en effet de ces deux phénomènes à la fois. Elle est un résultat de la segmentation ou de la gemmation (au fond ces deux phénomènes sont identiques) d'un élément amorphe engendré entre les éléments voisins ou à leur surface.

Nous traiterons plus spécialement de la génération des éléments anatomiques dans l'ovule. L'ovule fécondé, c'est l'*être* à l'état virtuel, et lorsque s'accomplit cette intéressante succession de phénomènes qui commence à l'*ovule* et aboutit à l'*être*, l'observateur y saisit mieux que partout ailleurs les moindres phases de l'acte physiologique. Aussi, cette étude faite, ne nous restera-t-il

(1) M. Robin, *Journal d'anat. et de physiol.*, 1864, p. 153.

que peu de choses à dire de la naissance des éléments anatomiques chez l'être déjà formé, d'autant que dans ce dernier cas les conditions du phénomène sont changées, mais non pas le mode. Une espèce donnée d'éléments ne naît pas d'une façon différente dans l'ovule, l'embryon, le fœtus ou l'adulte. Le milieu varie ainsi que l'origine des matériaux de l'élément, mais le mode d'après lequel celui-ci acquiert son individualité reste le même.

Notre premier chapitre contiendra la série des phénomènes qui se passent dans l'ovule jusqu'au moment de la liquéfaction des cellules embryonnaires, c'est dire que nous étudierons la gemmation et la segmentation, ou, pour employer un terme plus général, la reproduction : ce qui nous conduira à nous occuper, dans un dernier paragraphe, de l'étude de ce phénomène chez l'être déjà formé. Dans le second chapitre, nous reprendrons l'ovule où nous l'aurons laissé, et nous assisterons à la naissance successive des éléments définitifs de l'embryon : ce qui nous fera connaître le phénomène de la genèse et ses conditions. Pour en compléter l'étude, nous le poursuivrons chez l'être déjà formé en terminant ce chapitre.

Mais au début de ce travail, il nous aura fallu considérer l'ovule comme une matière préexistante, sans nous préoccuper en rien de son origine. Il nous restera donc à établir que l'ovule lui-même est un élément anatomique et à déterminer où, quand et comment il naît, c'est ce que nous ferons dans un troisième chapitre : après quoi nous aurons épuisé tout ce qui concerne la naissance des éléments anatomiques au point de vue physiologique.

Le dernier chapitre comprendra ce que nous considérons comme la conclusion pratique de ce travail : la génération des éléments anatomiques dans les cas pathologiques. Nous ne pourrons point donner à cette question tous les développements qu'elle comporte. Nous avons tenu cependant à ne point l'omettre. Cette étude révèle en effet toute la portée des investigations microscopiques que certains se plaisent encore à accuser de stérilité. Elle établit la transition insensible qui relie la physiologie à la pathologie et donne la première de ces sciences pour base à la seconde. Elle montre enfin comment les phénomènes de l'une dérivent des phénomènes de l'autre, suivant des lois invariables qu'elle s'applique à déterminer en dehors de toute conception à priori.

Si l'on veut interpréter utilement les phénomènes pathologiques, une vue de l'esprit, si ingénieuse qu'elle soit, ne saurait remplacer l'observation. Ce n'est qu'en pénétrant dans l'intimité même de l'organe et de la fonction, qu'on peut arriver à comprendre l'acte morbide, sa signification, son rôle, et quels moyens il convient de lui opposer.

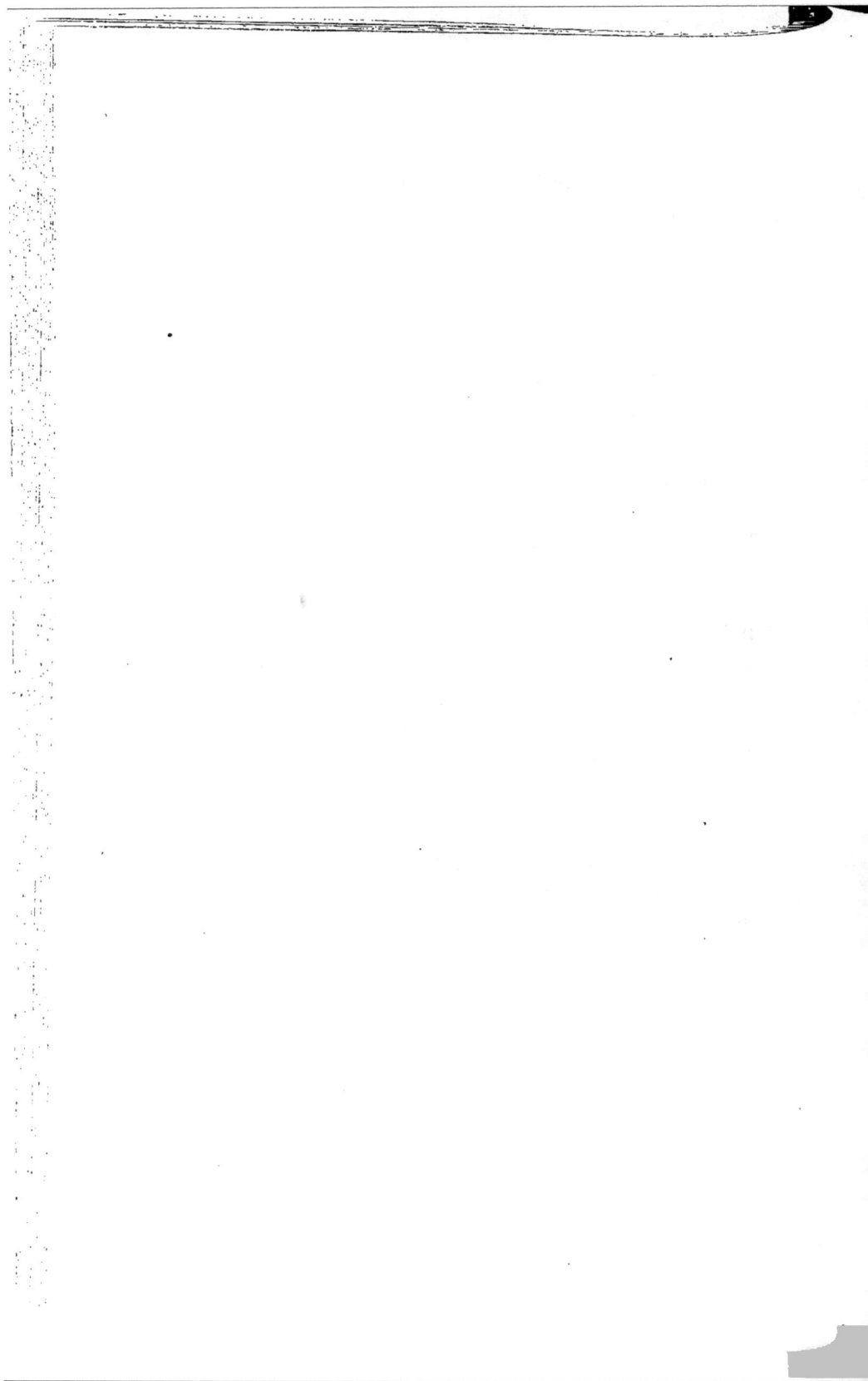

CHAPITRE PREMIER

DE LA REPRODUCTION

L'ovule subit deux séries de phénomènes, depuis sa naissance jusqu'au moment de la segmentation du vitellus. Les uns précèdent la fécondation, les autres lui sont postérieurs. L'étude des premiers et de la fécondation elle-même se trouve naturellement renvoyée au chapitre III, où nous décrirons la naissance de l'ovule. Nous y verrons alors comment l'ovule, après être né en véritable élément anatomique, après avoir été morphologiquement une cellule, « acquiert, par suite de son développement, des dimensions et des particularités de structure intime qui en font un organe spécial » (1). En effet, les phénomènes d'évolution qui s'y passent, et qu'on n'observe dans aucun autre élément, en font bien un organe nouveau et sans analogue dans l'économie. Sa structure anatomique modifiée, il en résulte que sa fonction physiologique reçoit une direction nouvelle.

C'est à ce moment même de son évolution que nous allons commencer à étudier l'ovule.

(1) Robin, *Mém. sur les phénomènes qui se passent dans l'ovule avant la segmentation du vitellus (Journal de la physiologie*, 1862, p. 75).

Sa structure est alors très-simple : un contenu granuleux, dit *vitellus*, une membrane enveloppante, homogène, hyaline, nommée par M. Coste *membrane vitelline*. Nous verrons (chapitre III) comment les spermatozoïdes la traversent. Le vitellus est séparé de la membrane vitelline par un espace clair que remplit un liquide parfaitement limpide. On peut y observer (1) des spermatozoïdes sur le point de se liquéfier.

De forme sphérique, les ovules ont, chez les mammifères, de 1 à 2 dixièmes de millimètre (2). Dans l'espèce humaine, la membrane vitelline, épaisse de 0^{mm},014, est élastique, amorphe, homogène, hyaline, transparente. A ce moment, c'est-à-dire après le phénomène du *retrait* (3), le vitellus offre un diamètre de 0^{mm},13 à 0^{mm},16 (au lieu de 0^{mm},16 à 0^{mm},19, son diamètre *avant le retrait*). « C'est une masse sphérique, cohérente, granulée, transparente et visqueuse » (4). A mesure qu'on se rap-

---

(1) Au moment où commence la segmentation du vitellus, il n'y a plus de spermatozoïdes mobiles entre la membrane vitelline et le vitellus.

M. Lacaze-Duthiers dit cependant avoir observé des spermatozoïdes mobiles dans l'œuf du dentale passé la période de fractionnement.

M. Robin n'a rencontré ce phénomène chez aucun mollusque, pas plus que chez les hirudinées. Il considère ce fait, s'il est confirmé, comme une exception.

(2) « Les différences qu'ils offrent à cet égard ne sont pas proportionnées à celles qui existent entre les animaux eu égard à leur taille. » Robin, *Dict. dit de Nysten*, art. OVULE.

(3) Nous verrons, chap. III, que les premiers phénomènes qu'on observe dans l'ovule sont, par ordre de succession, la disparition de la vésicule ainsi que la tache germinative et le retrait du vitellus.

(4) *Loc. cit. supra*, *Dict. dit de Nysten*.

« De toutes les parties constituantes de l'ovule, le vitellus est la seule

proche du centre, on trouve le vitellus composé de granulations de plus en plus foncées, unies par une substance amorphe et visqueuse. Il est plus clair et possède un reflet plus brillant à sa surface, où la ténacité de la substance amorphe est d'ailleurs plus prononcée que dans sa profondeur. Une mince couche de cette matière déborde les granulations à la périphérie de la sphère vitelline (1).

Tel est l'ovule au moment où vont s'y produire les phénomènes qui suivent la fécondation. Alors commence cette série de phénomènes dont j'ai parlé en commen-

qui prenne part postérieurement à la formation du blastoderme. »
(M. Robin, *Mém. sur les phénomènes qui se passent dans l'ovule avant la fécondation*, 1862, p. 73.)

(1) Cet aspect et cette disposition ont fait croire à quelques auteurs que le vitellus possédait une membrane spéciale immédiatement appliquée sur lui. M. Coste, le premier (1834), puis MM. Bergmann, Bischoff, Vogt et Robin, ont démontré l'absence de cette membrane sur laquelle M. Lacaze-Duthiers disait avoir vu un micropyle. M. Robin a observé que si l'on déchire par écrasement le vitellus en un point de sa surface, les granulations vitellines se rassemblent du côté de la rupture, en laissant à l'extrémité opposée la substance visqueuse, qui apparaît limpide et transparente. Les granulations extrêmement fines qui restent dans cette dernière ne sont douées d'aucun mouvement brownien. Ce qui démontre qu'elles ne se trouvent point dans une cavité. D'ailleurs, aucune trace de plissement à la surface du vitellus ; et cela ne manquerait pas d'avoir lieu s'il possédait une membrane. On observe, en effet, constamment ce dernier phénomène lorsqu'on vient à rompre la membrane vitelline. Les granules qui s'accumulent du côté de la rupture s'épanchent alors dans l'espace plein de liquide qui sépare le vitellus de l'enveloppe ovulaire, et sont doués d'un mouvement brownien très-prononcé. D'où l'on peut dire que « le vitellus est exclusivement constitué par un globe granuleux qui est le contenu de la cellule ovulaire développée. L'œuf n'a pas d'autre enveloppe que celle dite *vitelline*, qui provient de l'accroisse-

çant et qui précèdent la segmentation du vitellus. Il y en a trois sur lesquels M. Robin a tout particulièrement insisté; ce sont :

1° Les phénomènes de déformation et de giration du vitellus;

2° La production des globules polaires;

3° L'apparition du noyau vitellin.

§ 1ᵉʳ. — Phénomènes de déformation et de giration du vitellus.

Immédiatement après le retrait du vitellus, on voit certains mouvements s'y manifester. La longue durée de ses phénomènes, ses interruptions à des périodes déterminées, son retour régulier, le rendent extrêmement remarquable. « Il commence, en effet, quelques minutes après la ponte chez les grenouilles, les poissons, les insectes, les mollusques et les hirudinées, pour se continuer jusqu'à l'époque où, comme conséquence de la division du vitellus en nombreuses parties, le *blasto-derme* se trouve formé par celles-ci » (1).

Ce phénomène est double : il consiste dans des chan-

ment de la paroi de la cellule par laquelle l'ovule commence. » (Robin, *Mém. sur les phénomènes qui se passent dans l'ovule avant la segmentation du vitellus*, p. 73.)

Le nom de membrane vitelline, proposé par M. Coste, est donc parfaitement exact. Ceux d'*enveloppe ovarique* (Quatrefages), *zone pellucide* (Bischoff), *coque* (Lacaze-Duthiers), *membrane coquillière* (Vogt), sont évidemment impropres.

(1) M. Robin, Mémoire cité, 1862, p. 100.

gements successifs de la forme du vitellus et dans la rotation lente de celui-ci sur lui-même. Pour M. Robin, ce second fait est la conséquence du premier, « dû lui-même à des *contractions amibiformes* ou *sarcodiques* de la substance homogène fondamentale du vitellus » (1).

Les changements de forme qu'affecte le vitellus sont variables. De sphérique qu'il était d'abord, tantôt il devient pyramidal, à angles plus ou moins arrondis, tantôt il figure un ovoïde plus ou moins allongé. Parfois il se déprime à ses deux extrémités, puis s'étrangle à son milieu, ce qui simule un commencement de segmentation. D'autres fois, enfin, son contour devient légèrement sinueux et se hérisse de saillies que le retrait des granulations rend transparentes.

Pendant que ces déformations s'accomplissent, le vitellus tourne sur lui-même. En effet, si l'on fixe un point quelconque du vitellus reconnaissable à quelque particularité, on le voit se déplacer vers la circonférence, disparaître, puis reparaître du côté opposé. Selon M. Robin, pour faire un tour complet sur lui-même, le vitellus demande de quarante-cinq à cinquante-cinq minutes, par une température de 11 à 12 degrés. La giration deviendrait moins rapide, à mesure que baisserait la température.

Ces deux ordres de phénomènes coexistent. Ils cessent au moment de l'apparition de la saillie qui va donner naissance au premier globule polaire pour recommencer

(1) *Loc. cit.*, p. 104. M. Robin a, le premier, décrit ce phénomène avec détails. Bischoff (1843) l'avait observé sur l'œuf du lapin, et M. Quatrefages sur les œufs d'*hermelles* non fécondés.

pendant que s'achève la séparation de celui-ci : après quoi il se produit un nouveau temps d'arrêt, suivi d'un nouveau retour du phénomène dès que se dessine la saillie du second globule polaire. Ces faits se répètent autant de fois qu'il se produit de ces éléments. Pendant que le noyau vitellin naît et se développe, le vitellus reste immobile et régulier. Mais, dès que le noyau vitellin se divise, le phénomène réapparaît et se complique même, grâce à la segmentation du vitellus. En effet, lés deux premiers globes vitellins, d'abord ovoïdes, après avoir glissé l'un sur l'autre, s'aplatissent et s'accolent par leur face contiguë, au point de reproduire la forme primitive du vitellus avant sa segmentation : puis il se produit un nouveau temps de repos, après lequel les globes reprennent leur forme primitive, puis se segmentent à leur tour. Pendant toute la durée de la segmentation, et à chacune de ses phases, les mêmes phénomènes se reproduisent dans le même ordre avec une régularité toujours constante. Seulement ils deviennent d'autant plus lents que la subdivision du vitellus approche davantage de sa fin (1).

Ce qui rend ces phénomènes importants à connaître, c'est le fait de leur coexistence avec l'apparition des

(1) Les phénomènes de déformation et de giration du vitellus s'observent en général sur les œufs fécondés ou non, chez les animaux dont les cellules blastodermiques s'individualisent par segmentation.

M. Robin a vu que, chez les *tipulaires culiciformes* (*chironomes, tanypes*, etc.), ces mouvements du vitellus ne s'observent pas même sur les œufs fécondés. L'œuf est de forme ovoïde. Le vitellus ne se sépare de la membrane vitelline qu'aux deux extrémités, et fécondé se fragmente par gemmation. Sur les œufs inféconds, le vitellus se trans-

premiers éléments anatomiques et les différences d'aspect qu'ils impriment à la masse embryonnaire pendant la durée d'une même période. Ce dernier cas est surtout manifeste quand les globes vitellins, réduits à un volume de $0^{mm},03$ à $0^{mm},05$, passent à l'état de cellules blastodermiques proprement dites.

C'est ici le lieu de noter un phénomène que M. Robin a seul décrit jusqu'à présent : je veux parler des changements qui surviennent dans la structure intime du vitellus après la fécondation. « Ils consistent essentiel- » lement en ce que les granules jaunâtres du vitellus, » qui jusque-là étaient restés très-petits, deviennent » rapidement plus volumineux, se rassemblent un peu » plus vers le centre du vitellus qu'auparavant, s'é- » cartent légèrement de la surface de celui-ci et su- » bissent des modifications moléculaires, qui font qu'ils » réfractent plus fortement la lumière » (1). Quant à la substance fondamentale, homogène et visqueuse, elle est étrangère à ces phénomènes et reste interposée à ces granules graisseux réunis en gouttelettes, comme elle l'était aux granules isolés.

---

forme par gemmation en globules qui remplissent la cavité de la membrane vitelline, puis se déforment incessamment et glissent à chaque instant les uns sur les autres. Au bout de vingt-quatre à quarante-huit heures, ces globules se ramollissent, se gonflent, se réunissent par coalescence en une seule masse qui distend la membrane vitelline et se putréfie.

(1) M. Robin, *Mém. sur les phén. qui se passent dans l'ovule avant la segment. du vitellus*, p. 107.

§ 2. — Production des globules polaires.

Ce phénomène consiste dans l'apparition en un point du vitellus, quelques heures après le retrait de celui-ci, de globules translucides qui ont reçu les différents noms de *globules muqueux, huileux* ou *transparents, corpuscules hyalins, globules polaires,* etc., etc. « Le point » même de la surface du vitellus où naissent ces glo- » bules marque, quelques heures d'avance, le pôle de » ce dernier qui va se déprimer, puis se creuser d'un » sillon de division devenant peu à peu équatorial ; de » là le nom de *globules polaires* qui doit leur être donné. » C'est aussi le point où apparaîtra plus tard l'extrémité » céphalique » (1). Après leur naissance, les globules polaires, au nombre de deux, trois ou quatre, se réunissent en un seul ; leur évolution s'arrête là. En effet, pendant toute la durée du développement, ce globule reste à côté de l'embryon sans participer aux phénomènes qui se passent près de lui. A l'époque de l'éclosion, il demeure dans la membrane vitelline et se détruit en même temps qu'elle par putréfaction. Il semble, comme le dit M. Robin, que son rôle physiologique se borne à

(1) M. Robin, *Mémoire sur la production des globules polaires de l'ovule,* p. 150.

Les globules polaires ont été découverts par Carus (1828), sur les gastéropodes. Dumortier (1837), Warthon Jones (1837), Pouchet (1828), Bischoff (1841), les ont successivement décrits. Mais tous ces auteurs les ont fait provenir de la *vésicule germinative.* Nous verrons, chap. III, que la vésicule de Purkinje a depuis longtemps disparu quand apparaît le premier globule polaire.

préparer par sa production le début de la segmentation du vitellus, et par suite la génération des cellules du blastoderme.

La production des globules polaires se fait par *gemmation* (1) du vitellus et aux dépens de la substance

(1) La *gemmation* et la *segmentation* sont deux modes d'individualisation de la substance organisée en éléments anatomiques, phénomènes qui ont lieu, comme nous l'avons dit, soit sur une matière amorphe déjà née (et ont alors pour résultat l'*individualisation* des éléments), soit sur des noyaux ou des cellules (d'où résulte, dans ce cas, la *reproduction* des éléments anatomiques figurés. Nous définirons la *segmentation* § 4 de ce chapitre. Ce qui caractérise la *gemmation*, c'est l'apparition (à la surface du vitellus aussi bien que d'une cellule) d'une saillie qui se sépare de l'organisme souche, soit par cloisonnement, soit par resserrement graduel de sa base. Ce fait qu'il apparaît dès le principe une partie nouvelle, *affectant une direction qui lui est propre*, distingue seul la gemmation de la segmentation. La gemmation ou surculation, génération accrémentitielle surculaire (Burdach), génération propagulaire (*id.*), génération exogène (Henle), développement superutriculaire (de Mirbel), s'observe surtout sur les éléments anatomiques des plantes acotylédones cellulaires particulièrement, et sur quelques animaux et végétaux entiers des plus simples. On la rencontre encore sur un certain nombre d'éléments anatomiques des animaux, en particulier sur le vitellus. Chez les animaux dont le vitellus se segmente, la gemmation ne se produit qu'en un point de celui-ci. Elle a pour résultat l'apparition des globules polaires. Enfin, il est des animaux (les articulés) dont l'œuf ne présente point le phénomène de la segmentation. Les cellules blastodermiques naissent alors par gemmation de toute la surface du vitellus. Chez ces animaux, les globules polaires concourent à la formation du blastoderme ; ils sont au nombre de quatre ou de huit qui naissent simultanément par gemmation l'un à côté de l'autre. Au lieu de se réunir par coalescence, ils se segmentent, possèdent des noyaux et finissent par se confondre avec les cellules blastodermiques. Pour cette raison l'étude des globules polaires, chez les articulés, sera renvoyée au § 4, où nous décrirons la naissance des cellules blastodermiques. C'est sur les œufs des *tipulaires culiciformes* que M. Robin a fait les observations dont nous parlons.

hyaline de ce dernier. « Ce phénomène débute par le
» retrait des granules du vitellus sur une portion circu-
» laire de la surface, large de $0^{mm},05$ ou environ, de
» manière à laisser la substance hyaline complétement
» seule et translucide » (1). Après quelques minutes,
cette partie transparente forme une saillie hémisphérique qui, en s'allongeant, devient conoïde, mais,
comme sa base se resserre au fur et à mesure que l'allongement continue, elle affecte d'abord la forme d'un
cylindre large de $0^{mm},02$ sur une largeur double, puis
devient piriforme. Enfin elle se sépare du vitellus, tout en
lui restant contiguë, tantôt par une division transversale,
tantôt par le rétrécissement progressif de sa base. Pendant ce temps, le vitellus est, comme on sait, le siége
de déformations incessantes plus prononcées à la fin de
la production de chaque globule, et subissant un arrêt
momentané après le phénomène de la séparation.

Les faits que je viens de signaler et que M. Robin (2)
a décrits dans tous leurs détails (mémoire déjà cité) ne
concernent que l'apparition des globules polaires en général. Nous n'avons que peu de mots à dire de la naissance de chacun d'eux en particulier. Ils naissent le
plus souvent l'un après l'autre : quelquefois cependant

---

(1) M. Robin, *Mém. sur la naissance des élém. anat.* (*Journal d'anat.
et de physiol.*, t. I, n° 4, p. 359).

(2) Nordmann (1846), Vogt (1846), admettent que la production
du globule polaire résulte de l'*excrétion* de la vésicule germinative.
Lovén le fait provenir de la tache germinative. Les nombreuses observations de M. Robin sur les *nephelis*, les clepsines, limnées, ancyles, etc., sont absolument en contradiction avec ces faits. Outre
qu'il a suivi toutes les phases de la naissance des globules polaires, il

M. Robin a vu se scinder en deux et même trois globules une gemme détachée ou non du vitellus.

Quelles que soient les différentes particularités de la gemmation, le premier globule reste, après sa séparation complète, adhérent au vitellus à l'endroit où il est né. Mais à ce point-là même naît un second globule polaire avec la même série de phénomènes qu'a présentés le premier; celui-ci se trouve ainsi soulevé. Sur certains œufs de *Nephelis* et d'*Hirudo* il naît de la même façon un troisième et même un quatrième globule. Chez les *glossiphonies*, M. Robin en a compté jusqu'à quatre.

En général, ces globules sont limpides, réfractent fortement la lumière et sont dépourvus de granulations. Quand des granules y ont été entraînés, on n'y observe jamais de mouvement brownien, ce qui indique dans ces éléments l'absence d'une cavité distincte de la paroi.

Après leur apparition, les globules restent adhérents les uns aux autres, le dernier se trouvant en contact direct avec le vitellus. Ils forment donc une chaîne de deux ou trois globules sphériques, larges de $0^{mm},01$ à $0^{mm},03$, à bord pâle mais net. Outre les fines granulations qu'on y observe et qui sont tantôt réunies en

n'a jamais rien vu sortir de toutes pièces du vitellus. On sait d'ailleurs, depuis M. Coste (voy. chap. III), que la vésicule germinative est *toujours* liquéfiée avant la segmentation, et M. Robin a montré qu'elle se liquéfie avant l'apparition du premier globule polaire. MM. de Quatrefages (1848), Lacaze-Duthiers (1858), avaient *supposé* que des globules polaires provenaient de la substance vitelline profonde qui sortirait par rupture en un point de la surface du vitellus; mais, d'après ces auteurs eux-mêmes, cette opinion ne reposait pas sur l'observation directe des faits.

amas, tantôt éparses, on y trouve parfois quelques-unes des gouttelettes résultant de la réunion des granules vitellins (voyez la fin du § 1ᵉʳ (1).

Ainsi disposés, les globules polaires deviennent le siége de phénomènes qui s'achèvent en général avant le commencement de la segmentation et parfois même avant l'apparition du noyau vitellin. M. Robin, qui établit ce fait, dit cependant les avoir assez souvent vus accompagner le début de la segmentation. Ils consistent en la réunion des globules en un seul. Cette réunion s'accomplit dans chaque espèce animale de deux manières différentes : le plus ordinairement, le globule le plus extérieur (qui à ce moment est encore pédiculé) diminue peu à peu de volume. Toute sa substance passe insensiblement dans le globule qui lui est subjacent. Celui-ci disparaît à son tour de la même façon, et le dernier globule subsiste seul, accru de toute la masse des deux globules disparus.

Quelquefois les deux globules polaires les plus extérieurs s'appliquent l'un sur l'autre, et s'aplatissent et se soudent par une portion de leur surface de plus en plus étendue. Il semble que le premier apparu soit absorbé par le second, qui lui-même se fond dans le der-

---

(1) Nous n'avons pas à parler ici d'un globule particulier que M. Robin a décrit chez les mollusques. Son caractère spécial est de naître de toutes pièces au sein du vitellus immédiatement au-dessous du dernier globule né par gemmation. Une autre particularité à noter, c'est qu'il soulève la périphérie du vitellus en une mince pellicule qui le sépare de l'autre globule polaire. Ces deux globules coexistent l'un à côté de l'autre, pendant toute la durée du développement de l'embryon.

nier. Il ne reste alors plus qu'un globule polaire, « le seul, dit M. Robin, qui ait été signalé jusqu'à présent, sans qu'on ait observé la succession des phénomènes qui en déterminent la production » (1). Postérieurement à ces faits, M. Robin a vu, chez les *Nephelis*, le globule polaire devenir parfois granuleux. Il lui est même arrivé d'y observer deux ou trois petits noyaux sphériques, transparents, à bords nets, sans nucléoles, larges de $0^{mm},006$ à $0^{mm},008$. Ces noyaux se produisent par cohérence des granules. Enfin le globule polaire unique réfracterait un peu plus fortement la lumière que ne le faisaient ceux qui l'ont précédé. Nous avons déjà dit que le globule polaire se retrouve, sans jamais subir de modifications, à côté de l'embryon, jusqu'à l'issue de celui-ci hors de la membrane vitelline. Chez les *glossiphonies*, le mouvement brownien, qui manquait dans les globules disparus, a été vu par M. Robin dans le globule polaire unique. Aussi lorsque ce dernier vient à être brisé, on voit la membrane mince qui forme sa paroi se plisser, tandis que son contenu s'échappe. Quant aux globules polaires primitifs, il est parfaitement sûr qu'ils ne possèdent pas de paroi propre. Sans parler de l'absence du mouvement brownien, la façon dont se produit leur coalescence le prouve surabondamment. S'ils avaient une paroi distincte du contenu, cette paroi ne pourrait pénétrer dans le globule voisin. Elle resterait à l'extérieur flétrie et plissée, ce qui n'a pas lieu.

C'est au point de contact du globule polaire unique

(1) M. Robin, Mémoire cité ci-dessus, p. 173.

et du vitellus que se montre le premier sillon de la segmentation (1). Mais, avant le début de ce phénomène,
nous avons à en noter un autre non moins important :
je veux parler de la production du noyau vitellin (2).
Ce fait précède la segmentation. Il se produit quelquefois pendant, le plus souvent après la réunion des globules polaires en un seul. Au point de vue anatomique
et physiologique, l'apparition du noyau vitellin « caractérise plus nettement encore l'individualité nouvelle
acquise par l'ovule depuis la fécondation » (3). Nous aurons occasion de revenir là-dessus dans le paragraphe
qui va suivre.

§ 3. — Production du noyau vitellin.

L'apparition d'un noyau au centre du vitellus est le
terme de cette série de phénomènes que l'on observe
dans l'ovule, depuis la fécondation jusqu'au moment
de la segmentation.

L'ovule, qui est né cellule, avait pour noyau la vésicule germinative, et pour nucléole la tache germinative.
Celles-ci se sont liquéfiées : c'est là le signe que l'œuf
est devenu un organe distinct, séparable du lieu où il
est né et apte à subir une évolution individuelle propre.

(1) Fr. Müller et Lowen, 1848.
(2) La production du noyau vitellin ne s'observe que dans l'œuf
fécondé. Il n'en est pas de même des globules polaires, qui toujours
apparaissent, « que la fécondation ait lieu ou non. » (Robin, *Journal
d'anat. et de physiol.*, t. 1, n° 2, p. 181.)
(3) M. Robin, Mémoire déjà cité, p. 186.

Puis le vitellus s'est contracté, la fécondation est survenue; dès lors l'ovule a perdu son individualité, il a cessé d'être un des éléments anatomiques de l'animal adulte qui l'a produit, et c'est le vitellus qui se trouve constituer un nouvel être (1). « L'apparition du noyau vitellin caractérise essentiellement l'individualisation du vitellus comme être distinct de l'ovule, en tant que produit de l'être femelle » (2). Séparé de la membrane vitelline par un liquide, et dépourvu de toute membrane spéciale, le vitellus n'a, au point de vue anatomique et physiologique, d'autre valeur que celle d'un élément amorphe. Indépendamment de tout concours de la membrane vitelline, et grâce aux phénomènes d'évolution qui lui sont propres, il va donner naissance aux premiers éléments anatomiques de l'embryon. Le premier acte par lequel il manifeste son individualité nouvelle est l'apparition du noyau vitellin. Celui-ci, en effet, n'est pas le noyau de l'ovule (ce rôle appartenait à la vésicule germinative, maintenant disparue); il est le noyau du vitellus « qui vient d'acquérir les qualités d'un nouvel être, l'embryon; qui vient d'acquérir une indépendance propre par rapport à la membrane vitelline en particulier, dont auparavant il était solidaire » (3).

Après la naissance du dernier globule polaire, on voit cesser les mouvements de déformation du vitellus. A

(1) Nous essayerons de démontrer ces deux propositions à la fin du chap. III.

(2) M. Robin, *Mém. sur la naissance des élém. anat.* (*Journ. d'anat. et de physiol.*, t. I, n° 4, p. 339).

(3) M. Robin, *Mém. sur la naissance des élém. anat.* (*Journ. d'anat. et de physiol.*, t. I, n° 2, p. 182).

mesure que celui-ci reprend sa forme sphérique, les granulations se retirent peu à peu de sa périphérie pour s'accumuler vers son centre. Aussi cette partie de l'organe devient-elle plus opaque en même temps qu'une zone plus claire se forme à la surface. En cet endroit, la substance amorphe devient de plus en plus tenace. Quand elle se rompt en un point, les granules vitellins s'échappent, et si l'eau ne la dissolvait pas, si elle ne contenait des granulations dans son épaisseur, on pourrait croire qu'elle forme une membrane (1). Deux ou trois heures après la production du dernier globule polaire, un quart d'heure chez les *Nephelis* (on sait que les observations de M. Robin ont tout particulièrement porté sur ces animaux), on aperçoit au centre du vitellus un petit espace clair, circulaire, large de $0^{mm},01$ à $0^{mm},03$, qui atteint bientôt $0^{mm},05$. C'est un corps solide, homogène, à bords nets : c'est le *noyau vitellin* (2). Il représente une goutte claire que les granulations masquent en grande partie ou même tout à fait.

(1) Les observations de M. Coste concordent là-dessus avec celles de M. Robin. M. Coste, dès 1845, montrait qu'il y avait continuité de substance, depuis le centre du vitellus jusqu'à sa superficie, et que cet organe ne possède pas de membrane qui lui soit propre. (*Sur les premières modifications de la matière organique* (*Comptes rendus de l'Académie des sciences*, 1845, t. XXXI, p. 1370.)

(2) Cette dénomination est exacte anatomiquement et physiologiquement. La suite de ce chapitre montrera, en effet, qu'il joue, par rapport au vitellus, le rôle du noyau dans chaque cellule.

L'absence d'une membrane spéciale au vitellus réfute l'hypothèse de la naissance des cellules par *involution* ou *enveloppement*. Remak (1852), le promoteur de cette théorie, admet que la segmentation du vitellus « est due à une division de cellules, grâce au développement et à la fusion de cloisons membraneuses dans l'intérieur de l'œuf ». Le

On dirait alors une tache ronde un peu plus transparente que le reste du vitellus. Il se forme, suivant M. Robin (1), par séparation d'une certaine portion de la substance visqueuse interposée aux granules vitellins. Ceux-ci délimiteraient simplement le noyau en s'écartant du centre et l'entoureraient d'un cercle plus foncé de granulations qui lui sont adhérentes. Cependant sa consistance est plus considérable que celle de la substance amorphe en tout autre point du vitellus. « Ce

vitellus (*protoplasma de la cellule ovulaire*) se diviserait en cellules nucléées par une série régulière d'étranglements successifs.

Dès le troisième degré de la segmentation, les sphères de fractionnement laisseraient voir un gros noyau et une *double membrane d'enveloppe*. La division des cellules de segmentation procéderait de celle du noyau, et cette dernière de la scission du nucléole quand il en existe un. Mais il resterait toujours à déterminer quelle est la cause de ce dernier phénomène : et l'on se trouverait ainsi conduit à admettre chez le nucléole cette *scission spontanée* qu'on refuse au vitellus. Dans les premières phases de la segmentation, toujours d'après Remak, les deux membranes des cellules de segmentation participeraient à l'étranglement qui suit la division du noyau. Cependant, vers la fin, on trouverait, dans l'intérieur de l'œuf, les cellules de segmentation pourvues d'une seule membrane qui seule participerait à l'étranglement. Elles seraient entourées par des membranes communes (membranes mères) ne subissant point d'étranglement. « Ce serait là, dit M. Robin, le premier exemple de ce qu'on nomme la *formation endogène des cellules*. » (*Mém. sur la production du blastoderme chez les articulés*, p. 380, note.) Les observations de Remak ont été faites sur les batraciens. Dans ses nombreuses recherches sur les mollusques, les hirudinées, etc., M. Robin n'a jamais rien constaté de semblable. Lors donc que les observations de M. Remak viendraient à être confirmées, elles auraient la valeur de faits particuliers et non de lois. Dès aujourd'hui l'on peut dire, en effet, qu'elles manquent absolument du caractère de généralité que leur avait attribué leur auteur.

(1) *Mémoire sur la production du noyau vitellin*, p. 314.

fait indique une modification intime due aux actes moléculaires de la nutrition dont cette matière est le siége d'une manière très-active à ce moment » (1).

Le noyau vitellin est parfaitement sphérique, dépourvu de granulations, réfracte assez fortement la lumière et n'offre pas de cavité distincte d'une paroi (2). Il paraît d'une densité égale dans toute sa masse. Quand on exerce une pression sur lui, on le déprime; mais aussitôt qu'on la cesse, il revient sur lui-même. Enfin on y observe souvent un nucléole « à contours plus foncés que les siens et à centre plus brillant » (3).

Le noyau vitellin n'apparaît que dans l'ovule fécondé. A ce moment, comme M. Coste l'a constaté le premier, la vésicule germinative a disparu depuis plusieurs heures. L'observation ne permet donc pas d'admettre l'opinion qui fait dériver directement le noyau vitellin soit de la vésicule germinative (de Baer), soit de la tache germinative (Bischoff) (4).

(1) M. Robin, *Journal d'anat. et de physiol.*, t. I, n° 4, p. 339; *Mém. sur la naissance des éléments anat.*

(2) Vogt (1846) le considère comme formé d'une paroi enfermant un liquide transparent; mais, outre qu'il ne présente pas de paroi distincte, M. Robin l'a toujours trouvé d'une égale densité dans toute son épaisseur.

(3) M. Robin, *Journ. d'anat. et de physiol.*, loc. cit.

(4) Bagge (1841), Reichert (1846), M. Coste (1845), ont décrit le noyau vitellin. Le dernier de ces auteurs a observé la production indépendante de cet organe ainsi que les phénomènes ultérieurs qui s'y passent; il avait supposé que le noyau ne se montrait jamais qu'après le nucléole, qu'il appelle, pour cette raison, *globule primordial*. Mais M. Robin a *toujours* vu l'apparition du nucléole (et celui-ci manque quelquefois) précéder celle du noyau. «Ainsi qu'on le voit, dit

Peu après (une demi-heure environ chez les *Nephelis*) l'apparition du noyau au centre du vitellus, celui-ci commence à se déprimer au-dessous des globules polaires. En même temps le noyau s'allonge, « suivant » une direction perpendiculaire à l'axe dont les globules » polaires occupent une extrémité » (1). Se rétrécissant vers son milieu, le noyau vitellin finit par se diviser en « deux noyaux plus petits que le premier, mais dont les » volumes réunis sont plus considérables que celui du » globule unique » (2). Au même moment, le vitellus se segmente en deux sphères de fractionnement. Suivant M. Robin (3), ce phénomène a lieu dans la moitié supérieure de la trompe (douze heures environ après le coït fécondant chez le lapin). En étudiant la segmentation du vitellus, nous verrons que le même phénomène se répète sur chaque nouveau segment.

Il y a quelques différences individuelles et spécifiques dans le mode de production du noyau vitellin qu'il est bon

M. Robin (*Mém. sur la production du noyau vitellin*), la succession des phénomènes que présentent, dans leur apparition, leur évolution et leur fin, la vésicule germinative, les globules polaires et le noyau, contredisent toutes les hypothèses qui voudraient les rattacher à une origine commune. » D'un autre côté, M. Coste avait pensé que le noyau vitellin (auquel il donne le nom de *globule oléagineux*) était de nature graisseuse. Cependant, au contact de l'iode, de l'alcool, de l'acide acétique, etc., M. Robin l'a toujours vu présenter les réactions des substances azotées.

(1) Robin, *Mém. sur la production du noyau vitellin*, p. 313.

(2) Robin, *Mém. sur la naissance des élém. anat.* (*Journ d'anat. et de physiol.*, p. 339, t. 1, n° 4). C'est à ce moment que se produisent, dans le globule polaire, deux ou trois petits noyaux clairs de $0^m,006$.

(3) *Idem.*

de noter, car nous pourrons en tirer des conclusions importantes au point de vue de la physiologie générale.

« Chez les limnées, les physes, les ancyles, les pla-
» norbes, les *Purpura*, il n'est jamais possible de décou-
» vrir un noyau vitellin dans le vitellus, ni dans les
» quatre premières sphères de segmentation, même en
» écrasant ces parties; tandis qu'on l'observe sur d'autres
» espèces de mollusques, tels que les actéons et les acé-
» phales lamellibranches. Chez les gastéropodes, dont
» le vitellus et les quatre premiers globes vitellins man-
» quent de noyau, il s'en produit un dans les sphères
» vitellines secondaires (1). »

Chez quelques *Nephelis*, le noyau vitellin ne se produit qu'après le début de la segmentation. C'est quand
il existe quatre sphères de fractionnement qu'on voit
naître un noyau clair dans chacune d'elles. Ce fait, qui
est ici exceptionnel, est, d'après M. Robin (2), habituel
chez les gastéropodes d'eau douce.

Chez les gastéropodes, dont le vitellus et les quatre
globes vitellins primitifs ne renferment pas de noyau, il
s'en produit un dans chacune des quatre petites *sphères
vitellines secondaires*, transparentes ou non (voy. *Cellules
claires*, § 4). Nous verrons que ces dernières se produisent par gemmation des globes vitellins primitifs. Au
centre de chaque gemme il se produit un noyau, molécule à molécule, qui ne dérive jamais (par gemmation
ou segmentation) du noyau des sphères primitives,

---

(1) M. Robin, *Mém. sur la production du noyau vitellin*, p. 318.
(2) *Journ. d'anat. et de physiol.* de M. Robin, *Mém. sur la naissance
des élém. anat.*, p. 339, t. I, n° 4.

quand celles-ci en possèdent un comme chez les *Nephelis*.

L'absence du noyau dans le vitellus et dans les quatre sphères primitives (glossiphonies et gastéropodes d'eau douce) montre que ce corps ne doit pas être considéré comme un centre d'attraction agissant sur les molécules du vitellus, de manière à produire sa segmentation (1) (ainsi que l'admet M. Claparède, 1862). — D'ailleurs, il n'est pas rare de voir les sillons de segmentation du vitellus atteindre une certaine profondeur avant la complète division du noyau vitellin ; et de plus, on voit quelquefois chez les *Nephelis* le sillon de segmentation passer à côté de ce noyau. Une des sphères se trouve ainsi dépourvue de noyau. Un peu plus tard il s'en produit un, à son centre, molécule à molécule, aux dépens de la substance amorphe dont s'écartent les granulations. Et d'ailleurs, chez les insectes dont le vitellus ne se segmente ni n'éprouve des mouvements de déformation, il ne naît point de noyau vitellin. Les cellules du blastoderme naissent par gemmation à la surface du vitellus. Tantôt elles ne présentent pas de noyaux (*tipulaires culiciformes*), tantôt il s'en produit un à leur centre pendant leur gemmation (*Melophagus, Muscides*) (2).

(1) Dans cette théorie, la segmentation n'est qu'un cas particulier de l'*involution*. Le noyau vitellin agirait comme centre d'attraction sur les molécules du vitellus, qui, plus tard, s'envelopperait d'une membrane et formerait ainsi les cellules embryonnaires. Au reste, cette hypothèse ne fait que reculer la difficulté. On veut expliquer la *division spontanée* du vitellus par l'attraction produite sur sa substance par chaque nouvelle moitié du noyau vitellin. Comment expliquera-t-on la scission de ce noyau ? Il faudra bien admettre qu'il y a là division spontanée.

(2) M. Robin, *Mém. sur la production du noyau vitellin*, p. 324.

Enfin la *genèse* (voy. chap. II) de ce noyau vitellin avec ou sans nucléole est un fait sur lequel il importe d'insister. La *génération spontanée* de ce noyau, molécule à molécule, au sein du blastème représenté par le vitellus, explique la possibilité d'un fait analogue dans d'autres conditions. Nous retrouverons en effet ce phénomène chez l'embryon aussi bien que chez l'adulte, à l'état normal, comme dans les cas pathologiques; et nous verrons naître des noyaux de toutes pièces, « molécule à mo- » lécule, au sein de substances amorphes plus ou moins » granuleuses, qui plus tard se segmenteront en au- » tant de cellules ou à peu près *qu'il y a de noyaux* » (1).

§ 4. — SEGMENTATION ET GEMMATION DU VITELLUS.

Le vitellus qui depuis son retrait n'était, à proprement parler, qu'un élément anatomique amorphe, devient bientôt d'une structure de plus en plus complexe. C'est ainsi que dès la naissance de son noyau on voit s'individualiser sa substance en parties de moindre volume douées d'une structure différente de la sienne : ce sont en effet des éléments anatomiques figurés, des cellules. « Cette individualisation s'accomplit de deux manières » distinctes d'un groupe animal à l'autre, c'est-à-dire par » *segmentation* de la masse du vitellus ou par *gemmation* » de la substance hyaline de sa surface, sans qu'y » prennent part les granules et gouttelettes vitellins

(1) Robin. *Mémoire sur la production du noyau vitellin*, p. 323.

» jaunâtres, d'aspect graisseux, qu'elle relie entre
» eux » (1).

Chez certains mollusques même la segmentation et la

(1) M. Robin, *Journ. d'anat. et de physiol.*; tome I, n° 2 ; *Mém. sur
la naissance des éléments anatom.*, p. 181.

Nous avons vu que la *segmentation* est un des modes de génération
des éléments anatomiques. Elle consiste essentiellement en une division
de la substance amorphe ou figurée qui en est le siége. Cette division
se manifeste par l'apparition d'un sillon, puis de lignes foncées qui
indiquent les plans de contiguïté des deux parties en lesquelles se
sépare la masse primitive.

On observe la *segmentation* ou *sillonnement*, scissiparité, fissiparité, etc., etc., chez les plantes (dans l'ovule, comme dans le végétal
tout formé), et chez les animaux, aussi bien dans l'œuf que sur les
éléments de l'être constitué. On rencontre enfin ce phénomène sur
quelques organismes entiers, animaux et végétaux, mais les plus simples, soit unicellulaires, soit déjà composés d'éléments anatomiques,
et par suite, de tissus divers.

Le phénomène de la segmentation a été décrit, pour la première
fois, sur l'œuf des grenouilles, par Prévost et Dumas (2e *mém. sur la
génération; Ann. des sciences nat.*, Paris, 1824). Ils regardèrent
cette *formation de sillons* ou *division en segments*, comme une loi générale devant s'étendre aux autres classes d'animaux. Aujourd'hui on a
constaté la segmentation du vitellus, chez presque toutes les classes
animales, et chez toutes les plantes sans exception. Décrit également
par Baer, en 1834, ce phénomène fut regardé par Schwann (1838)
comme étant probablement un mode de production des cellules. Bergmann (1841) l'étudia sur l'œuf des grenouilles et le considéra comme
une «introduction à la formation des cellules » dans l'œuf aux dépens
du vitellus. M. Robin, à qui nous empruntons cet historique, a décrit
ce phénomène avec beaucoup de soin, en lui assignant sa véritable
signification. (*Hist. nat. des végétaux parasites*. Paris, 1853, p. 147-
246). « Ce qu'on a décrit, dit-il ailleurs (*Journ. d'anat. et de physiol.*,
p. 340), sous le nom de *génération endogène* dans l'ovule, n'est autre
chose que l'individualisation de la substance du vitellus en *cellules embryonnaires mâles* (grains de pollen et spermatozoïdes), et en *cellules
embryonnaires femelles*, par segmentation du contenu des diverses variétés d'ovules (utricules ou cellules mères des spermatozoïdes et du

gemmation se succèdent pour concourir directement à la production du blastoderme.

En somme, si ces deux phénomènes constituent deux actes distincts pendant toute la durée de leurs phases, il faut dire qu'ils s'accomplissent dans des conditions semblables et conduisent chacun au même résultat. Ce sont deux modes d'individualisation de la substance amorphe née par genèse.

Mais souvent ils se continuent sur les cellules qui ont atteint un certain degré de développement. Dans ce cas, ce sont alors deux modes de *reproduction* des éléments figurés (1).

pollen ; ovules proprement dits, sac embryonnaire des phanérogames, sporanges et archégones des cryptogames). »

L'ovule étant devenu, par suite de son développement, un organe spécial, la segmentation du vitellus ne ressemble en rien à la scission d'une cellule. En effet quand ce dernier phénomène se produit, le contenu et la paroi se divisent en même temps. Il ne se produit rien de semblable dans l'ovule, dont le contenu seul (vitellus) se segmente. Il est vrai qu'on a décrit comme un phénomène analogue à ce dernier la scission des cellules de cartilage. Mais on sait aujourd'hui que le chondroplaste n'est point une cellule. La scission des cellules du cartilage est de tous points analogue à la scission des autres cellules.

(1) Le phénomène a deux aspects : par rapport à l'élément amorphe ou figuré préexistant, la segmentation et la gemmation sont, il est vrai, une individualisation (blastème), ou une reproduction (cellule). Mais, par rapport à l'élément qui apparaît, ces deux phénomènes sont véritablement une naissance.

Sans parler des différences générales que présentent dans leurs résultats les phénomènes de la segmentation et de la gemmation, nous pouvons, dès à présent, signaler une importante distinction. Dans la gemmation, chacune des gemmes, aussitôt sa séparation achevée, passe directement à l'état de cellule ; et cette cellule offre de suite le volume qu'elle conservera toujours. Dans la segmentation, l'élément nouveau offre, à sa naissance, un volume moindre que celui qu'il présentera plus tard : aussi s'accroît-il plus ou moins rapidement.

Il en résulte que la segmentation et la gemmation se rencontrent dans l'ovule aussi bien que dans l'être déjà formé (embryon ou adulte), tant à l'état normal qu'à l'état morbide. Leur seule condition nécessaire est la présence d'un blastème (1) ou d'éléments anatomiques figurés. Les phases du phénomène varient d'ailleurs suivant l'état amorphe ou figuré de la substance qui en est le siége. Nous y reviendrons. Nous n'avons à nous occuper ici que de la segmentation et de la gemmation dans l'ovule. Dans le paragraphe suivant nous poursuivrons cette étude chez l'être déjà formé.

Chez les vertébrés et la plupart des invertébrés, les

(1) « Les blastèmes ou cytoblastèmes sont des substances amorphes liquides ou demi-liquides, soit épanchées entre les éléments anatomiques préexistants d'un tissu, ou à sa surface, soit interposées entre des éléments qui naissent à leurs dépens, au fur et à mesure qu'a lieu leur production au sein ou à la surface d'un tissu. » (*Dict.* dit *de Nysten*, art. BLASTÈME.) Ils jouent le rôle de *milieu*, favorable à la génération des éléments ou à la production des matériaux nécessaires pour l'accomplissement de ce phénomène.

M. Robin insiste sur ce qu'on doit éviter de confondre les blastèmes avec les plasmas, « ces derniers n'étant que les parties organisées que représente la portion fluide des humeurs (sang et lymphe), circulant en vaisseaux clos ». (M. Robin, *Programme du cours d'histol.*, p. 15.) Il y a autant d'espèce de blastèmes, c'est-à-dire différant par leur composition immédiate, que de conditions dans lesquelles ils sont versés. Ce sont des espèces transitoires. A peine produits, ils servent à la génération de parties élémentaires plus élevées, soit comme milieu, soit comme matériaux. « Leur existence n'est qu'une succession de phénomènes. D'un côté leur production est incessante ; de l'autre leur disparition est continuelle, par suite de la naissance à leurs dépens d'éléments anatomiques divers. » (Robin, *Programme du cours d'histol.*, p. 17.) Ils proviennent tantôt des cellules environnantes, par exsudation ou liquéfaction, tantôt du plasma même des capillaires voisins.

cellules embryonnaires s'individualisent par segmentation du vitellus. Après avoir décrit ce phénomène, nous
dirons quelques mots de la formation du blastoderme
des articulés. Chez ces animaux, c'est par gemmation
de la substance hyaline du vitellus que se produisent
d'une manière directe les premiers éléments de l'embryon. Nous verrons enfin que, chez certains mollusques, ces éléments se forment successivement par segmentation et par gemmation (*cellules claires*).

Chez le plus grand nombre des espèces animales, les
sphères vitellines naissent par segmentation du vitellus.
Dépourvu d'enveloppe (Coste), celui-ci ne saurait être
considéré comme un élément anatomique ; aussi allons-
nous le voir se segmenter à la manière d'un blastème,
et nous pourrons saisir le moment où les *globes vitellins*,
s'entoureront d'une paroi et deviendront de véritables
cellules.

Peu après sa naissance, le noyau vitellin s'allonge et
se scinde en deux autres noyaux. En même temps, on
voit partir du globule polaire un sillon circulaire qui sépare bientôt le vitellus en deux moitiés égales. A mesure
que le sillon gagne en profondeur, les granulations s'é-
cartent de lui, laissant ainsi à son niveau une ligne plus
claire de substance amorphe. Avant que le noyau se divise complétement, les granulations se rassemblent au
centre du vitellus. Elles y forment deux masses, ayant
chacune pour centre une des moitiés du noyau vitellin.
La ligne claire qui les séparait se déprime circulaire-
ment. La substance amorphe déborde au fond du sillon
les granulations qui s'y trouvaient et les deux masses

granuleuses se séparent pourvues chacune d'un noyau : ce sont les *sphères de fractionnement* ou *globes vitellins*. Le sillon dont nous venons de parler se montre à la fois sur le noyau et sur le nucléole, quand ce dernier existe ; quelquefois même on l'observe sur le nucléole avant de le voir sur le noyau. « Mais il est des cas dans lesquels le sillon se produit sur le noyau sans diviser le nucléole qui reste sur un des côtés : en sorte que l'un des deux noyaux manque de nucléole et reste ainsi, ou bien, peu après, il en naît un de toutes pièces par genèse » (1). Parfois aussi le sillon de la masse granuleuse passe à côté du noyau sans que celui-ci se segmente. Un des globes vitellins manque alors de noyau : ou bien cet état de choses persiste, ou bien il y naît un noyau par genèse. Les globes vitellins sont soumis aux mouvements de déformation et de giration dont nous avons parlé. Ovoïdes au début, ils reprennent bientôt la forme sphérique. Chacun d'eux offre le même aspect et la même constitution anatomique que le vitellus. Nous avons dit, paragraphe 3, que ce phénomène s'accomplissait au-dessus du milieu de la trompe (douze heures après le coït fécondant chez le lapin).

La production des deux sphères vitellines est à peine terminée que déjà celles-ci deviennent à leur tour le siége d'une segmentation en tout point semblable à celle qu'a subie le vitellus. Il se forme ainsi quatre globes vitellins moitié plus petits que les deux premiers. Le même phénomène se répète successivement sur chaque seg-

(1) Robin, *Journ. d'anat. et de physiol.*, t. 1, n° 4, p. 342 ; *Mém. sur la naissance des élém. anat.*

ment nouveau. Le nombre des sphères de fractionnement va toujours en augmentant, et leur volume toujours en diminuant. Leur structure reste la même : elles
sont toutes pourvues d'un noyau, et c'est invariablement
par celui-ci que la segmentation commence ; mais les
globules vitellins subissent alors des changements évolutifs qui les font passer à l'état de cellules.

Au quatrième jour, chez les lapines, un peu après
l'arrivée de l'ovule dans l'utérus, M. Robin (1) trouve
les globes vitellins pressés contre la face interne de la
membrane vitelline qu'elles tapissent. Il s'est accumulé
au centre de l'ovule un liquide (2) qui écarte les unes
des autres et refoule contre la paroi vitelline les sphères
de segmentation devenues par là un peu polyédriques.
En même temps, leurs granulations moléculaires graisseuses deviennent plus petites et plus pâles, quelques-
unes même disparaissent. C'est à ce moment que les
globes vitellins deviennent de véritables cellules. En
effet, la substance de leur surface se modifie, se condense, et, grâce à une série de phénomènes moléculaires, acquiert tous les caractères d'une paroi (3).

(1) M. Robin, *loc. cit.*, *supra*.
(2) Ce sera plus tard le liquide de la vésicule ombilicale.
(3) On a décrit ce phénomène en disant que les globes vitellins
s'*entourent* d'une paroi. Mais il importe de dire « que le développement de cette paroi de cellule est un phénomène qui s'opère sur place,
molécule à molécule, dans le globe vitellin, aux dépens de sa matière, à laquelle s'ajoutent et dont s'éliminent certains principes
immédiats, par suite des actes de rénovation moléculaire nutritive.
Les espèces de ceux-ci qui ne sont pas déterminées encore amènent
un changement de nature de la substance, changement démontré par
les différences de réactions des globes vitellins, comparées à celles des

La partie superficielle du globe vitellin devient ferme, demi-solide, susceptible d'être déchirée. Dans ce cas, elle ne se rétracte pas et ne revient pas sur elle-même, comme faisait la substance amorphe interposée aux granulations du vitellus et de ses sphères de segmentation. C'est alors une véritable paroi, une membrane de cellule épaisse de 0^{mm},002 à 0^{mm},003. Elle est homogène et transparente. Il n'y a pas de granulations dans son épaisseur, tandis qu'il y en avait toujours quelques-unes à la surface du globe vitellin. Déprimées par leurs faces contiguës et par la pression de la membrane vitelline, ces cellules sont polygonales; cependant elles font encore une saillie hémisphérique dans le liquide de l'intérieur de l'œuf (1).

Pendant que la substance amorphe du globe vitellin devient plus ferme à sa surface, elle se ramollit à son centre. En devenant contenu de cellules, elle passe à l'état demi-liquide et tient en suspension les granulations moléculaires qu'elle unissait auparavant. Le noyau ne subit aucun changement et reste tel qu'il était dans les globes vitellins. Il est transparent et contient d'un à cinq nucléoles brillants.

Ainsi, quelles que soient les variétés du fractionnement que nous décrirons plus tard, quand chaque sphère vitelline est réduite à un volume qui varie de 0^{mm},040 à 0^{mm},009 (suivant les espèces), elle s'entoure

cellules qui viennent de naître. » (Robin, *Mém. sur la naissance des élém. anat.; Journ. d'anat. et de physiol.*, p. 366.)

(1) « Elles conservent leur forme polyédrique, lors même qu'elles sont isolées. » (Robin, *loc. cit.*)

d'une paroi. Dès ce moment, ce ne sont plus des sphères de fractionnement, mais bien des *cellules* avec un contenu remplissant une cavité limitée par une membrane distincte. « Ce sont des éléments anatomiques de l'embryon qui ont atteint leur dernier degré de développement » (1).

Au fur et à mesure de leur production, ces cellules, qui continuent à acquérir par pression réciproque la forme polyédrique, se rangent en série pour constituer le *blastoderme* ou *vésicule blastodermique*, aussi les appelle-t-on *cellules blastodermiques*. Ce sont les premières cellules qui naissent dans l'ovule aux dépens des globes vitellins.

Mais tous les globes vitellins n'ont pas subi cette transformation. Quelques-uns d'entre eux sont groupés à l'un des pôles de l'ovule, et donnent lieu à ce qu'on appelle l'*amas mûriforme*, alors que déjà les autres globes sont arrivés à l'état de *cellules blastodermiques*. La segmentation continue dans les sphères de l'amas mûriforme et les réduit à un volume beaucoup plus petit que celui des globes vitellins qui se sont transformés en cellules blastodermiques. Plus tard, enfin (vers le huitième jour, après le coït fécondant chez le lapin), les globes de l'amas mûriforme s'entourent d'une paroi et prennent alors le nom de *cellules de la tache embryonnaire* (2). En même temps et de la même manière, les

(1) Robin, *Mém. sur la struct. intime de la vésicule ombilicale*, 1861, p. 319.

(2) Le nom de *tache embryonnaire* a été proposé par Coste et employé, plus tard, par Wagner. C'est le *Cumulus proliger* de Burdach et de Baër, l'*Area germinativa* de Bischoff.

globes vitellins de la circonférence profonde de l'amas múriforme constituent les *cellules des parois de la vésicule ombilicale*.

Une fois individualisées, les *cellules blastodermiques*, *embryonnaires* et des *parois de la vésicule ombilicale* se segmentent à leur tour de la même façon que les éléments dont ils dérivent directement. Le volume de ces cellules s'accroît peu à peu : on ne tarde pas alors à observer dans les plus grandes un rétrécissement ou un étranglement au milieu de leur noyau. Les granulations se groupent autour de chaque nouveau noyau, pendant qu'une ligne claire, qui est la trace du sillon ou plan de séparation, divise la cellule en deux moitiés égales. Il résulte de là deux cellules plus petites que la première, qui grandissent ou présentent ou non, à leur tour, le même phénomène (1). Le noyau des deux nouvelles cel-

(1) On a plus particulièrement désigné sous les noms de *fissiparité*, *scission*, *scissiparité* (reproduction mérismatique des cellules végétales : Unger, 1846), le phénomène de la segmentation quand il s'accomplit sur des éléments anatomiques figurés, cellules végétales ou animales, organismes entiers unicellulaires ou non. Quand la scission a lieu, les deux moitiés de la cellule se séparent simplement par une ligne ou plan de démarcation sans étranglement de la masse cellulaire.

On réserverait plus particulièrement le nom de *segmentation* à ce même mode de génération des éléments anatomiques, quand il se produit sur une substance amorphe (vitellus et globes vitellins, production de l'épithélium des muqueuses, etc). C'est encore ce même phénomène qui a reçu le nom de *cloisonnement* dans les cellules avec paroi et cavité distinctes, parce que la paroi se prolonge en une cloison ou qu'il se forme de toutes pièces une cloison qui plus tard se dédouble.(Le cloisonnement s'observe surtout sur les cellules végétales.) Dans le cloisonnement, comme dans la fissiparité, on ne voit ni sillon ni dépression circulaire sur l'élément qui va se segmenter. Tous ces phénomènes ne sont, au demeurant, que des *variétés de la segmentation*.

lules se trouve d'abord très-rapproché de la paroi représentant leur cloison de séparation. Ordinairement, il gagne bientôt le centre de l'organe. Quelquefois une cellule se divise en deux moitiés inégales; d'autres fois le noyau se divise en deux, mais non la cellule : d'où l'on rencontre des cellules à deux noyaux. Ou bien, au contraire, la cellule se segmente et non pas le noyau : dans ce cas, une des deux cellules nouvelles manque de nucleus.

Ainsi se reproduisent et se multiplient ces cellules. C'est de cette multiplication même que résultent les changements évolutifs des organes qu'elles composent : *blastoderme, tache embryonnaire, vésicule ombilicale.*

Les cellules blastodermiques, en se multipliant, permettent au blastoderme de s'agrandir et de se replier autour de la tache embryonnaire et de l'embryon, pour former l'amnios. « Ce sont, du reste, dit M. Robin, des cellules qui prennent bientôt tous les caractères des cellules de l'épithélium pavimenteux, à couche unique de cellules » (1). De cette couche de cellules, qui a reçu le nom de feuillet externe (séreux ou animal, Bischoff) du blastoderme, proviennent par la suite, outre les cellules pavimenteuses de l'amnios, les cellules du chorion.

Schwann (1838), Vogt (1844), ont les premiers décrit le phénomène de la segmentation chez les cellules animales. M. Coste a le premier montré que les cellules du blastoderme continuaient à être le siége du phénomène observé dans le vitellus et les sphères vitellines. Coste, *Recherches sur les premières modifications de la matière organique et des cellules. (Comptes rendus de l'Académie des sciences,* 1845, t. XXXI, p. 1374). Voy. M. Robin, les Mémoires déjà cités.

(1) M. Robin, *loc. cit., supra.*

Après donc que les globes vitellins ont donné lieu à la production des cellules extérieures ou superficielles de la vésicule blastodermique, après que les petites sphères de l'amas mûriforme ont donné naissance aux cellules embryonnaires, les *cellules ombilicales* (ou des parois de la vésicule ombilicale) apparaissent (1). Elles résultent, comme nous l'avons déjà dit, de l'individualisation des globes vitellins situés à la circonférence profonde de l'amas mûriforme. Aussitôt nées, ces cellules se multi-

(1) La paroi de la vésicule ombilicale est formée de trois tuniques : l'externe, qui se forme après les deux autres, est mince, lisse, formée de tissu lamineux ; elle est en rapport avec le tissu lamineux normalement œdématié, dit *magma réticulé*, lequel est interposé entre le chorion et l'amnios.

La tunique moyenne de la vésicule ombilicale est mince, transparente, assez résistante et constituée par des cellules polyédriques, granuleuses, avec noyau et nucléole, et par des noyaux libres. Ces cellules proviennent du feuillet vasculaire du blastoderme.

La tunique interne est plus épaisse, presque opaque, mais plus molle ; elle est composée de cellules de forme sphéroïdale, peu adhérentes entre elles. Leur diamètre est de $0^{mm},17$ à $0^{mm},29$; elles sont transparente, peu granuleuses ; un quart ou un tiers d'entre elles manquent de noyau. Quand elles en ont un, il est dépourvu de nucléole. Ces cellules sont celles de la portion extra-embryonnaire du feuillet muqueux blastodermique, aux dépens de laquelle se forme essentiellement la vésicule ombilicale.

Entre ces dernières tuniques rampent les vaisseaux qui sont une provenance des cellules de l'*area vasculosa*. Les mailles polygonales de cette tunique vasculaire sont formées de capillaires dont les plus fins ont de $0^{mm},015$ à $0^{mm},020$.

Enfin, le contenu de la vésicule ombilicale est un liquide de transparence et de consistance variables, tenant en suspension des granulations et des cellules. On sait qu'il a commencé à s'accumuler au centre de l'ovule dès les premiers temps de la segmentation du vitellus. (Pour plus de détails, voyez M. Robin, *Mémoire sur la structure intime de la vésicule ombilicale*, 1861.)

plient par segmentation. Elles engendrent ainsi plusieurs
rangées de cellules « qui, de la circonférence des feuillets, moyen et interne ou viscéral de la tache embryonnaire, s'étendent et se prolongent au-dessous de la couche extérieure ou la plus superficielle de la vésicule
blastodermique » (1). Ce feuillet externe du blastoderme
se trouve ainsi doublé par ces nouvelles couches de cellules, plus grandes et plus granuleuses que les cellules
embryonnaires, qui constituent ce qu'on a appelé le
feuillet interne (muqueux ou végétatif, Bischoff), et le
feuillet moyen (2) (ou vasculaire du blastoderme). Ces
deux feuillets naissent donc postérieurement au feuillet
externe de la vésicule blastodermique : ce sont eux qui,
s'étendant en dehors de la circonférence de la tache embryonnaire, forment les deux parois de cellules de la
vésicule ombilicale et du conduit omphalo-mésentéri-
que (3). La vésicule ombilicale contient de la sorte dans
sa cavité le liquide du centre de l'ovule.

Dans cette portion du blastoderme, appelée tache embryonnaire, les trois feuillets sont constitués par des
éléments semblables, à savoir les cellules embryonnaires.
Celles-ci pourtant « sont sous-jacentes à une rangée
unique de cellules blastodermiques tout à fait extérieure,

(1) M. Robin, *Mémoire sur la structure intime de la vésicule ombilicale*, p. 320.

(2) Ce feuillet contient les premiers rudiments des vaisseaux de
l'embryon, limités par des îlots de cellules.

(3) Ces deux parois de cellules (tunique interne et tunique moyenne)
s'arrêtent à la circonférence de l'ombilic intestinal, qui, après l'apparition de l'intestin, correspond à la circonférence du feuillet interne
de la tache embryonnaire.

formant le feuillet le plus externe de cette tache » (1);

(1) M. Robin, *Mémoire sur la naissance des éléments anatomiques* (*Journ. d'anat. et de physiol.*, 1864, t. I, n° 4. p. 345).

C'est cette rangée de cellules qui semble donner (par multiplication de ces éléments) l'amnios ; car les différences que nous venons de mentionner se retrouvent entre les cellules minces, pâles, nettement pavimenteuses de l'amnios, et les cellules polyédriques plus larges, plus granuleuses, du reste de la vésicule blastodermique qui compose le chorion et demeure appliqué à la face interne de la membrane vitelline ou ovulaire. On sait en effet que c'est le feuillet séreux du blastoderme qui forme le chorion. M. Coste admet trois espèces de chorion qui se succèdent successivement. Le premier serait formé par les végétations dont se couvre la membrane vitelline à l'arrivée de l'ovule dans l'utérus ; végétations qui, à défaut de vaisseaux, apportent des matériaux au vitellus qui se segmente. Le deuxième chorion serait constitué par le feuillet externe du blastoderme, repoussé peu à peu contre la membrane vitelline, après la résorption de laquelle il deviendrait enveloppe extérieure de l'œuf ou chorion pourvu de villosités, mais sans vaisseaux. Le troisième chorion, enfin, serait formé par l'allantoïde qui s'applique à la face interne du chorion précédent, (en déterminerait l'atrophie et deviendrait ainsi membrane externe définitive de l'œuf), d'abord couverte partout de villosités vasculaires et n'en possédant plus tard qu'au point où se développe le placenta. Pour M. Robin, il n'y a qu'un seul chorion, le deuxième, ou *chorion réel*. La membrane vitelline n'est pas un chorion, puisqu'elle n'existe qu'autant que l'embryon n'est pas encore formé. Quant au deuxième chorion, M. Robin affirme qu'il ne se résorbe jamais et reste jusqu'à la fin de l'évolution fœtale tapissé à sa face interne par l'allantoïde dont les anses vasculaires s'enfoncent dans les villosités qui le recouvrent. Un fait à noter, c'est qu'au moment où le feuillet externe blastodermique s'applique contre la membrane vitelline qui s'atrophie, l'œuf a atteint, d'après M. Robin, de 3 à 6 millimètres selon les espèces mammifères dont il s'agit. La membrane vitelline a donc beaucoup grandi. Ce cas ne s'observe que chez les mammifères. Dans les autres espèces, elle ne grandit plus après la ponte ou après le début de la segmentation. L'évolution de l'embryon a lieu dans son extérieur sans qu'elle y participe. Elle est abandonnée après sa rupture qui constitue l'éclosion.

et moins granuleuses, plus petites, plus minces et plus pâles qu'en tout autre point de la portion extra-embryonnaire de ce feuillet blastodermique superficiel. Quant aux cellules embryonnaires, elles s'arrêtent à la circonférence même de la tache où elles rencontrent la couche de cellules ombilicales qui tapissent la face interne du reste du blastoderme.

Dans l'œuf du lapin, on trouve les cellules embryonnaires, à partir du huitième jour qui suit le coït fécondant; on les voit persister jusqu'au quatorzième ou au quinzième jour. Cette espèce d'élément anatomique présente deux variétés : 1° la variété *cellule*, qui est de beaucoup la plus abondante partout, et quelquefois existe seule ; 2° la variété *noyaux libres*, semblables aux noyaux que renferment les cellules. On les rencontrerait dans le foie en plus grande quantité que partout ailleurs. Les cellules embryonnaires ont de $0^{mm},008$ à $0^{mm},012$; elles sont de moitié moins grosses que celles des divers feuillets de la vésicule ombilicale, le plus souvent polyédriques, mais d'une façon irrégulière, quelquefois arrondies et même sphériques, pâles, transparentes, à contour net, quoique peu foncé, uniformément granuleuses. Les noyaux ont de $0^{mm},004$ à $0^{mm},006$, sont sphériques, assez foncés, à contour noirâtre, rarement pourvus de nucléole. Beaucoup de cellules ont deux noyaux. Ces cellules, dit M. Robin (1), ne diffèrent pas notablement d'une espèce de mammifères à l'autre. D'ailleurs, les différences que l'on observe sont moindres que celles

_____

(1) *Mémoire sur la structure intime de la vésicule ombilicale*, p. 318.

qui existent dans deux embryons humains de même
âge; elles portent sur le volume et le nombre des granulations. Nous verrons, chapitre **II**, que « leur rôle
physiologique spécial est de préparer des matériaux
aptes à la génération des éléments qui succèdent, mais
n'existent pas encore » (**1**).

C'est donc dès l'origine des éléments du blastoderme,
et même dès la naissance des éléments anatomiques
qu'il s'établit une distinction entre les parties perma-
nentes et les parties transitoires du nouvel organisme.
Cette différence peut être en effet constatée dès l'apparition de la tache embryonnaire. Dès l'époque de la
naissance des premières cellules, il est facile de distinguer celles qui vont former certains organes transitoires
de l'embryon (chorion villeux, amnios, vésicule ombilicale) de celles qui vont former la tache embryonnaire.
De ces dernières seules proviendra l'embryon : c'est à
elles que succéderont les éléments anatomiques permanents des organes définitifs du nouvel être. Et bien plus,
dès que ces éléments anatomiques permanents apparaî-
tront (à la place des cellules embryonnaires liquéfiées),
nous pourrons les distinguer dès l'origine en cellules
d'espèces différentes. Dès leur naissance, ces éléments
sont d'espèces distinctes, tant par leurs caractères anatomiques que par leurs propriétés physiologiques, « et on
ne voit pas, dit M. Robin, qu'ils commencent par être

(**1**) « Elles ne représentent donc aucunement en fait tout ce qui existera plus tard dans l'organisme, comme on l'a admis d'après ce fait
seul que ces cellules naissent avant tous les autres éléments. » M. Robin,
Progr. du cours d'histologie, p. 44.

d'espèces semblables pour devenir différents par métamorphose directe » (1).

Les cellules embryonnaires ne s'individualisent pas
chez tous les animaux par la segmentation du vitellus.
Les premiers éléments de l'embryon se produisent alors
par gemmation d'une portion de la substance hyaline du
vitellus, « et cela directement, sans passer par l'état intermédiaire de globules vitellins et sans se segmenter
une fois nés » (2). C'est à M. Robin qu'appartient la
découverte de ce fait, qui est un des plus importants
parmi ceux que comptent les progrès de la physiologie
et de la zoologie. Il a reconnu qu'il existait des animaux
chez lesquels le vitellus ne se segmentait pas, et a décrit
dans leur ovule fécondé un blastoderme formé de deux
rangées de cellules superposées, d'abord ovoïdes, puis
devenant polyédriques par pression réciproque. Le phénomène de la gemmation limité en un seul point du vitellus, des vertébrés et de la plupart des invertébrés,
s'observe sur la périphérie tout entière du vitellus chez
le plus grand nombre des articulés (diptères, hyméno-
ptères, coléoptères, Robin ; et probablement aranéides,
Claparède, Leuckart. — M. Robin a vu se segmenter les
œufs de certains articulés : acariens, tardigrades, cy-
clops). Nous allons suivre rapidement, avec M. Robin,
les différentes phases du phénomène chez les *tipulaires
culiciformes* (3).

(1) M. Robin, *Mémoire sur la structure intime de la vésicule ombilicale*, p. 322.

(2) M. Robin, *Mémoire sur la production du blastoderme chez les articulés*, 1862, p. 351.

(3) Voy. *Mémoire sur la production du blastoderme chez les articulés.*

Chez ces animaux, le vitellus, qui se compose exclusivement de gouttelettes graisseuses ténues, agglutinées par de la substance amorphe, remplit d'abord complétement la cavité de la membrane vitelline. Au moment de la ponte, le retrait du vitellus a lieu, mais il ne s'opère qu'aux deux extrémités de l'œuf, qui est ovoïde. (Notons qu'on n'observe pas, chez les insectes, les mouvements de déformation et de giration du vitellus, que nous avons signalés chez les animaux dont le vitellus se segmente.)

Quelques minutes après le retrait du vitellus, débute la production des globules polaires, suivie de la naissance des cellules blastodermiques, qui commence même avant l'achèvement des premiers. Les globules polaires se produisent à la petite extrémité du vitellus, par gemmation de la substance hyaline. Il en naît deux et souvent trois l'un à côté de l'autre. Quatre à huit globules polaires apparaissent ainsi, qui ne tardent pas à se multiplier par *scission*. Un noyau y naît par genèse et ils finissent par acquérir ainsi les caractères de véritables cellules. Aussi, au lieu de se réunir par coalescence et de rester comme un corps étranger à côté de l'embryon, ces cellules prennent part à la constitution du blastoderme au même titre que les autres cellules embryonnaires. On n'observe pas la production d'un noyau vitellin. (Nous savons que le noyau vitellin manque même chez certaines espèces animales dont le vitellus se segmente.)

Alors qu'il n'existe encore que cinq ou six globules polaires, les cellules blastodermiques commencent à naître. Elles apparaissent à la grosse extrémité du vitellus, à l'opposé des globules polaires. Naissant les unes à côté des autres par gemmation de la substance hyaline, elles gagnent peu à peu le reste du vitellus. On voit alors à la surface du vitellus de petites éminences hémisphériques dont la saillie augmente graduellement. Quand elles sont aussi hautes que larges ($0^{mm},014$ à $0^{mm},016$), elles se compriment réciproquement. Leur pédicule se rétrécit, elles se séparent du vitellus et deviennent polygonales. Une fois cette rangée de cellules blastodermiques constituées ainsi, il s'en produit une seconde de la même façon à la périphérie du vitellus. Après l'apparition d'une troisième rangée de cellules, il ne reste plus de substance hyaline dans le vitellus, qui reste exclusivement composé de gouttes huileuses. Chez les *tipulaires culiciformes*, les cellules que nous venons de décrire manquent de noyau. Chez les *musca carnaria* et *domestica*, M. Robin a vu un noyau se produire de toutes pièces par genèse, au centre de chaque cellule, à mesure qu'elle gemmait de la substance hyaline du vitellus. Pressé par le blastoderme, l'amas de cellules résultant de la scission des globules polaires (1) finit par se confondre avec les cellules blastodermiques. Selon M. Robin (2), ces dernières n'éprouveraient jamais de scission. Leur augmentation de nombre ne pourrait provenir que de la continuation de la gemmation du vitellus

(1) La scission des globules polaires n'a jusqu'à présent été observée que chez les diptères.

(2) *Mémoire sur la production du blastoderme chez les articulés*, p. 376,

à sa surface. Enfin la portion du vitellus réduite à des granules graisseux, ne subit ni gemmation ni segmentation. « Elle ne concourt qu'indirectement, molécule à molécule, à l'évolution de l'embryon » (1). En résumé, chez ces animaux, les éléments de blastoderme naissent par gemmation et offrent immédiatement les dimensions et la structure qu'ils conserveront pendant toute la durée de leur existence individuelle. Au contraire, dans le plus grand nombre des espèces végétales et animales, « ces mêmes éléments n'arrivent à l'état de cellules douées d'une individualité propre, que graduellement, en passant par les phases intermédiaires de globes vitellins, par segmentation progressive du vitellus, division dont la formation de blastoderme marque la fin » (2).

Dans l'ovule de certains animaux, la gemmation et la segmentation s'associent en quelque sorte pour concourir à l'individualisation du vitellus en cellules. Chez les mollusques gastéropodes, par exemple, la segmentation conduit à la production des quatre premiers globes vitellins, qui d'ailleurs sont dépourvus de noyau. De ces globes vitellins *primitifs* naissent alors par gemmation les *sphères vitellines secondaires*. Elles naissent au point de contact même des quatre globes primitifs et des globules polaires, par une saillie conoïde dont la base se rétrécit peu à peu ; un plan de division en achève la séparation. Mais, avant que cette séparation soit complète et pendant que le prolongement s'allonge, on voit se

(1) M. Robin, *loc. cit. suprà.*
(2) Robin, *loc. cit. suprà*, p. 379.

former vers son centre un espace clair, sphérique, sans granulations, réfractant fortement la lumière, avec ou sans nucléole. C'est un noyau qui y naît par génèse, au même titre que le noyau vitellin dans le vitellus.

Ces *sphères vitellines secondaires* ont aussi reçu le nom de *sphères vitellines transparentes*, ou de *cellules claires*. Elles sont en effet transparentes chez beaucoup de mollusques (*hirudo*, *nephelis* (1), *glossiphonies*); mais chez les gastéropodes d'eau douce, elles sont aussi opaques que les globes vitellins plus volumineux dont elles dérivent. Le noyau apparaît toujours pendant leur production, qu'elles soient claires ou obscures. Elles sont transparentes, lorsqu'il y a eu gemmation de la substance hyaline seulement, chez les espèces où elles sont opaques. Cette apparence est le résultat de la gemmation de la substance vitelline (granules et substance amorphe en même temps). « Les quatre globes vitellins secondaires sont plus petits que les quatre globes primitifs, et remplissent un rôle différent dans l'évolution embryonnaire. Une fois individualisés par gemmation, ils se segmentent eux-mêmes comme le vitellus et passent ainsi à l'état de cellules » (2).

La production du blastoderme ne peut avoir lieu sans fécondation. Pour subir les phénomènes que nous ve-

---

(1) Les sphères vitellines primitives des nephelis possèdent des noyaux ; mais on constate très-bien, au dire de M. Robin, « que ceux-ci restent toujours sans relation de contiguïté et de continuité avec les noyaux des globes secondaires en voie d'individualisation par gemmation. » (*Mémoire sur la production du noyau vitellin*, p. 319.)

(2) M. Robin, *Mémoire sur la naissance des éléments anatomiques* (*Journal d'anatomie et de physiologie*, t. I, n° 4, p. 364).

nons de décrire dans ce paragraphe, le vitellus a besoin du contact immédiat des spermatozoïdes. Bischoff (1) rapporte que chez une truie en chaleur tuée vers la fin du rut, avant tout coït, il trouva sept œufs dans la plupart desquels le vitellus était partagé en un nombre considérable de sphères. On a généralement admis depuis lors, qu'indépendamment de toute fécondation, le vitellus pouvait tout au moins éprouver un commencement de segmentation. Quelques-uns admettaient même la possibilité de la formation du blastoderme. A plusieurs reprises, l'observation parut même (Robin, Quatrefages, etc.) confirmer cette opinion. D'après de récentes observations faites en particulier sur les mollusques, M. Robin professe que le vitellus d'un œuf non fécondé se *fragmente*, mais ne se *segmente* pas. Alors, en effet, le vitellus ne se divise pas en segments réguliers de la façon que nous avons décrite, mais il se fragmente irrégulièrement en un plus ou moins grand nombre de particules, pendant que se plisse et se flétrit la membrane vitelline (M. Robin). Les deux phénomènes diffèrent essentiellement, mais peuvent, à un moment donné, imprimer à l'œuf quelque analogie d'aspect. C'est là ce qui aura trompé Bischoff et les observateurs qui l'ont suivi.

Nous verrons, chapitre III, que, contrairement à ce que nous venons de dire pour l'ovule femelle, le vitellus de l'ovule mâle *se segmente spontanément*. Les sphères de fractionnement deviennent des *cellules embryonnaires*

(1) *Annales des sciences naturelles*, 1844, p. 134.

mâles qui, au lieu de se souder (comme les *cellules em-bryonnaires* de l'ovule femelle pour former un blasto-derme), restent distinctes et libres ; c'est d'elles que dé-rivent les spermatozoïdes. Mais ces éléments ne naissent pas toujours par segmentation du vitellus mâle. Dans l'ovule mâle de divers animaux, tels que les hirudi-nées, etc., les cellules embryonnaires mâles naissent par gemmation à la surface du vitellus.

§ 5. — SEGMENTATION ET GEMMATION CHEZ L'ÊTRE DÉJÀ FORMÉ.

Les éléments anatomiques naissent, s'individualisent et se reproduisent suivant des modes qui restent iden-tiques, aussi bien dans le vitellus que chez l'embryon ou l'adulte, à l'état normal comme à l'état pathologique.

Nous verrons, chapitre II, se produire, chez l'em-bryon (pour constituer même ses premiers éléments anatomiques définitifs) et chez l'adulte, le phénomène de la *genèse*, mode de génération des éléments, que nous avons observés dans l'ovule (noyau vitellin).

Dans ce paragraphe, nous allons étudier chez l'être déjà formé la *segmentation* et la *gemmation* (modes d'*in-dividualisation* des éléments, quand ils ont lieu dans des blastèmes ; — modes de *reproduction* des éléments, quand ils s'accomplissent sur un élément figuré), phé-nomènes que déjà nous avons vu se produire dans l'ovule (globes vitellins ; cellules blastodermiques et em-bryonnaires ; globules polaires).

Cependant nous ne dirons rien de la gemmation : la

raison en est que la gemmation est en quelque sorte un *phénomène d'ordre inférieur*. On le rencontre, comme nous l'avons dit, surtout sur les éléments anatomiques des plantes et sur quelques organismes entiers, végétaux ou animaux des plus simples (acotylédones cellulaires, polypes hydraires, etc.). Chez les animaux supérieurs, depuis l'embryon jusqu'à l'adulte, on n'observe pas la gemmation ; elle s'est, pour ainsi dire, réfugiée dans l'ovule (organisme de structure aussi simple que possible), et encore y est-elle limitée en un seul point (production des globules polaires). D'ailleurs, elle se produit sur l'ovule fécondé ou non, ne concourt que très-indirectement à la naissance de l'embryon, et pas du tout à son évolution. Enfin nous avons vu qu'une exception devait être faite pour le plus grand nombre des articulés dont le blastoderme se produit par gemmation.

Mais si la gemmation n'a pas lieu sur les éléments de l'état déjà formé, il n'en est pas ainsi de la segmentation, qui joue un rôle important chez l'embryon et l'adulte, l'individu sain et malade. Pour prendre les deux exemples les plus remarquables de ce fait, nous citerons les cellules des cartilages et les épithéliums nucléaires.

Les cellules des cartilages, surtout celles des cartilages permanents, présentent en effet constamment le phénomène de la segmentation. Les chondroplastes grandissent peu à peu en même temps que les cellules qu'ils renferment. Celles-ci, parvenues à un certain degré de développement, sont traversées par un sillon transversal

qui devient l'origine de la séparation de la cellule primitive en deux autres plus petites. L'apparition du
noyau se fait de diverses manières (1). Parfois le sillon
de segmentation passe à côté du noyau de la cellule
primitive; une des deux cellules nouvelles est alors dépourvue de noyau. On en voit naître un par genèse,
quelquefois avant l'apparition du sillon. Parfois il n'en
naît pas du tout, et la cellule reste sans noyau. M. Robin a même vu le noyau de la première cellule s'atrophier, pendant qu'il naissait un noyau de chaque côté
du sillon à mesure que celui-ci se produisait. Le cas le
plus fréquent, c'est que le noyau, subissant d'abord la
segmentation, les granulations s'accumulent autour de
chacune de ces deux moitiés, avant que se divise la
masse cellulaire (2). Quand ce phénomène se produit,
un sillon apparaît vers le milieu du noyau. Puis, à la périphérie de celui-ci, vers les deux extrémités du sillon
transversal, on voit apparaître deux légères dépressions

---

(1) Voy. M. Robin, *Mémoire sur la naissance des éléments anatomiques* (*Journal d'anatomie et de physiologie*, t. I, n° 4, p. 346).

(2) Ce phénomène est constant chez l'adulte et chez l'embryon.
Il prouve que le noyau joue certainement un rôle particulier dans
les phénomènes de composition et de décomposition nutritive, puisque
toujours autour de lui se produisent et se disposent d'une façon spéciale les plus grosses granulations. Robin dit (*loc. cit.*) : « De là à
faire jouer au noyau le rôle primordial comme centre d'attraction, il
y a très-loin. »

Nous avons tenu à citer toutes les façons d'agir du noyau ; il en résulte, en effet, pour les cellules, des apparences diverses, diversement interprétées par les auteurs. La succession de phénomènes que
décrit M. Robin s'étant passée sous ses yeux, ces faits ont certainement
une valeur incontestable, en tant qu'ils fixent ce point d'histologie.

indiquant un étranglement circulaire. Enfin la division du noyau (de la périphérie au centre) s'accomplit « par l'action moléculaire nutritive qui limite, en les séparant, la surface des deux moitiés de cet organe » (1). D'après M. Robin, il n'est pas rare d'observer cette scission du noyau dans les fibres-cellules (notamment celles de l'utérus), *sans qu'il y ait division du corps de l'élément.* On rencontre souvent ce phénomène dans les noyaux libres, principalement dans les noyaux embryoplastiques, et les noyaux libres d'épithélium (surtout dans les tumeurs). Mais ce n'est pas là le mode ordinaire de production des noyaux ; la plupart naissent par genèse (2).

Chez l'adulte, c'est à la surface des muqueuses que la segmentation est surtout curieuse à étudier. Ce phénomène se produit dans la substance amorphe qui s'interpose aux noyaux d'épithélium (épithéliums *nucléaires* de M. Robin) nés par genèse, molécule à molécule. Il en résulte une individualisation de cellules épithéliales (pavimenteuses ou prismatiques) pourvues d'un ou de plusieurs noyaux. C'est de la sorte que *toutes* les cellules épithéliales nouvelles s'individualisent et remplacent celles qui tombent. Ce phénomène s'accomplit donc « à la surface des membranes cutanées, mu-

(1) M. Robin, *loc. cit.*, p. 347.

(2) Valentin (1840), Henle (1843), ont les premiers observé ce phénomène. M. Robin dit (*loc. cit.*) : « C'est à cette scission des noyaux et des cellules (ainsi qu'à la prétendue génération endogène), considérée à tort comme *mode général de génération normale et pathologique des éléments anatomiques,* que quelques auteurs modernes ont donné le nom de *prolifération.* » Voyez la note A à la fin de ce travail.

queuses, séreuses et à la face libre des tubes propres et des vésicules closes des parenchymes tant glandulaires que non glandulaires » (1).

A la superficie de la membrane tégumentaire, entre elle et les cellules les plus récemment individualisées, on voit naître de toutes pièces, molécule à molécule, des noyaux. En même temps ils apparaissent sous la forme de corpuscules ovoïdes dans certains cas, arrondis dans d'autres. Pâles, sans granulation, sans nucléole, ils sont nettement délimités, et ont seulement, au moment de leur naissance, le quart du volume qu'ils offriront plus tard. Les nucléoles y apparaissent dans le cours de leur développement. Ils manquent quelquefois (2). En même temps, et pendant qu'ils grandissent peu à peu, il se produit entre eux une certaine quantité de matière amorphe, finement granuleuse, qui les tient unis en une seule couche. Ces noyaux, s'écartant d'une distance environ égale à leur propre diamètre, des sillons (sous l'aspect de lignes fines et un peu foncées) se produisent dans leur intervalle, et la segmentation commence. Ces sillons se rencontrent sous des angles nets plus ou moins obtus, et limitent ainsi des cellules régulièrement polyédriques, aplaties, ayant pour centre un noyau. En un point où les noyaux sont rapprochés, il

(1) M. Robin, *loc. cit.*, p. 348.

(2) Nous pouvons dire de suite qu'il arrive parfois à ces noyaux de rester libres ; le cas ordinaire est qu'ils deviennent le centre de la production d'autant de cellules par segmentation du blastème. Nous verrons plus tard que ces noyaux peuvent également naître entre des éléments préexistants ; dans ce cas, les phases du phénomène sont les mêmes que précédemment.

arrive que quelques-uns ne sont pas séparés par des sillons, et l'on voit se former des cellules à deux ou plusieurs noyaux. Souvent M. Robin a observé, sur un même cul-de-sac glandulaire hypertrophié, les différentes phases du phénomène, depuis le point où les cellules sont facilement séparables, jusqu'à celui où on ne peut plus séparer ces cellules sans les déchirer : ce qui provient de ce que le sillon, quoique nettement indiqué, n'est pas assez profondément tracé. On arrive enfin à des couches de noyaux séparés par des sillons « *qui vont se perdre dans la substance homogène* » (1). C'est, à proprement parler, ce blastème dont la segmentation n'est pas encore achevée, qui constitue cette couche dite d'épithéliums nucléaires (2). Les conséquences théoriques de l'exacte observation de cette succession de phénomènes sont très-importantes. Nous dirons dans la note B, placée à la fin de ce chapitre, quelles conclusions nous sommes en droit d'en tirer, au point de vue de la *génération des éléments anatomiques* (3).

Cette série de phénomènes s'observe exactement semblable dans tous les épithéliomas, et principalement,

---

(1) *Loc. cit.*, p. 350.

(2) On voit par là, fait remarquer M. Robin, que, pour juger ce que représente anatomiquement la matière amorphe interposée aux noyaux, il faut l'avoir étudiée physiologiquement, c'est-à-dire avoir suivi sur le vivant les phénomènes dont elle est le siége.

(3) « Le phénomène remarquable qui vient d'être décrit suffirait à lui seul, dit M. Robin, indépendamment de beaucoup d'autres, pour prouver qu'il n'est pas vrai que toute cellule naisse d'une autre cellule, car la substance amorphe qui se segmente entre les noyaux ne compte pas au rang de cellules. Il n'est donc pas exact de dire : *Omnis cellula e cellula*, et de nier la formation d'une cellule par une substance

d'après M. Robin, « dans ceux qui à la surface ou dans la profondeur des tissus offrent l'aspect papilliforme » [1]. Les papilles de production morbide et la substance qui les supporte sont composées d'une matière homogène, finement granuleuse, transparente et nettement limitée à la surface des papilles. Dans toute son épaisseur, cette matière est parsemée de noyaux plus ou moins gros, avec ou sans nucléole. Cette substance est dépourvue de vaisseaux. En l'examinant dans toute sa profondeur, on y peut suivre toutes les phases de la segmentation telles que nous les avons précédemment décrites. Il se forme plus fréquemment qu'à l'état normal de ces grandes cellules à deux ou plusieurs noyaux dont nous avons parlé. Le mécanisme de leur production est d'ailleurs identique dans les deux cas. « La connaissance de ces phénomènes physiologiques pouvait seule rendre compte de l'existence de cellules épithéliales et autres, ayant deux, trois ou quatre noyaux, telles qu'on en trouve dans les bassinets, le foie, le pancréas, etc. Elle seule pouvait faire juger ce que ces cellules représentent aux points de vue normal et pathologique, par rapport aux

non cellulaire (Virchow, *Pathol. cellulaire*). Ce n'est pas là une scission de cellules débutant par celle du nucléole, suivie de celle du noyau et du corps de la cellule ; mais il y a au contraire division d'une substance amorphe entre des noyaux que respectent les écartements moléculaires qui se présentent sous forme de plan ou ligne de segmentation, et qui donnent ainsi une individualité à autant d'éléments (sous forme de cellules) qu'il y a de noyaux préexistants ou à peu près. L'hypothèse de la génération endogène ne saurait non plus être invoquée ici. » (Robin, *loc. cit.*, p. 354, note.)

(1) M. Robin, *loc. cit.*, p. 352.

cellules pourvues d'un seul noyau » (1). La conclusion de ceci peut être déjà prévue. La segmentation du blastème autour de deux noyaux s'observe aussi bien à l'état normal qu'à l'état morbide, quoique plus fréquemment dans ce dernier cas. Mais il est évident que cela ne saurait suffire pour caractériser comme *éléments hétéromorphes*, les cellules à noyaux multiples, quand on les trouve dans les tumeurs (voy. chapitre IV).

De cette détermination du mode suivant lequel s'accomplit la génération des éléments anatomiques à la surface du tégument cutané, muqueux et séreux, M. Robin a déduit l'interprétation de certains faits pathologiques, tels que l'*ulcération*, l'*envahissement*, etc. Selon lui, l'*infiltration des épithéliums* dans la profondeur des tissus résulte de l'accomplissement en ce point des deux phénomènes que nous avons décrits :

1° « La production progressive de matière amorphe finement granuleuse entre les éléments du tissu voisin ou à leur place, à mesure qu'ils s'atrophient et disparaissent » (2) ;

2° La genèse de noyaux dans le sein de cette matière amorphe, et l'individualisation des cellules épithéliales par segmentation. Ce sont également ces deux phénomènes élémentaires qui amènent l'*envahissement* des tissus voisins par des tumeurs épidermiques, ou d'origine glandulaire ulcérées (3).

(1) *Loc. cit.*, p. 353.

(2) *Loc. cit.*, p. 355.

(3) Pour comprendre ce phénomène, dit très-justement M. Robin, il faut connaître comment s'individualisent normalement les cellules.

« Les phénomènes précédents nous rendent encore compte, dit M. Robin, de la marche physiologique de l'*ulcération*, avec agrandissement en largeur et en profondeur de certaines plaies qui envahissent les tissus circonvoisins sans jamais former de tumeurs, ou après avoir eu quelque tumeur épithéliale ou glandulaire pour point de départ » (1).

Les papilles (s'il s'agit par exemple d'un ulcère cutané ou d'une muqueuse pourvue de papilles) et le tissu qui les supporte sont entièrement composés par la substance homogène que nous avons décrite. Elle est parsemée d'une grande quantité de noyaux ovoïdes (de $0^{mm},008$ à $0^{mm},011$) pourvus d'un ou de deux nucléoles. Souvent ces noyaux sont contigus (2). La substance amorphe est segmentée à sa surface en cellules polyédriques, dont quelques-unes ont deux ou plusieurs noyaux. Sur quelques papilles, on trouve les cellules de la surface sur le point de se desquamer, tandis que se montre au-dessous d'elles une rangée de cellules plus adhérentes. Dans les papilles, et surtout dans la couche sous-jacente, on trouve des globes épidermiques simples ou composés. Les papilles sont toujours dépourvues de vaisseaux, et la couche qui les supporte n'en contient que dans sa profondeur « au-dessous de cette couche la substance amorphe granuleuse est parcourue par des

---

(1) *Loc. cit.*

(2) L'hypergenèse des noyaux les oblige à se rapprocher les uns des autres. Il se pourrait que ce phénomène fût simplement la cause de la plus grande fréquence des cellules à deux noyaux dans les tissus morbides.

faisceaux de fibres du tissu lamineux de plus en plus abondantes, à mesure que l'on approche des parties sous-jacentes » (1). Puis l'on arrive à la trame des fibres lamineuses et des capillaires, où la matière amorphe granuleuse va toujours diminuant, interposée qu'elle est à de nombreux amas de cytoblastions. Enfin, les huit ou neuf dixièmes de l'épaisseur du produit morbide sont constitués de la même façon, et renferment beaucoup de matière amorphe et de cytoblastions.

D'après cette description, que nous empruntons à M. Robin, cet ulcère a donc pour base un tissu particulier, gris, dur, lardacé, sans suc, et différant de structure à la surface et dans la profondeur. La profondeur représente le derme, mais modifié par la multiplication d'un de ces éléments, les cytoblastions qui sont à l'état normal peu nombreux. La surface correspond à la couche papillaire qui a augmenté d'épaisseur aux détriments de la portion dermique sous-jacente. Cette couche est conservée, malgré la profondeur de l'ulcère (souvent 1 centimètre), mais elle diffère plus de son état normal que la portion dermique. Il n'y a pas en effet seulement multiplication d'un de ces éléments ; il y a dans l'épaisseur des papilles production d'éléments qui ne se trouvent normalement qu'à leur surface, les noyaux d'épithélium. « La surface même de ces papilles en se segmentant par division de la substance interposée aux noyaux, *fournit à la production incessante de cellules, qui en se desquamant approfondissent de plus en plus*

(1) *Loc. cit.*

l'ulcère. Mais pourtant la couche papillaire ne disparaît pas, parce qu'à mesure qu'elle perd à sa surface, elle gagne en profondeur, aux dépens de la portion dermique sous-jacente, qui en fait autant à l'égard du tissu sain sur lequel elle repose. Telle est la *marche physiologique* de cette *ulcération*, c'est-à-dire de l'agrandissement en profondeur et en largeur de la plaie » (1).

Ainsi la segmentation et la gemmation se manifestent principalement sur deux points de l'organisme : le vitellus et les surfaces épithéliales normales ou pathologiques. Dans les deux cas, c'est un blastème (2) qui est le siége du phénomène. Dans les deux cas, les éléments individualisés de la sorte n'ont qu'une existence temporaire et transitoire par rapport à l'être qu'ils concourent à former (3). Dans les deux cas, enfin, nous ferons re-

----

(1) M. Robin, *loc. cit.*, p. 357. Voy. M. Robin, *Mémoire sur le tissu hétéradénique* (*Gaz. hebdom.*, 1855); *Note sur quelques hypertrophies glandulaires* (*Gaz. des hôp.*, 1852); Ch. Robin et Lorain, *Notice sur le cancer des ramoneurs; épithélioma papillaire du scrotum* (*Monit. des hôp.*, 1855).

(2) M. Robin regarde la segmentation et la gemmation des cellules, après leur individualisation, comme des phénomènes *en quelque sorte exceptionnels*. « La matière de ces cellules, dit-il, conserve la propriété de se segmenter ou de produire des gemmes, propriété dont jouissait la substance dont ces éléments représentent des parties isolées. Ainsi ces phénomènes ne se montrent plus que réduits à un moindre degré d'énergie sur les cellules et seulement lorsque, par suite de certaines phases de leur développement, elles ont dépassé leur volume le plus habituel. » (*Loc. cit.*, p. 362, et *Journal d'anat. et de physiol.*, 1865, p. 331.) C'est d'ailleurs à ce mode de génération des éléments anatomiques qu'on a donné le nom de *prolification* ou *prolifération*.

(3) Nous verrons que, dans le vitellus, c'est par genèse que naissent les éléments anatomiques définitifs de l'embryon.

marquer qu'il y a le plus souvent concours de la genèse et de la segmentation pour arriver à l'individualisation d'un élément anatomique complet (1).

Nous allons maintenant étudier le phénomène de la *genèse*, ses phases, ses conditions, ses résultats.

(1) Les blastèmes et les noyaux naissent par genèse. La segmentation de ces derniers éléments est l'exception, sauf dans le vitellus, où nous devons cependant noter la genèse du noyau vitellin comme fait primordial, précédant *toujours* la segmentation. Et d'ailleurs, dans ce cas, la substance qui se segmente, le vitellus lui-même est-il autre chose qu'un élément anatomique amorphe ou blastème, né par genèse?

À ce compte, la prolifération (production par gemmation ou par scission d'un noyau par un noyau ou d'une cellule par une cellule) est le seul phénomène qui ne rentre pas dans la proposition générale, énoncée plus haut, touchant le concours de la genèse et de la segmentation. Nous venons de dire que la prolifération (si tant est que cette expression doive sortir de la *tératologie* végétale pour être introduite dans la physiologie générale) devait être regardée comme un fait exceptionnel.

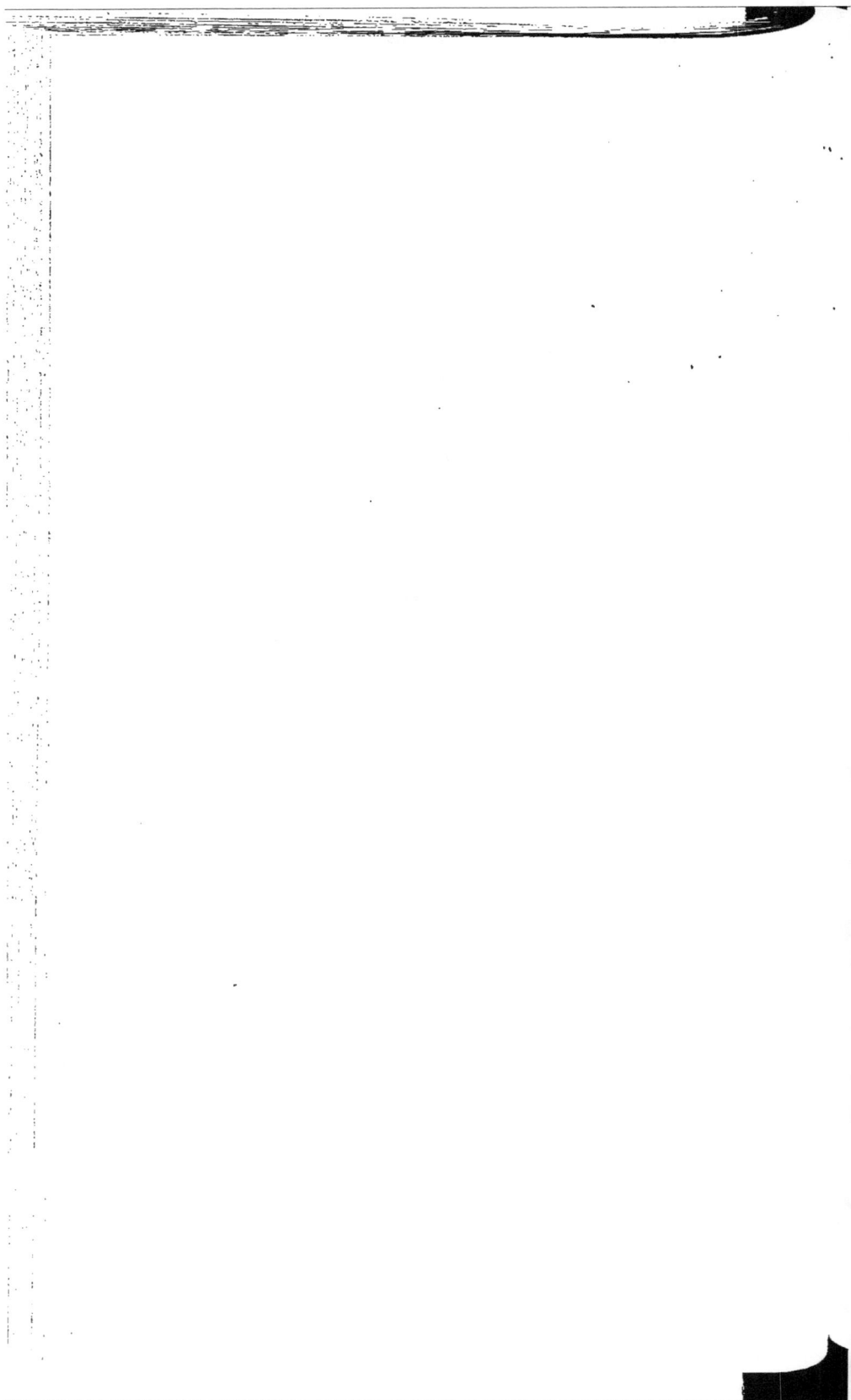

CHAPITRE II

DE LA GENÈSE DES ÉLÉMENTS ANATOMIQUES

La genèse (1) est ce mode de naissance des éléments anatomiques dans lequel on voit apparaître un élément de toutes pièces et molécule à molécule, soit au sein d'un plasma, soit au sein d'un blastème entre les éléments anatomiques préexistants. Ce fait est dû à la combinaison en proportions di-

(1) De Mirbel, le premier, reconnut sur les éléments anatomiques des plantes le phénomène qu'avec M. Robin nous appelons *genèse* et qu'il nomma *génération interutriculaire* (*Recherches anat. et physiol. sur le marchantia polymorpha*. Paris, 1831-1832, p. 30-33). Plus tard (dans ses nouvelles notes sur le *cambium*, 1839), il décrivit en détail cette « *formation de toutes pièces* » des éléments qu'il dit avoir lieu partout où abonde le cambium. Enfin ce phénomène observé par plusieurs auteurs reçut de chacun d'eux des noms différents, exprimant tous au fond la même idée. Valentin (1852) l'appelle *formation isolée des éléments des tissus;* Hugo Mohl (1840), *formation libre des cellules;* Schwann (1840) dit que, chez les animaux, ce mode de naissance des cellules est le plus habituel; Kölliker lui donne le nom de *formation spontanée des cellules.* Dès 1848 (*Sur le développement des spermatozoïdes, des cellules et des éléments anatomiques des tissus végétaux et animaux*, dans le journal *l'Institut*, 1848), M. Robin avait décrit ce phénomène sous le nom de *génération spontanée des éléments*, génération de toutes pièces ou par substitution. Plus tard, il lui donna

verses des principes immédiats fournis par le plasma ou les éléments préexistants : le résultat de cette combinaison étant la réunion moléculaire de ces principes en une masse amorphe ou figurée. Pour caractériser d'un mot la genèse, c'est une *génération spontanée* (C) d'éléments anatomiques. En effet, ceux-ci ne dérivent alors d'aucun parents. Il y a même plus, les principes qui les constituent sont répandus en des proportions différentes dans l'élément apparu et dans le milieu qui lui a donné naissance. « Et certains de ces principes présentent en outre dans l'élément anatomique des caractères spécifiques nouveaux, distincts de ceux qu'ils offraient dans le blastème, par suite de changements isomériques survenus dans les substances coagulables » (1).

« Dans la genèse, dit en se résumant M. Robin, apparition d'une forme et formation de substance organique propre à l'élément, par conséquent différente de

la très-juste dénomination de *genèse* que depuis longtemps Valentin, Schleiden, Reichert, employaient pour désigner en général la naissance des éléments anatomiques. Les considérations générales qui terminent le chapitre II et la note sur la *métamorphose*, à la fin de ce travail, feront suffisamment ressortir l'importance des travaux de M. Robin, et montreront quel intérêt s'attache en physiologie générale à l'étude de la genèse. Nous nous bornerons à dire ici que la genèse est un phénomène général qu'on observe dans l'embryon, le fœtus et l'adulte, chez les animaux comme sur les plantes, à l'état sain comme à l'état pathologique. Enfin, on le retrouve dans l'ovule, aux deux termes de l'existence de cet organe. Nous verrons que l'ovule (véritable cellule) naît par genèse. Nous avons déjà vu qu'après la fécondation, l'apparition par genèse du noyau vitellin signifie que l'ovule a perdu son individualité, dont en quelque sorte a hérité le vitellus.

(1) M. Robin, *Mémoire sur la naissance des éléments anatomiques* (*Journ. d'anatomie et de physiologie*, p. 154).

celle du blastème (comme le montrent les réactions), sont deux phénomènes simultanés » (1).

Notre définition donnée, nous reprendrons tout de suite, au point où nous l'avons laissée, l'étude des phénomènes qui se passent dans l'ovule. Nous avons vu les premiers éléments anatomiques naître de la segmentation du vitellus. Nous avons vu les uns donner par voie *généalogique directe* (*segmentation*) le blastoderme et la vésicule ombilicale. Nous allons voir les autres donner par voie *généalogique indirecte* (*genèse*) les éléments anatomiques définitifs de l'embryon.

§ 1ᵉʳ. — Genèse des éléments anatomiques dans l'ovule.

Nous avons décrit les cellules embryonnaires, nous n'y reviendrons pas. Nous avons dit aussi qu'elles étaient des éléments transitoires, qu'au point de vue physiologique elles avaient la valeur d'un état intermédiaire, et qu'elles élaboraient les matériaux nécessaires à la naissance des éléments définitifs de l'embryon.

(1) *Programme du cours d'histologie*, p. 33. Citons un exemple de formation de substance organique propre à l'élément : dans un blastème, nous trouvons de la fibrine ; mais dans l'élément anatomique qui a nom *fibrille musculaire* et qui naît par genèse au sein de ce blastème, nous trouvons, non plus de la *fibrine*, mais de la *musculine*, et cela dès la naissance de l'élément. Qu'est-ce que la musculine ? Une espèce particulière de principe immédiat « offrant des réactions spéciales » et ne se rencontrant nulle part ailleurs que dans l'élément musculaire. Au moment précis où l'élément est né, la fibrine du blastème s'est donc transformée en musculine, etc., etc., etc.

Les cellules embryonnaires forment d'abord, comme nous l'avons vu, la totalité des tissus de l'embryon. Cette période de l'existence embryonnaire, pendant laquelle l'être nouveau n'est absolument constitué que par ces éléments, dure peu. Chez le lapin, les premières cellules embryonnaires se montrent dès le huitième jour après le coït fécondant; mais après le quinzième jour, il n'y a en plus de traces (1). Quelle que soit la durée de leur évolution, ces éléments, pour accomplir cette évolution même, ont besoin de se nourrir et de se développer : ce qu'ils font au moyen des principes immédiats qu'ils empruntent, soit à la mère, soit aux milieux ambiants, suivant les espèces animales dont il s'agit.

Arrivées au dernier terme de leur évolution, les cellules embryonnaires passent directement par liquéfaction graduelle à l'état de blastème. C'est dans ce blastème que naissent au fur et à mesure qu'a lieu sa formation les éléments qui doivent persister. A partir du douzième jour après le coït fécondant chez les lapins, à partir du moment où l'embryon humain vient d'atteindre une longueur de 3 millimètres environ (2), on voit apparaître entre les cellules des feuillets de la tache embryonnaire, les premiers éléments anatomiques qui doivent définitivement constituer le nouvel être. Au fur et à mesure de leur naissance, ces derniers éléments écartent et refoulent peu à peu les cellules embryonnaires qui continuent à se transformer en un blastème généra-

(1) M. Robin, *Mémoire sur la vésicule ombilicale*, p. 316.
(2) M. Robin, *Mémoire sur la naissance des éléments anatomiques* (*Journal d'anat. et de physiol.*, p. 155).

teur d'éléments nouveaux. On ne sait pas bien encore comment s'opère le passage de la cellule embryonnaire à l'état de blastème; si ce dernier résulte de la liquéfaction *complète* de la cellule ; ou si la cellule s'atrophie, en cédant graduellement le liquide nécessaire à la génération des éléments. Jusqu'à présent, M. Robin n'a pas pu saisir toutes les phases du phénomène. Cependant, vu le grand nombre de noyaux qu'on rencontre à ce moment, il incline à penser que cette modification des cellules embryonnaires s'accomplit par liquéfaction de la cellule d'abord, et du noyau ensuite.

La disposition graduelle de la masse des cellules embryonnaires se mesure, pour ainsi dire, sur l'apparition successive des éléments nouveaux; elles reculent en quelque sorte devant ceux-ci. Par exemple, quand les noyaux embryoplastiques commencent à naître dans la partie centrale des membres, il n'y a plus qu'une mince couche de cellules embryonnaires sous l'épiderme.

M. Robin a trouvé ces cellules dans les embryons humains, depuis les plus petits jusqu'à ceux mesurant de 19 à 22 millimètres de longueur. Alors on rencontre les cellules embryonnaires dans les endroits suivants :

« 1° Quelques-unes qui n'ont pas encore disparu dans les conduits limités par les cellules épithéliales propres du foie.

» 2° Dans le tissu des parois de l'intestin où elles sont alors déjà très-rares ;

» 3° Dans celui du cœur qu'elles composent d'abord presque entièrement, mais où elles diminuent relativement de quantité à mesure qu'a lieu la naissance des faisceaux musculaires ;

» 4° Dans les parois de l'aorte ventrale ou peut-être de la veine cave » (1).

Telle est la manière de se comporter des cellules embryonnaires. Voyons maintenant quels sont les éléments qui leur succèdent, quand et comment ils naissent, quel rôle ils jouent.

Nous avons dit qu'au moment où l'embryon humain atteignait la longueur de 3 millimètres, on voyait naître ses premiers éléments définitifs au sein du blastème, résultant de la liquéfaction des cellules embryonnaires. Celles-ci ne formaient qu'un embryon *transitoire*. De la sorte, l'embryon véritable, dont les éléments fondamentaux naissent par *genèse*, s'y substitue peu à peu. Mais ces éléments ne peuvent pas dériver du seul vitellus. Aussi, la substance de celui-ci épuisée, il pénètre d'autres principes dans l'œuf, d'abord, molécule à molécule, par endosmose, puis par la circulation une fois le système placentaire constitué (2). De telle sorte que les éléments

(1) M. Ch. Robin (*Mémoire sur la vésicule ombilicale*, page 316), ajoute qu'il a constaté la présence de ces mêmes cellules dans plusieurs autres parties, soit chez les embryons humains ayant moins de 10 millimètres de long, soit chez les embryons de la vache, jusqu'au moment où ils atteignent une longueur de 14 à 18 millimètres.

(2) « Le rôle des cellules embryonnaires, dit M. Ch. Robin, est d'élaborer le blastème à l'aide et aux dépens duquel naissent ces éléments définitifs, alors que les matériaux que fournit la mère ne peuvent pas encore être soumis par l'embryon à des modifications correspondantes à celles qu'ils subiront bientôt dans le placenta et dans tout l'appareil circulatoire. » (*Mémoire sur la naissance des éléments anatomiques*, dans *Journal d'anatomie et de physiologie*, p. 155.)

qui naissaient et se développaient d'abord aux dépens du vitellus finissent par naître et se développer aux dépens des principes fournis par la mère (mammifères) ou par les milieux ambiants. Ces deux modes de provenance des principes immédiats « ne se suivent pas avec alternatives de brusque cessation de l'un et de subite apparition de l'autre ; ils coexistent souvent, seulement l'un est à son déclin quand l'autre commence » (1).

Quelle que soit l'origine du blastème, les éléments qui

---

(1) M. Robin, *Mémoire sur la naissance des éléments anatomiques* (*Journal d'anatomie et de physiologie*, p. 33). « Que l'on se figure au moment de la fécondat on un ovule composé de son vitellus que protége la membrane vitelline ; représentez-vous, d'autre part, le *jeune* au moment de sa naissance, ou la graine au moment de sa maturité. Cet être est composé d'éléments anatomiques bien constitués, et pourtant rien de visible n'est entré dans cet organisme, nul élément anatomique n'y a pénétré du dehors et tout formé. Ce n'est que molécule à molécule que lui sont arrivés, au travers des membranes d'enveloppe, des matériaux venus de la mère, ou du dehors, si l'être est ovipare.

» Puisque dans cet être nul élément n'est entré déjà formé de toutes pièces, et que pourtant le fœtus a grandi beaucoup, ne faisant que dilater ses enveloppes sans en sortir ; tout est donc né dans l'œuf : 1° soit directement à l'aide et aux dépens du vitellus ; 2° soit par génération de toutes pièces à l'aide de matériaux venus molécule à molécule du dehors. *Ce sont là les seuls cas de génération spontanée qui soient connus :* c'est-à-dire que ce sont des générations de toutes pièces des parties élémentaires d'un être au sein de cet être déjà engendré, car, lorsqu'il n'est pas encore formé, ses éléments dérivent directement de la masse du vitellus. Or, le vitellus est la portion fondamentale de l'ovule, qui est lui-même déjà né de toutes pièces, molécule à molécule (à la manière des éléments anatomiques dont nous parlons), dans un organisme déjà arrivé à un certain degré de développement. » (M. Robin, *loc. cit.*, p. 32.)

doivent persister chez l'embryon naissent *tous* par *genèse* (1).

Dans quel ordre apparaissent-ils? M. Robin a publié

(1) La genèse des éléments anatomiques a lieu, d'après M. Robin (*Dictionnaire dit de Nysten*, art. GENÈSE), dans trois conditions différentes : 1° par *substitution;* 2° par *interposition* ou *accrémentition;* 3° par *apposition* ou *sécrémentition.*

1° « C'est le fait de cette *genèse* ou génération de toutes pièces d'éléments nouveaux à la place et aux dépens de ceux qui disparaissent en se liquéfiant, qui a reçu le nom de genèse par *substitution* (Robin), ou mieux dans des conditions de *substitution*, avec *substitution.* Comme la liquéfaction, cette substitution est graduelle. » (M. Robin, *Mémoire sur le développement des spermatozoïdes, des cellules et des éléments anatomiques des tissus végétaux et animaux;* dans le journal *l'Institut*, 1848.) Cette dénomination n'indique en effet que les conditions dans lesquelles a lieu la genèse, c'est-à-dire « le fait du remplacement de certaines cellules qui se liquéfient ou se résorbent par des éléments d'une autre espèce. » (*Loc. cit.*) « C'est là chez l'embryon le mode de génération de tous les éléments constituants définitifs, de tous ceux qui, outre les propriétés végétatives ou de nutrition, peuvent être doués de propriétés animales. » (*Dictionnaire de Nysten*, art. SUBSTITUTION.) « La substitution d'éléments anatomiques qui naissent à d'autres qui disparaissent s'observe dans un grand nombre de cas, postérieurement à l'état embryonnaire et chez l'adulte, mais *toujours* dans des circonstances morbides. Tel est le cas dans lequel les cellules épithéliales des tumeurs *envahissent*, suivant l'expression reçue, les organes voisins. » (*Mémoire sur la naissance des éléments anatomiques;* dans *Journal d'anatomie et de physiologie*, p. 35, M. Robin.)

2° La genèse par *accrémentition* (le mot est de Burdach) est caractérisée par la genèse d'éléments entre leurs semblables, aux dépens d'un blastème fourni par ces derniers qui l'empruntent aux capillaires, d'où accroissement des tissus et par suite du corps entier. « La génération accrémentitielle s'observe pendant toute la durée du développement de chaque être végétal ou animal dans tous les tissus. Ceux-ci augmentent ainsi de volume à la fois : 1° par multiplication du nombre des éléments ; 2° par amplification de ceux qui sont primitivement nés. Sur les végétaux on observe ce mode de naissance des éléments lors

un tableau dans lequel il indique cet ordre d'apparition (1). Des observations récentes l'ayant conduit à y apporter quelques modifications, il a eu l'obligeance de nous communiquer ses notes, et nous reproduisons son tableau modifié d'après ses indications.

Ordre d'apparition, dans l'œuf, des éléments anatomiques définitifs de l'embryon :

de la formation de chaque couche nouvelle entre l'aubier et le liber. » (*Dictionnaire de Nysten*, art. ACCRÉMENTITION). Ce sont donc des éléments constituants qui naissent ainsi. Chez les plantes, d'après M. Robin, *loc. cit.*, quelques éléments *produits* naissent ainsi. A l'état morbide, ce mode de génération s'observe dans un très-grand nombre de circonstances. Quand il y a hypergénèse, par exemple, la multiplication de l'élément se fait par genèse accrémentitielle, d'abord ; mais, plus tard, à mesure que la tumeur acquiert un volume plus considérable, l'élément qui est le siège de l'hypergenèse remplace les éléments normaux préexistants et naît véritablement par *substitution*. Dans tous ces cas, ce sont des produits qui subissent l'hypergenèse. Ils naissent au sein des tissus composés, d'éléments constituants, et à leurs dépens par *substitution*.

3° La genèse *sécrémentitielle* (Burdach) ou par *apposition* s'entend de la genèse qui se fait à la surface des tissus. Il y a ainsi apposition des éléments récemment nés contre ceux qui sont plus anciens. Ce sont les éléments des *produits* qui naissent ainsi, et non ceux des *constituants*. Grâce à ce mode de genèse, les *produits* diffèrent des éléments qui leur ont fourni des matériaux pour servir à leur production. Ce mode de genèse s'observe à la surface des membranes cutanées, muqueuses et séreuses, et sur les noyaux des cellules épithéliales. Les ovules mâle et femelle, les cellules pigmentaires de la choroïde, etc., naissent par genèse sécrémentitielle. Chez les plantes, ce mode de génération s'observe à peu près à la surface de tout l'organisme. De ce mode de naissance résulte pour les *produits* l'état de *stratification* « au lieu de l'état d'*intrication* dans lequel se trouvent le plus souvent les éléments du groupe des *constituants*. » (Sur *produits* et *constituants*, voyez note, p. 74.)

(1) Voyez *loc. cit.*, p. 36, et *Progr. du cours d'histol.*, p. 33.

1° Cellules de la notocorde au fond de la ligne primitive le huitième jour ;

2° Quelques heures après, cartilages des vertèbres dorsales moyennes ;

3° Tissu nerveux gris central dans la gouttière (myélocytes, cellules multipolaires);

4° Tissu embryoplastique des lames ventrales et dorsales se substituant au feuillet séreux, puis au feuillet muqueux du blastoderme ;

5° L'enveloppe de la notocorde et la paroi des capillaires ;

6° Fibres musculaires du cœur ou tube cardiaque entre les deux feuillets blastodermiques (1) ;

7° Fibres élastiques de l'endocarde et de l'aorte, notablement après les fibres musculaires ;

8° Fibres lamineuses ;

9° Fibres musculaires du dos ;

En même temps le feuillet interne ou végétatif se replie en intestin.

10° Tissu osseux ;

11° Médullocèles et myéloplaxes ;

12° Tubes glandulaires.

A ce moment le foie apparaît en dehors de l'intestin.

Ainsi les premiers éléments définitifs qui apparaissent dans l'embryon sont les cellules de la notocorde. Chez les mammifères, jusqu'au dixième ou douzième jour après la segmentation, l'embryon se trouve ainsi exclusivement

---

(1) Ce qui fait que certains auteurs ont admis un feuillet moyen blastodermique, le feuillet vasculaire, *area vasculosa*.

constitué par des éléments ayant forme de cellules, cellules embryonnaires et cellules de la notocorde. Ces dernières, grandes cellules ($00^{mm},005$) hyalines à noyau sans nucléole, se distinguent facilement des premières. Elles naissent dépourvues de noyau : plus tard il en apparaît un à leur centre. L'embryon ne possède encore que ces deux sortes de cellules, dont l'une est sur le point de disparaître. Cependant la naissance des éléments du centre du cartilage des vertèbres dorsales moyennes suit de près (quelques heures seulement) l'apparition des cellules de la notocorde.

L'élément cartilagineux apparaît autour de la notocorde : ce sont des noyaux rapprochés les uns des autres, plus petits que les noyaux embryoplastiques, et plongés dans une matière amorphe, pâle, qui les écarte peu à peu à mesure qu'elle augmente de quantité. Quand on suit les phases du développement de ces éléments, on les voit d'abord renfermés chacun dans une petite cavité de la substance amorphe, cavité qui est un chondroplaste. Plus tard, la matière amorphe qui les entoure se condense en une paroi de cellule qui se trouve contenue dans le chondroplaste. Presque en même temps que les noyaux cartilagineux, ou du moins très-peu après, les myélocytes apparaissent. Ils se montrent dans le fond du sillon primitif au-dessus de la notocorde. Ce sont des noyaux libres (1), sans nucléole, à contour foncé, à teinte grise. Ils ont $0^{mm},006$ à $0^{mm},007$; ils ont été confondus avec les noyaux embryoplastiques : ils sont plus grenus et ne sont

(1) La variété cellule est très-rare, sauf chez le fœtus, le chien, les rongeurs et dans les tumeurs. (Robin, *Progr. du cours d'histol.*, p. 47.)

ni déformés ni resserrés par l'acide acétique. C'est au milieu des myélocytes que les cellules nerveuses multi-polaires prennent naissance. Dès leur apparition, elles possèdent leurs cylindres-axes. Ces cellules naissent par genèse. On voit apparaître d'abord un noyau transpa-rent assez volumineux, pourvu d'un nucléole. La ma-tière amorphe qui l'entoure subit, au bout de très-peu de temps, les phénomènes moléculaires qui la transfor-ment en une membrane de cellule avec ses prolonge-ments. En augmentant de volume, la cellule devient granuleuse.

C'est seulement après l'apparition des myélocytes et des cellules multipolaires que naissent les éléments em-bryoplastiques. Ces éléments naissent en quantité beau-coup plus considérable que ceux dont nous avons parlé jusqu'ici. C'est ce fait et le peu d'intervalle qu'on observe entre l'apparition successive de chaque espèce des élé-ments déjà cités, qui avaient fait croire d'abord que les noyaux embryoplastiques naissaient avant tout autre élé-ment.

Dès que l'embryon humain a 3 millimètres (et chez les lapins douze jours environ après le coït fécondant), des noyaux ovoïdes nombreux apparaissent entre les cel-lules des feuillets de la tache embryonnaire ou, pour mieux dire, dans le blastème qui leur est interposé : « Ce sont des corpuscules ovoïdes, larges de $0^{mm},004$ à $0^{mm},006$; d'abord pâles, à contours peu foncés, mais pourtant déjà nets, bien délimités » (1). Ils n'ont pas de

(1) Robin, *Mém. sur la naiss. des éléments anat.* (*Journ. d'anat. et de physiol.*, p. 156).

nucléole et renferment peu de granulations. A mesuré qu'ils augmentent de volume (et ils atteignent en quelques heures de $0^{mm},009$ à $0^{mm},010$), leurs granulations deviennent plus nombreuses, et souvent alors ils acquièrent un ou deux nucléoles jaunâtres, à centre brillant. « Ils sont serrés les uns contre les autres, maintenus, réunis par une petite quantité de matière amorphe granuleuse et composant les parois ou la masse des organes qui apparaissent alors » (1). C'est dans les lames ventrales et dorsales de l'embryon qu'ils se montrent d'abord. A ce moment, les cellules embryonnaires persistent encore vers les surfaces interne et externe du corps de l'embryon. La variété cellule est peu abondante et n'apparaît que plus tard. Ce sont ces cellules et ces noyaux (éléments embryoplastiques) réunis par un peu de matière amorphe qui constituent d'abord, presque à eux seuls, le tissu du corps de l'embryon, tissu grisâtre ou blanchâtre, mou, friable, pulpeux, demi-transparent, gélatineux (tissu *cellulaire* ou *muqueux primordial embryonnaire* des auteurs).

« Les noyaux embryoplastiques, dit M. Robin, en apparaissant par genèse se *substituent* aux cellules embryonnaires liquéfiées et deviennent l'élément fondamental des tissus de l'embryon, sauf le cœur, la notocorde, les cartilages vertébraux, l'axe nerveux, le foie (2). »

Les éléments embryoplastiques jouent donc un rôle spécial dans l'embryon. Ils remplacent en quelque façon

(1) Robin, *loc. cit.*, p. 35.
(2) Robin, *Progr. du cours d'histol.*, p. 33.

CLÉMENCEAU. 6

les cellules embryonnaires en ce sens qu'ils forment, comme elles, pendant un temps, la plus grande partie du corps de l'embryon.

Comme les cellules embryonnaires aussi, ils disparaissent peu à peu, au fur et à mesure que naissent, au milieu d'eux, de nouvelles espèces d'éléments *constituants* (1) de l'embryon. Mais ils ne disparaissent pas com-

(1) Les éléments, les tissus et humeurs, et les systèmes ont été divisés par M. Robin, au point de vue de l'anatomie générale, en *constituants* et en *produits*.

« La vie, réduite à sa notion la plus simple et la plus générale, est essentiellement caractérisée par le double mouvement continu de composition et de décomposition dû à l'action réciproque de l'organisme et du milieu ambiant et propre à maintenir l'intégrité de l'organisme entre certaines limites de variation pendant un temps déterminé. » (*Dict. de Nysten*, art. PRODUIT). Par conséquent, tout corps vivant présente à tout moment, dans sa structure et dans sa composition, deux ordres de matières très-différentes : celles à l'état d'*assimilation*, celles à l'état de *désassimilation* ou *séparation*. Telle est, d'après M. Robin, « la source primordiale de la grande distinction anatomique entre les *constituants* et les *produits* ». (*Loc. cit.*)

Les éléments *constituants*, ainsi nommés parce qu'ils *constituent* essentiellement l'organisme, naissent généralement par genèse, et entrent dans la constitution des tissus vasculaires, contractiles ou sensibles. « Une fois engendrés, ils persistent sauf atrophie sur place ou destruction morbide. » (Robin, *Progr. du cours d'histol.*, p. 50). «On les appelle aussi *produisants*, parce qu'ils portent avec eux les conditions de la génération des *produits*. » (*Loc. cit.*) Ce sont eux qui fournissent les matériaux nécessaires à la production de ces derniers. Jouissant seuls des propriétés de la vie animale, les constituants (éléments musculaires nerveux, lamineux, élastiques, adipeux, osseux, cartilagineux, derme des muqueuses et des séreuses, etc., sont, les uns directements actifs dans l'organisme, les autres indirectement, en favorisant les actes physiologiques, et rendant leur accomplissement et leur résultat plus parfaits.

Le rôle des *produits* est essentiellement passif. Ils ne font que servir à favoriser et à perfectionner les actes des autres éléments. Ils ne sont que

plétement : d'éléments fondamentaux qu'ils étaient ils deviennent éléments accessoires. On les retrouve à ce titre dans les tissus fibreux, lamineux, musculaires, etc., de l'adulte. La plupart des noyaux embryoplastiques jouent un rôle important dans le phénomène de la naissance (par genèse) des éléments constituants dont nous

déposés pour un temps plus ou moins limité, sur toutes les surfaces internes ou externes avec lesquelles ils sont contigus ou adhérents, mais sans contracter de continuité véritable. Il en résulte qu'ils présentent l'état de *stratification*, pendant que les *constituants* sont disposés de manière à présenter l'état d'*intrication*. Les premiers sont *contigus*, et les seconds offrent une *texture*.

Nous n'avons pas à parler ici des produits liquides ou demi-liquides qui sont contenus dans des réservoirs communiquant avec l'extérieur et annexés aux organes qui sécrètent.

Les produits ne séjournent dans l'économie que pendant un temps très-limité. Ils sont expulsés comme de véritables corps étrangers plus ou moins longtemps après leur naissance (épithéliums, ongles, ovule mâle, ovule femelle, et aussi poils, sueur, salive, etc.).

En général, toutes les cellules sont douées de propriétés végétatives énergiques : c'est à cela qu'est due l'énergie du développement de l'embryon, chez lequel ces éléments prédominent. C'est encore pour cela que les cellules de l'embryon qui persistent chez l'adulte (noyaux embryoplastiques) sont plus souvent que les autres éléments atteints d'hypergenèse. Mais les produits, cellules ou non, s'ils ne possèdent pas les propriétés de la vie animale (contractilité, sensibilité), jouissent des propriétés de la vie végétative (nutrition, développement, reproduction), à un degré plus énergique que les constituants. « De là résulte la facilité de leur reproduction à l'état normal, la fréquence de leur hypergenèse ou de leur naissance hétérotopique, donnant lieu à des tumeurs ». (*Dict. de Nysten*, art. PRODUIT.) Pour la même raison, ces tumeurs se développent (par envahissement) beaucoup plus rapidement que celles qui dérivent d'éléments constituants. Chez les constituants, la nutrition se fait par emprunt direct aux capillaires, et chez les produits, par emprunt de matériaux de proche en proche aux tissus vasculaires voisins.

venons de parler; ils servent, en effet, de point de départ et de centre de génération.

Mais reprenons les faits : nous avons signalé l'époque de la naissance des éléments embryoplastiques. Dès ce moment, les noyaux naissent en quantité considérable, au point d'accaparer pour ainsi dire tout le blastème provenant de la liquéfaction des cellules embryonnaires, comme nous l'avons dit, la presque totalité des tissus de l'embryon (1).

Pendant que s'accomplissent les phases de ce phénomène et avant que les cellules embryonnaires soient complétement disparues, il naît encore de nouveaux éléments. La substance homogène, qui constitue l'enveloppe de la notocorde, apparaît en même temps que les premiers noyaux embryoplastiques. A ce moment se montre également la paroi homogène des premiers capillaires avec les noyaux qu'on y observe. Ils constituent d'abord des prolongements pleins qui, plus tard, se creusent d'une cavité. Quand naissent entre les deux feuillets du blastoderme les fibrilles musculaires du cœur ou plutôt du tube cardiaque, les dernières cellules embryonnaires subsistent encore; mais on n'en trouve plus lors de l'apparition des éléments qui se montrent plus tard dans l'ordre que nous avons dit.

Pour éviter les répétitions qu'entraînerait la description de la naissance de chaque espèce d'éléments en particulier, nous allons grouper sous deux chefs princi-

(1) Cette dernière proposition reste vraie tant que l'embryon ne dépasse pas une longueur de 20 millimètres.

paux les faits communs à chacune de ces apparitions nouvelles. Pour connaître le rang d'apparition de chaque espèce d'éléments, il suffira de se reporter au tableau que nous avons donné :

1° Genèse des éléments ayant forme de *cellules* ; hématies, leucocytes, médullocelles, myéloplaxes, myélocytes, cytoblastions, cellules nerveuses de la substance grise, etc.

Ces éléments, comme nous l'avons dit (ce sont tous des *constituants*), naissent par genèse. Qu'ils possèdent ou non une cavité distincte de la paroi, cette genèse a lieu dans les trois ordres de conditions suivantes :

A. Le plus ordinairement, c'est le noyau qui naît le premier, de la façon que nous avons décrite : « Le nucléole, dit M. Robin, lorsque l'espèce dont il s'agit en possède, apparaît seulement alors que le noyau est parfaitement développé, et marque une des phases de son évolution en quelque sorte (1). » Les matériaux du blastème, en se réunissant molécule à molécule, sous une forme déterminée, entourent *simultanément* le noyau d'une masse cellulaire dont la surface se solidifie en une paroi de cellule. Le contour de cette paroi est d'abord très-rapproché de celui du noyau. Souvent même ils se confondent en quelques points, mais ils s'écartent à mesure que la cellule grandit. Celle-ci devient granuleuse, et quelquefois c'est alors seulement qu'elle se pourvoit d'un nucléole. Ce mode de genèse est habituel aux éléments embryoplastiques de la variété cellule, aux mé-

(1) *Loc. cit.*, p. 160.

dullocelles, aux myélocytes, aux cellules de l'ovariule, etc.
Dans toutes ces espèces, d'ailleurs, il existe un certain
nombre de noyaux qui jamais ne deviennent le centre de
génération d'une cellule et restent toujours noyaux
libres.

B. La genèse de quelques autres espèces d'éléments
est caractérisée par l'*apparition simultanée*, dans le blastème, du noyau et de la masse de la cellule. Comme
dans les cas précédents, ils sont à leur naissance plus
petits et plus pâles qu'ils ne seront plus tard; ils manquent également de granulations et en acquièrent plus
ou moins, suivant les espèces, à mesure qu'ils grandissent et se développent. Les hématies (1) naissent ainsi
chez les mammifères dans l'âge embryonnaire et pendant toute la durée de l'existence chez les ovipares.
C'est aussi le mode de genèse des myéloplaxes, des cellules de la dentine, etc.

C. « Toutes les hématies qui naissent à compter de
l'époque où l'embryon atteint 30 millimètres de long, la
plupart des leucocytes, quelques myéloplaxes et médull-
locelles, mais en petit nombre, offrent cette particularité que le corps de la cellule apparaît seul, d'abord pâle
et de petit volume, mais grandissant rapidement... Ils

(1) « Les hématies naissent partout dans le système vasculaire,
avant la naissance des globules blancs, avant la formation de la rate
et des ganglions lymphatiques, et chez les cyclostomes qui manquent
de ces organes. » (M. Robin, *Programme du cours d'histologie*, p. 44.)
Les hématies ne sauraient donc être produits (ni détruits) par ces organes, pas plus que les leucocytes qu'on rencontre également chez les
cyclostomes.

constituent la variété cellule sans noyau des éléments de cette espèce (1). » En effet, il ne naît ici que la masse cellulaire qui, pendant toute la durée de son existence, reste dépourvue de noyau.

Sur certaines espèces de cellules, on observe encore un autre mode de genèse qu'on peut cependant rattacher à ce dernier. C'est le cas où il est de règle que le noyau ne naisse que postérieurement à la masse cellulaire. On voit naître le corps de la cellule qui reste sans noyau, plus ou moins longtemps, suivant les espèces dont il s'agit. Le noyau naît plus tard, devient plus foncé, grandit, et quelquefois même acquiert un nucléole. On observe ce phénomène sur les cellules du cristallin, de la corde dorsale, etc. (2). Malgré les observations que nous venons de signaler, il résulte de tout ceci qu'en général le noyau est le centre, le point de départ de la naissance et de la reproduction des cellules.

2° Genèse des éléments ayant forme de *fibres*, de *tubes*, etc.

Chaque espèce de ces éléments possède une manière qui lui est propre de naître, de se nourrir, de se développer. Cependant, relativement à leur mode de naissance, il y a un fait qui est commun à beaucoup d'entre eux. « Ce fait consiste en ce que, pour chaque individu de ces éléments, naissent d'abord un et rarement plusieurs noyaux qui servent de centre à la génération pro-

(1) M. Robin, *loc. cit.*, p. 160.
(2) MM. Vogt et Coste ont les premiers décrit ce phénomène, dans les cellules des poissons et dans les cellules de la corde dorsale des batraciens.

gressive et au développement de chaque individu; puis ils disparaissent sur un certain nombre d'espèces une fois que l'élément auquel ils ont servi de centre de génération est arrivé à tel ou tel degré d'évolution (1). » Certains éléments ayant forme de fibres ou de tubes, etc., échappent à ce mode de genèse : ainsi les éléments de la substance osseuse, de l'ivoire, les prismes de l'émail, etc., apparaissent par *autogenèse*, sans présenter de noyau pour centre de génération (M. Robin). Mais, comme chacun d'eux a sa manière de naître, on peut dès leur apparition distinguer ces éléments l'un de l'autre.

Chez quelques espèces d'éléments (fibres lamineuses, etc.), les noyaux qui jouent le rôle que nous venons d'indiquer sont bien véritablement des noyaux embryoplastiques. Quant aux éléments élastiques et aux éléments doués de la propriété de la vie animale (tubes nerveux, tubes du myolemme, faisceaux musculaires de la vie animale, etc.), les noyaux qui leur servent de centre de génération diffèrent notablement des noyaux embryoplastiques, par leurs dimensions plus considérables, par leurs granulations, etc., bien que les uns et

---

(1) M. Robin, *loc. cit.*, p. 164.

M. Robin dit encore (*Programme du cours d'histologie*, p. 34) : « Ces éléments définitifs débutent par genèse d'un ou de plusieurs noyaux comme centre, avec addition successive, molécule à molécule, de substance aux extrémités du noyau d'abord et développement intime par nutrition, sans que le noyau y participe..... Cette masse de substance apparaissant elle-même par genèse autour du noyau, a pour chaque espèce de fibres ou de tubes, soit une forme allongée, soit une forme polygonale avec irradiations, qui grandit et qui est le siége intérieur de phénomènes de nutrition et de développement. »

les autres soient ovoïdes. « Ce ne sont point les noyaux embryoplastiques qui ont succédé aux cellules nées du vitellus, qui d'une manière commune servent de point de départ à la génération des éléments de la vie animale. Ce sont des noyaux d'*une espèce particulière pour chacun d'eux*, des noyaux qu'on peut réellement distinguer des embryoplastiques (1). » Dès son origine, chaque espèce de ces éléments diffère donc spécifiquement de toute autre espèce. La substance homogène qui s'ajoute autour de ces noyaux ou à leurs extrémités, et les phénomènes évolutifs qui suivent, ne font que rendre de plus en plus tranchées ces différences spécifiques. Ces éléments, en effet, « ne naissent pas semblables à ce qu'ils seront plus tard, aux différences de volume près (2) ». Chez eux, le développement amène, outre l'augmentation de volume, des changements incessants de structure jusqu'à l'âge adulte de l'élément (3). Ainsi, ceux qui seront très-ramifiés, comme les fibres élastiques, naissent peu subdivisés. Ceux qui, dans leur plein développement, seront creux naissent pleins. C'est ce qu'on ob-

(1) Robin, *loc. cit.*, p. 169.

(2) *Loc. cit.*, p. 165.

(3) « Ces modifications successives de leurs caractères dans la série des âges, tant à l'état normal (à compter du moment de leur genèse jusqu'à l'état sénile le plus avancé) que dans des conditions morbides, ces modifications, dis-je, ne ramènent en aucune circonstance ces éléments à l'un quelconque des états par lesquels ils ont passé pendant leur évolution, ni à celui qu'ils ont offert lors de leur apparition. » (M. Robin, *loc. cit.*, p. 165.) C'est ce retour supposé des éléments vers un de leurs états antérieurs qu'on avait appelé *métamorphose régressive*. Mais ce phénomène ne s'observe jamais. Voyez la note C, sur la métamorphose, à la fin de ce travail.

serve pour les capillaires, pour la paroi propre des tubes nerveux périphériques et les tubes du myolemme. Les fibres lamineuses qui auront une longueur qu'on ne peut mesurer naissent très-courtes. Parmi les éléments qui ont des noyaux pour centre de génération, il y a certaines espèces chez lesquelles un seul noyau sert de centre à l'apparition de plusieurs fibres (fibres élastiques, lamineuses). Mais on trouve aussi d'autres espèces chez lesquelles plusieurs noyaux servent de centre à ce qui, plus tard, ne constituera qu'un seul tube (tubes du myolemme, tubes de la paroi propre des nerfs périphériques, etc.). Quant aux noyaux mêmes faisant fonction du centre de génération, souvent ils se résorbent et disparaissent une fois qu'ils sont développés. D'autres fois ils persistent, comme dans les fibres lamineuses. Il en est enfin auxquels s'ajoutent des parties nouvelles (1).

En ce qui concerne les particularités de la genèse de chaque espèce de ces éléments, nous ne citerons que les espèces les plus remarquables, et nous serons très-bref.

Nous avons trois points principaux à noter au sujet de la naissance des éléments musculaires. Dans le cœur, ils sont dépourvus de myolemme; aussi y observe-t-on mieux que partout ailleurs la genèse de la fibrille musculaire. Aux extrémités des noyaux embryoplastiques (spéciaux), on voit se grouper des filaments qu'on a ap-

(1) « C'est ainsi qu'au cylindre-axe qui représente seul les éléments nerveux centraux, lors de leur genèse, s'ajoute plus tard le tube médullaire ou graisseux. C'est encore ainsi qu'à la cellule unique qui, lors de la genèse des cartilages et pendant longtemps encore remplit chaque chondroplaste, s'ajoutent souvent une ou plusieurs cellules par division de la première. » (M. Robin, loc. cit., p. 166.)

pelés *corps myoplastiques*, et qui ont $0^{mm},001$ de diamètre. Ces filaments ou fibrilles, qui dès l'origine présentent de petites taches alternativement claires et foncées, s'allongent et se multiplient. Plus tard, un certain nombre de noyaux s'atrophient ; quelques-uns persistent. Le groupement régulier ou irrégulier des fibrilles produit des faisceaux striés ou ponctués. Dans le cœur, ils sont sans myolemme et anastomosés.

Partout ailleurs où l'on trouve la fibrille musculaire, son apparition est précédée par celle du myolemme dans lequel elle naît. Nous savons déjà que c'est dans les lames dorsales de l'embryon, quand celui-ci atteint une longueur de 6 à 7 millimètres (avant l'apparition du tissu osseux, après celle des fibres musculaires du cœur, des fibres élastiques et lamineuses), que naissent les premiers tubes du myolemme et les fibrilles musculaires qui apparaissent dans leur intérieur. De chaque côté de la colonne vertébrale, on voit à chaque extrémité des noyaux embryoplastiques (particuliers) naître graduellement une substance homogène qui se termine en pointe (1). Les corps qui en résultent, étant disposés bout à bout, forment ainsi un filament alternativement rétréci et élargi. Ce filament devient tubuleux : c'est le myolemme, dans la cavité duquel on voit bientôt apparaître des noyaux embryoplastiques qui deviennent le centre de génération des fibrilles musculaires.

C'est dans l'intestin de l'embryon qu'on voit naître les

(1) Cette substance amorphe se distingue de celle qui entoure les noyaux des fibres lamineuses, en ce qu'elle est plus granuleuse et résiste davantage à l'action de l'acide acétique.

éléments musculaires de la vie organique ou fibres-cellules. C'est le noyau embryoplastique (toujours un noyau embryoplastique particulier) qui est le centre de leur genèse. Il s'allonge en bâtonnet avant de s'envelopper de la substance homogène qui doit constituer la masse cellulaire. Les renflements ou nodosités brillants qu'on trouve sur ces cellules dans certaines régions (intestin, vessie, etc.), n'y apparaissent que vers le troisième mois.

Chez l'embryon, l'élément élastique se montre aussitôt après les fibres musculaires du cœur, dans l'endocarde et dans l'aorte. Autour du noyau embryoplastique qui lui est spécial, une matière amorphe et transparente apparaît. Elle envoie dans plusieurs directions des prolongements qui s'allongent et deviennent des fibres élastiques, ou se soudent entre eux pour former des lamelles. Le noyau s'atrophie et disparaît bientôt. Les éléments du tissu lamineux, fibres lamineuses, naissent dans l'embryon après les fibres élastiques, presque en même temps que les fibres musculaires des lames dorsales de l'embryon, au milieu desquelles elles apparaissent. Elles ont les noyaux embryoplastiques pour centres de génération. Ces noyaux, s'enveloppant à leurs extrémités de substance amorphe, prennent un aspect fusiforme. C'est à ces éléments ainsi constitués qu'on a donné le nom de *corps fusiformes* ou *fibro-plastiques*. Ce ne sont, à vrai dire, que des fibres lamineuses à l'état embryonnaire, à la première période de leur évolution. Ce sont des corpuscules allongés, possédant un noyau au niveau duquel on observe un renflement qui détermine cet aspect fusiforme. « Les extrémités pointues de ces corps fusiformes sont quelquefois très-prolongées et très-minces, soit d'un seul côté, soit des deux à la fois. Quelquefois elles sont très-courtes et larges, à pointes obtuses; ou bien très-courtes, étroites, aiguës, plus ou moins droites ou recourbées, soit d'un seul, soit des deux côtés; quelquefois une extrémité entière manque d'un côté » (1). Le plus souvent les extrémités de ces corps fusiformes sont divisées en deux ou trois filaments, dont chacun représente une fibre lamineuse. Ces prolongements s'allongent rapidement, et le noyau qui avait servi de centre à l'apparition du corps fusiforme, puis d'une ou de plusieurs fibres lamineuses, s'atrophie et disparaît. Nous disons une ou plusieurs fibres lamineuses, car si les extrémités du corps fusiforme ne se divisent pas, celui-ci ne forme en s'allongeant qu'une fibre lamineuse ayant à elle seule pour point de départ un noyau embryoplastique, qui ne tarde pas à disparaître (2).

Le tissu osseux apparaît pour la première fois chez l'embryon après la naissance des premières fibres lamineuses. Il se montre au centre du cartilage vertébral encore *non vasculaire* et ne possédant pas encore d'enveloppe lamineuse périchondrique ou périostique. Il se *substitue* vraiment au tissu cartilagineux; c'est le mode de genèse dit *par substitution*. La substance amorphe du

(1) *Dict. dit de Nysten*, art. LAMINEUX.
(2) On sait que les tumeurs dites *fibro-plastiques* doivent ce nom à la grande quantité de corps fusiformes qu'on y rencontre. Cela est dû à ce qu'elles sont formées exclusivement ou non, suivant les cas dont il s'agit, par du tissu lamineux en voie d'hypergenèse.

cartilage est envahie par le dépôt terreux qui y forme la substance fondamentale osseuse. L'ostéoplaste dérive directement du chondroplaste, qui se rétrécit à mesure que s'accroît le dépôt salin. Les saillies et dépressions du chondroplaste qui en résultent deviennent les prolongements de l'ostéoplaste ou canalicules osseux. La membrane qui tapissait la paroi du chondroplaste se trouve ainsi tapisser la cavité de l'ostéoplaste. Les canaux de Havers apparaissent un peu plus tard, en même temps que les vaisseaux sanguins qui y sont contenus.

Mais nous devons dire que les os du tronc et ceux de la base du crâne sont les seuls à naître de cette façon. Vers le quarante-cinquième ou cinquantième jour, chez l'embryon, le tissu naît dans les conditions dites d'*envahissement*, sans cartilage préexistant au sein du tissu embryoplastique (mâchoires inférieure et supérieure, os jugal, etc.).

Les médullocelles et les myéloplaxes ne naissent dans l'embryon qu'après l'apparition du tissu osseux. Cependant les myéloplaxes se montrent « dans les canaux vasculaires du cartilage avant l'os » (1). Les médullocelles naissent dans les premières cavités médullaires dont se creuse le premier tissu osseux. Ces éléments naissent par genèse ; les myéloplaxes d'après le mode que nous avons indiqué. Quant au plus grand nombre des médullocelles, le noyau paraît d'abord, le corps de la cellule ensuite, plus tard les granulations ; nous avons signalé les exceptions à ce fait.

(1) Robin, *Progr. du cours d'histol.*, p. 48.

Nous avons dit l'époque de la naissance des myélocytes et des cellules multipolaires avec leur *cylinder axis*.
Ajoutons que la substance médullaire se montre autour
des cylindres-axes vers le deuxième mois de la vie embryonnaire. Les tubes nerveux périphériques apparaissent avant le périnèvre. Ils résultent de la fusion bout à
bout de leurs noyaux embryoplastiques spéciaux s'enveloppant de matière amorphe. Ils forment alors des ban-
delettes aplaties, pâles, de $0^{mm},005$ à $0^{mm},006$ de largeur,
contenant des noyaux de distance en distance (c'est
alors qu'apparaît le périnèvre). Vers la fin du quatrième
mois, ils se creusent d'une cavité dans laquelle apparaît
le cylindre-axe, puis la substance médullaire. Après le
septième mois ils augmentent de volume, et il y a atrophie des noyaux du tube propre. Enfin les tubes capillaires et les tubes glandulaires naissent de la même façon
que les tubes nerveux : les premiers immédiatement
après les noyaux embryoplastiques, et les seconds après
les médullocelles et les myéloplaxes.

On voit qu'en général le rôle du noyau est de servir
de centre de génération, et cela aussi bien chez les cellules que chez les fibres, les tubes, etc., à part les quelques exceptions que nous avons indiquées en parlant de
la genèse de ces divers ordres d'éléments. La genèse
des noyaux constitue donc le phénomène primitif de la
génération du plus grand nombre des éléments anatomiques. Il arrive cependant assez souvent qu'après sa
naissance le noyau ne s'entoure point d'une masse cellulaire, et demeure toujours à l'état de noyau libre.
« De là l'existence constante de la variété noyau libre

dans chacune des espèces de cellules, et la prédominance de cette variété dans beaucoup d'espèces sur les cellules complètes » (1). Si le noyau appartient à l'espèce épithéliale, et qu'il soit né dans une matière amorphe, il peut encore rester à l'état de noyau libre ; mais le plus souvent il devient le centre autour duquel a lieu la segmentation de cette dernière : d'où l'individualisation des cellules épithéliales.

Ce phénomène doit être soigneusement distingué de ce qui se passe quand la cellule naît par genèse (constituants ou ovule, etc.). Dans les deux cas le noyau naît de la même façon, mais dans ce dernier le blastème enveloppe le noyau sans qu'on voie nulle part de traces de segmentation (2). Ce qui caractérise la genèse, c'est

(1) Robin, *Mém. sur la naissance des élém. anat.* (*Journ. d'anat. et de physiol.*, p. 161.)

(2) Quand les noyaux embyoplastiques se segmentent, la scission de chacun d'eux est toujours précédée d'une augmentation de volume. Il dépasse ainsi peu à peu les limites du développement de ceux qui l'entourent ; et c'est alors seulement que se produit la segmentation. De même qu'il y a, pour les deux éléments anatomiques, des conditions de structure, de texture, de milieu, etc., il y a également, pour chacun d'eux, des conditions de volume qu'ils ne sauraient dépasser. S'ils les dépassent, ils se segmentent : le phénomène de la scission n'a pas d'autre signification, car il ne se produit que dans les conditions de volume relativement ou absolument exagéré.

La scission est donc le signe que les limites ordinaires du développement sont atteintes et dépassées. Toute reproduction directe, soit par scission, soit par gemmation, indique l'achèvement de l'évolution individuelle de l'élément qui se divise et par suite se multiplie. En ce qui concerne les noyaux embryoplastiques, que la segmentation s'accomplisse sur eux par un rétrécissement graduel de leur milieu ou (comme le plus souvent) par reproduction d'un sillon transversal ou oblique, elle n'amène point, ainsi que sur les noyaux d'épithéliums,

que ce blastème, « par suite des modifications qui résultent de sa rénovation nutritive (ou moléculaire continue),

la naissance de petits noyaux sphériques aux dépens d'un noyau ovoïde et allongé. « Ces deux noyaux sont ou ovoïdes, empiétant un peu l'un sur l'autre, ou conoïdes, adossés base à base, et souvent chacun d'eux a un nucléole lors de la scission. L'état cadavérique ou les réactifs durcissent les tissus, laissent ces noyaux généralement transparents, presque sans granulations, et ne les rendent pas finement grenus, contrairement à ce qui a lieu pour les noyaux d'épithéliums au moment de leur genèse : noyaux d'épithéliums qui alors aussi manquent tous de nucléole. » (Robin, *Journ. d'anat. et de physiol.*, 1865, t. II, p. 334.) Les deux noyaux embryoplastiques résultant de la segmentation du premier sont plus petits que lui, aussi ne les voit-on jamais se segmenter, tant qu'ils conservent ce moindre volume. On n'en trouve jamais ayant ces dimensions qui soient en voie de segmentation. « Ce n'est qu'après un développement ultérieur qui les a conduits à dépasser un peu les dimensions du plus grand nombre, qu'ils peuvent se diviser de nouveau. Ce fait est important, car il en est ainsi pour toutes les espèces de noyaux et de cellules. On ne les voit jamais se segmenter, lorsqu'ils sont encore petits, récemment nés, en voie d'apparition par genèse, tandis que les phases de la segmentation se constatent aisément sur ceux (en petit nombre généralement) qui dépassent un peu le volume moyen. » (Robin, *loc. cit.*)

Quant aux noyaux épithéliaux, qui, nés les premiers par genèse, deviennent un centre de génération pour les cellules épithéliales s'individualisant par segmentation de la substance amorphe, ils ne présentent rien d'analogue aux phénomènes précédents. Dans quelque tissu normal ou pathologique qu'on les observe, sur la peau, sur les muqueuses, à la surface interne des tubes glandulaires, etc., on voit ces noyaux (sur une seule ou sur plusieurs rangées, suivant qu'ils sont dans des conditions normales ou morbides), exister seuls, sans mélanges de noyaux ovoïdes, comme sont les noyaux embryoplastiques. « A cette époque, on n'en trouve jamais qui soient en voie de segmentation, comme on en peut rencontrer lorsque le développement individuel est achevé. Lorsqu'ils naissent accidentellement, par hétérotopie, dans l'épaisseur des papilles, dans le derme, dans la traîne des glandes, hors des culs-de-sac dont la paroi est intacte ou non, leur nombre l'emporte tellement sur celui des noyaux embryoplastiques qui préexistaient à leur

passe à l'état demi-solide ou solide, et prend la forme
et autres caractères déterminés du corps de cellule de

genèse dans la trame normale, qu'on ne saurait rattacher les plus
petits qui sont sphériques et grenus sur le cadavre, aux plus gros qui
sont ovoïdes et clairs, sous granulations. Du reste on n'en trouve ni
parmi les uns, ni parmi les autres qui soient en voie de segmentation.»
(Robin, *loc. cit.*)

La génération des cellules épithéliales est toujours précédée de l'apparition de ces noyaux. Mais jamais on ne voit ces noyaux, qui vont
devenir le centre de la génération d'autant de cellules d'épithéliums,
provenir directement d'une scission de cellules épithéliales préexistantes. Sauf un très-petit nombre de cas, on n'observe pas davantage
les naissances directes de ces cellules épithéliales complètes, par scission de cellules préexistantes.

La génération des éléments d'épithéliums débute par la genèse de
noyaux nombreux, à peu près contigus, sphériques, larges de $0^m,003$
à $0^m,005$, à contour net, hyalins sur les pièces très-fraîches, mais
devenant rapidement grenus (sans nucléole pourtant), et grisâtres sous
l'influence des modifications cadavériques, ou sous celle des réactifs
durcissants. En même temps qu'ils grandissent, ils deviennent souvent
ovoïdes. Parfois un nucléole se produit vers leur centre, et la substance
homogène qui naît dans leurs interstices les écarte les uns des autres.
Dans le cas de génération hétérotopique, cette dernière et les noyaux
eux-mêmes se substituent aux éléments anatomiques du tissu au sein
duquel ils naissent ; les fibres élastiques de ce dernier seules résistent.
C'est seulement quand les noyaux sont arrivés à un certain volume et à un
certain degré d'écartement que survient la segmentation intercalaire de
a substance interposée aux noyaux. Cette segmentation a lieu autour
de chacun d'eux comme centre, et, a pour résultat l'individualisation
de la matière amorphe en cellules, dont chacune contient un noyau
(quelquefois deux), vers son milieu ou à peu près. Une fois individualisées, les cellules s'accroissent, et souvent aussi leurs noyaux. Il en
est de même pour ceux de ces derniers qui, pathologiquement, restent
libres, sans devenir le centre de la segmentation intercalaire de la
substance amorphe. «C'est alors que parfois quelques noyaux libres et
quelques cellules peuvent devenir le siége d'une scission, quand ces
éléments dépassent les limites de leur accroissement habituel. »
(Robin, *loc. cit.*)

telle ou telle espèce » (1). Nous avons vu cependant qu'il pouvait y avoir genèse du corps de certaines cellules sans qu'un noyau lui servît de point de départ. Cette particularité physiologique nous rend d'ailleurs compte de l'existence des cellules sans noyau que l'on trouve dans la plupart des espèces. Dans quelques-unes des cellules qui naissent d'après ce mode de genèse (cellules de cristallin, cellules de la notocorde), on voit apparaître un noyau, ce qui n'a rien que de naturel, puisque la genèse des noyaux a lieu aux dépens du blastème interposé aux éléments, dans la matière amorphe des surfaces épithéliales ou dans le vitellus. Cela prouve seulement que le contenu de la cellule possède à ce moment les qualités d'un blastème.

A mesure que les éléments anatomiques naissent, ils se groupent, se juxtaposent, s'enchevêtrent. De ce groupement, « de cet agencement réciproque et déterminé des éléments anatomiques, soit entre eux, soit avec les autres espèces qui les accompagnent, il résulte des corps complexes qui sont les *tissus* » (2). Nous n'avons pas à

(1) M. Robin, *loc. cit.*, p. 162.

(2) Robin, *Progr. du cours d'histol.*, p. 157.

Si la physiologie seule peut faire comprendre les faits de la pathologie, en revanche, il arrive quelquefois à cette dernière science d'éclairer quelques points de la première. C'est ainsi que l'hypergenèse d'un tissu doué d'une structure déterminée, et se produisant avec cette même structure dans une région où nul tissu semblable n'existe normalement ; c'est ainsi, disons-nous, que ce fait prouve péremptoirement que « la propriété de naître est *connexe* chez les éléments avec celle d'offrir un arrangement réciproque, en rapport avec leur structure de cellules, de fibres, etc., de telle ou telle variété. » (Robin, *Mém. sur la naissance des élém. anat.*; *Journ. d'anat. et de physiol.*,

insister sur leur apparition (1). Chaque espèce d'éléments dans un tissu naît à sa manière, chacune ayant son lieu, son époque, son mode d'apparition. Tantôt l'élément fondamental naît le premier (2), tantôt au milieu d'éléments qui, de fondamentaux en ce point, y deviennent bientôt accessoires (3).

Ainsi, chaque espèce d'éléments anatomiques apparaît successivement. « Chacune naît en son lieu, en son temps et à sa manière, de même aussi que chacune a sa manière d'agir et de se modifier, soit avec l'âge, soit accidentellement » (4). Non-seulement ces espèces diffèrent entre elles par leur évolution et par leurs propriétés, mais elles diffèrent également dès le moment de leur apparition. On n'observe pas, en effet, qu'on puisse à leur naissance les ramener à un type unique de cellules, entre lesquelles le développement consécutif établirait seul les différences qu'on y remarque.

t. II, p. 128). En un mot, chez les éléments anatomiques la propriété de *naissance*, et la faculté de *texture* sont connexes.

(1) Nous évitons à dessein d'employer le terme de naissance. « L'idée de naissance se rattache aux éléments et non aux tissus qui résultent d'une « génération continue et répétée » d'éléments anatomiques. (Robin, *Progr. du cours d'histol.*, p. 32.)

(2) Les culs-de-sac et les épithéliums des parenchymes, par exemple, apparaissent avant la trame, etc., etc. Le cartilage et l'os naissent avant leurs vaisseaux, qui y jouent le rôle d'éléments accessoires, etc., etc.

(3) C'est le cas des muscles au sein du tissu embryoplastique, du tissu élastique dans le lamineux, etc. « Ce fait important se retrouve dans les cas pathologiques d'hypergenèse des éléments accessoires prédominant accidentellement peu à peu sur l'élément fondamental de tel ou tel tissu. » (M. Robin, *Progr. du cours d'histol.*, p. 165.)

(4) Robin, *Mémoire sur la naissance des éléments anatomiques.* (*Journ. d'anat. et de physiol.*, p. 36.)

« Dans l'hypothèse d'après laquelle tous les éléments dériveraient de cellules, il n'y a donc de vrai que ce fait, que chez l'embryon ils ont été précédés par des cellules qui ont primitivement composé le blastoderme. Mais ces cellules se sont liquéfiées peu à peu ; elles ont disparu, et l'on ne peut dire jusqu'à quel point ce sont les matériaux qu'elles ont ainsi fournis, plutôt que les principes immédiats venus de la mère, qui ont servi à la génération des éléments qui leur succèdent » (1). Ces cellules embryonnaires avaient une liaison généalogique directe avec la substance du vitellus, elles étaient le résultat de son *individualisation*. Les éléments anatomiques définitifs de l'embryon naissent dans l'œuf par genèse, de toutes pièces, au milieu d'éléments absolument dissemblables avec lesquels ils sont sans relation ni liaison généalogique directe. C'est ainsi que l'embryon, d'abord exclusivement composé de cellules nées de la segmentation du vitellus, se trouve bientôt constitué par des noyaux nés par genèse, molécule à molécule. Puis ces noyaux servent en général de centre et de point de départ à la génération des éléments définitifs, après quoi ils sont parfois résorbés et disparaissent. « Par l'intermédiaire de ces noyaux, la naissance des éléments anatomiques définitifs est reliée à l'existence et à la disparition des cellules provenues du vitellus maternel (1). »

« L'observation montre, dit M. Robin, qu'ils (les éléments définitifs) n'ont pas commencé par être des cel-

(1) Robin, *loc. cit.*, p. 168.
(2) *Loc. cit.*, p. 168.

lules embryonnaires (1). » Celles-ci existent encore dans
l'œuf, il est vrai, quand naissent les premiers éléments
de la notocorde et de son enveloppe, des cartilages vertébraux, du tissu nerveux gris central, les éléments embryoplastiques et les fibres musculaires du cœur (2).
Mais nous avons décrit les divers modes de genèse de
toutes ces espèces d'éléments, modes qui, en raison des
caractères spéciaux affectés à chacun d'eux, démontrent
suffisamment qu'on ne peut considérer ces éléments
nouveaux comme dérivant d'une manière immédiate de
la cellule embryonnaire, qui aurait peu à peu changé
d'état. Cela doit s'entendre, à fortiori, de tous les autres
éléments (élastiques, musculaires, lamineux, osseux,
tubes glandulaires, etc.), qui naissent alors qu'il n'y a
plus dans l'œuf de cellules embryonnaires.

« En fait, ce que l'on a dit du rôle des cellules embryonnaires, comme point de départ de l'apparition de
tous les éléments anatomiques, doit être rapporté en
général aux noyaux embryoplastiques, mais avec cette
particularité que ces noyaux ne viennent pas des cellules embryonnaires, et que ce ne sont pas eux qui se
métamorphosent en fibres, tubes, etc., comme on le
disait du corps des cellules. Ils ne sont pas non plus le

---

(1) Robin, *loc. cit.*, p. 37.

(2) L'observation montre, dit encore M. Robin (*loc. cit.*), que les
éléments que nous venons de citer, en y ajoutant les hématies « dont
la genèse suit de près la disparition des cellules embryonnaires, ne sont
pas des portions de celles-ci qui se seraient détachées sous une forme
différente de celle de l'élément dont elles proviendraient pour subir
une évolution propre à les éloigner de plus en plus du type de leur
procréateur ».

point de départ d'une cellule qui deviendrait ensuite fibre ou tube. Ils ne sont que le centre de génération de tubes, de fibres (1), » chacune de ces espèces d'éléments offrant dès l'origine des caractères qui la distinguent de toute autre. Pas plus, d'ailleurs, à leur naissance qu'à tout autre moment de leur évolution, aucun de ces tubes ou fibres ne présente les caractères des cellules embryonnaires. Aucun d'eux même n'offre à son apparition les caractères propres des cellules, « en tant que corps sphéroïdal ou polyédrique. Aucun d'eux n'a commencé par avoir l'une de ces formes pour présenter plus tard une configuration différente, par suite de son propre développement ou de sa soudure avec ses semblables » (2). Nous avons vu qu'autour du noyau qui est leur centre de génération, ou à ses extrémités seulement, s'ajoute, molécule à molécule, une certaine quantité de matière amorphe. C'est alors qu'ils figurent un corps allongé, plus ou moins effilé à ses extrémités, et auquel la présence d'un noyau central donne une structure *analogue* à celle des cellules en général. Mais il importe extrêmement de comprendre que c'est dès le début qu'ils offrent cette figure, bien différente de celle d'une cellule, et que dans aucun moment de leur existence antérieure, même à leur naissance, on ne les a vus présenter la configuration ni l'état ordinairement grenu des cellules. « Or, ils s'éloignent de plus en plus de cette forme sans avoir passé et sans passer désormais par celle

(1) Robin, *loc. cit.*, p. 169.
(2) *Idem*, p. 167.

qu'offre l'une quelconque des espèces de cellules qui conservent ce dernier état pendant toute la durée de la vie individuelle (1). » Il est donc impossible d'admettre que ces éléments dérivent de cellules, puisque la substance amorphe qui entoure les noyaux n'affecte jamais la structure ni la configuration (sphéroïdale) véritable d'une cellule. Enfin le fait physiologique vient à l'appui du fait anatomique, car cette substance amorphe, englobant le noyau, passe graduellement et sans temps d'arrêt à l'état d'élément nettement caractérisé, ce qui n'aurait pas lieu si, à un moment donné de sa vie individuelle, cette substance représentait vraiment une cellule.

« Ainsi, dit M. Robin, l'apparition de toute substance organisée, amorphe ou figurée, n'a d'autres antécédents que celle des conditions physiques et moléculaires qui ont amené sa genèse. Celle-ci est due à un ensemble de circonstances concomitantes et extérieures à la chose qui naît, laquelle continue à exister et à présenter les qualités qui lui sont immanentes, tant que ces conditions demeurent les mêmes ou analogues (2). » Les conditions de la genèse ne sont que des conditions de milieu, dont le résultat est la naissance spontanée d'un élément ana-

(1) Robin.

(2) « C'est faute de les avoir étudiées, continue M. Robin, et d'avoir suivi les phénomènes de la genèse, que toujours on n'a fait que reculer la difficulté du problème qu'il s'agissait de résoudre, en admettant que tout ce qui a forme et volume dans l'économie proviendrait directement de quelque partie préexistante et toujours visible qui n'aurait fait que céder une portion de sa substance ou changer de figure et de dimensions. » (*Loc. cit.*, p. 168.)

tomique. Celui-ci ne dérive d'aucun élément qui l'ait précédé, par *développement, métamorphose* (1) ou *transformation*. Il naît sans parents, de toutes pièces, molécule à molécule : c'est une véritable *génération spontanée*. Si donc nous observons que l'organisme est un composé d'éléments anatomiques, que sa naissance n'est et ne peut être qu'une génération d'éléments anatomiques (ce que M. Robin exprime très-justement en disant que « la naissance des éléments anatomiques et la production de l'être nouveau se confondent en un point » (2) ; si nous remarquons enfin que ces éléments anatomiques naissent spontanément sans lien de parenté directe avec un élément préexistant, nous sommes conduit à considérer la génération de l'organisme dans l'œuf, la naissance de l'homme, en un mot, comme une *génération spontanée* (3).

Quant aux diverses espèces d'éléments anatomiques, nous avons vu chacune naître en son temps, en son lieu, et suivant son mode, avoir ses propriétés spéciales et son évolution distincte. Nous venons de dire enfin que, pour naître, chaque espèce n'avait besoin que de réaliser les conditions de milieu nécessaires à sa genèse, et spéciales pour chacune d'elles. Or, chez l'embryon, ces conditions se résument dans l'apparition successive des espèces d'éléments qui doivent naître avant l'espèce que l'on considère. « Chaque espèce d'éléments anatomiques naît, dit M. Robin, lorsque celles qui sont nées avant

(1) Voy., à la fin de ce travail, la note B, sur la *métamorphose*.
(2) Robin, *Progr. du cours d'histol.*, p. 35.
(3) Voy., à la fin de ce travail, la note C, sur la *génération spontanée*.

elle représentent l'ensemble des conditions nécessaires pour la génération de quelque autre espèce entre elles ou dans leur voisinage... La progression croissante du nombre et du volume des derniers éléments apparus, à compter des cellules embryonnaires, représente une partie de l'ensemble des conditions nécessaires à la genèse des espèces qui naissent successivement » (1). Toutes ces espèces n'ont entre elles que des relations de succession, non de similitude, la genèse de l'espèce qui précède étant la condition essentielle de la genèse de l'espèce qui suit. L'organisme se trouve ainsi constitué peu à peu, grâce à une *succession d'épigenèses* dans lesquelles les éléments nouveaux s'ajoutent constamment à ceux dont l'apparition a précédé la leur, mais n'en dérivent pas directement. Nous reviendrons sur cette dernière considération dans notre paragraphe prochain.

§ 2. — GENÈSE DES ÉLÉMENTS ANATOMIQUES CHEZ L'ÈTRE DÉJA FORMÉ.

La genèse des éléments anatomiques n'est pas un phénomène spécial à l'embryon. La propriété de naissance, en effet, est une propriété d'ordre organique inhérente à l'économie pendant toute la durée de son existence, la seule condition imposée à l'organisme pour la manifestation de cette propriété étant qu'il soit en voie de nutrition, c'est-à-dire vivant. Nous retrouverons donc chez l'adulte, et même chez le vieillard, la pro-

(1) *Loc. cit.*, p. 36.

priété de naissance que nous venons d'étudier dans l'œuf et pendant les phases embryonnaires de la vie. Les faits de cicatrisation à l'âge le plus avancé ne suffisent-ils pas pour démontrer qu'en aucun point, à aucun âge, l'organisme n'est privé de cette propriété.

Il faut noter cependant qu'elle perd son énergie première et se ralentit graduellement à mesure que l'organisme avance en âge. Ce phénomène se manifeste dès le moment où les éléments anatomiques qui viennent de naître commencent à se développer et à subir leur évolution individuelle. On peut dire, en général, que l'activité de la naissance est chez eux en raison inverse du progrès de leur développement. Il arrive également que la génération de certaines espèces d'éléments se ralentit pendant que celle de certaines autres acquiert une énergie nouvelle. Nous avons dit, du reste, que l'accroissement normal du corps était aussi bien le résultat de cette génération de nouveaux éléments que du développement de ceux qui existaient déjà. Ajoutons enfin que c'est leur naissance avec aberration de nombre, de lieu et d'époque, qui amène l'apparition de ces produits morbides auxquels on a donné le nom de tumeurs solides.

Le cadre de ce travail ne nous permet pas de poursuivre l'étude de l'évolution embryonnaire dans ses phases ultérieures. Pour le faire d'une manière profitable, il nous faudrait, après avoir décrit à part la structure de chaque tissu, étudier son lieu, son époque, son mode d'apparition, tous phénomènes plus ou moins complexes, suivant le nombre plus ou moins grand d'éléments composant ce tissu, bref cela comprendrait toute l'histologie. Nous nous bornerons à dire quelques mots de la genèse des éléments anatomiques chez l'adulte, c'est-à-dire que nous signalerons quelques faits généraux, en les subordonnant à la grande loi qui domine l'étude de ces phénomènes.

Cette loi est très-simple et peut être prévue. M. Robin l'énonce ainsi : « La naissance des éléments anatomiques chez l'adulte reproduit les phénomènes de leur génération chez l'embryon. Elle s'accomplit d'après les mêmes lois ; et les phases du développement consécutif à la naissance sont aussi les mêmes que chez l'embryon » (1). Nous n'avons pas besoin d'insister sur l'importance de ce fait, qui nous dispense naturellement d'entrer dans de nouvelles explications à propos de la genèse de chaque élément en particulier chez l'adulte.

On observe dans l'organisme la naissance d'éléments appartenant, soit au groupe des *produits*, soit à celui des *constituants*. Dans les deux, l'animal même qui est le théâtre du phénomène fournit le blastème que laissent exsuder les parois de ses capillaires. « Seulement, dans le cas des *produits*, ce blastème est versé à la surface d'une membrane tégumentaire ou glandulaire, et dans celui des *constituants* entre des éléments anatomiques nés antérieurement, qu'il écarte les uns des autres » (2). Dans toutes les parties de l'organisme où existent les

(1) Robin (*loc. cit.*, p. 53) ajoute : « La connaissance de ce fait est un résultat de l'observation. »

(2) Nous verrons que ces matériaux, résultant des phénomènes de l'assimilation nutritive, se réunissent et s'assemblent en corpuscules de forme et de structure déterminées. « Ces derniers sont d'espèces différentes, selon la nature de ces matériaux d'une part, et d'autre part

éléments *produits*, la naissance des éléments anatomiques a lieu d'une manière à peu près continue : c'est ainsi que ce phénomène s'observe à la surface de la peau, des muqueuses, des séreuses, de toutes les membranes épithéliales. Grâce à lui, se renouvellent les épitheliums qui se desquament et tombent incessamment (1). On constate également la naissance des éléments anatomiques dans les tissus *constituants*, même chez les animaux les plus avancés en âge (tissu musculaire, élastique, etc.). Comme chez les *produits*, ce phénomène a lieu d'une manière à peu près continue ; mais le nombre des élé-

selon les conditions (indépendantes de leur constitution moléculaire) dans lesquelles ils se trouvent. » (Robin, *loc. cit.*, p. 157).

(1) « Une des erreurs de fait et de méthode le plus souvent commise et qu'il importe le plus d'éviter est celle qui consiste à confondre la *naissance* des éléments anatomiques avec la *sécrétion*. C'est celle que commettent ceux qui parlent de la « sécrétion des globules du pus, « des cellules de l'épiderme, des ongles, des spermatozoïdes, des « ovules, des éléments de telle ou telle humeur, etc. » Il n'y a d'*exsudés* que des blastèmes à la surface des tissus, ou dans les interstices de leurs éléments anatomiques..... Il ne peut y avoir sécrétion d'un élément anatomique tout formé, d'un corps solide quelconque..... un liquide seul peut être sécrété. Des éléments peuvent y être entraînés comme des cellules épithéliales par le mucus, ou rester en suspension dans la portion de blastème qui n'a pas servi à leur production, comme les leucocytes dans le pus. Mais le fait de la sécrétion du liquide et celui de la naissance plus ou moins rapide des éléments n'en sont pas moins distincts. » (M. Robin, *loc. cit.*, p. 51, note.)

D'ailleurs, dire que les éléments d'un tissu sont sécrétés par un organe, recule la difficulté et n'explique rien. Il resterait à décrire les phénomènes de cette sécrétion, leurs conditions, leurs résultats, leurs causes. L'observation des faits montre que le derme, par exemple, ne sécrète pas l'épiderme, comme la mamelle sécrète le lait. Le derme, nous l'avons vu, n'est qu'une des conditions de la genèse des noyaux et de la matière amorphe dont dérivent les cellules. Cela est si vrai que,

ments qui arrivent à l'existence individuelle est infiniment moindre que chez ces derniers. Cela tient à ce que, dans les tissus *constituants*, très-peu d'éléments meurent, c'est-à-dire s'atrophient, se flétrissent et sont résorbés (1), tandis que les *produits* perdent à tout instant par desquamation un très-grand nombre de leurs éléments.

Nous avons déjà vu que les éléments anatomiques possédaient la double propriété et de naître, et de présenter dès leur naissance un arrangement réciproque, une texture spéciale, en un mot, en rapport avec leur nature de fibres, de cellules épithéliales, de tubes pro-

---

s'il arrive à ces conditions de se rencontrer dans certaines circonstances accidentelles (tumeurs épithéliales, quel que soit leur siége), il y a naissance de cellules épidermiques sans qu'il y ait là de derme pour les sécréter. De même le bulbe pileux ne sécrète pas le poil, il est la condition de sa naissance ; de même le périoste ne sécrète ni le cartilage, ni l'os. Chez l'embryon les cartilages apparaissent avant le périchondre : plus tard leur ossification débute à leur centre, alors qu'ils ne possèdent pas encore de vaisseaux. La vérité est que le périoste présente aussi bien que le cartilage et mieux que tout autre tissu les conditions de la genèse du tissu osseux.

(1) Une des preuves de ce fait, c'est qu'on trouve un beaucoup plus grand nombre d'éléments de la notocorde chez l'adulte et chez le vieillard que chez l'embryon.

Cependant chez les premiers toute la portion de la notocorde située vis-à-vis le corps des vertèbres a été résorbée. On ne trouve plus ces éléments qu'au niveau des disques vertébraux, et même chez le vieillard il se forme des cavités dans ces amas de cellules par suite de la résorption.

D'où vient donc que malgré cela le nombre de ces éléments est inférieur chez l'embryon ? Évidemment, de ce que la production des éléments nouveaux l'emporte sur la résorption des éléments anciens qui cependant, d'après ce que nous venons de dire, est très-active dans ce tissu.

pres glandulaires, etc. Ce phénomène se produit chez l'adulte aussi bien que chez l'embryon, sur les *produits* comme sur les *constituants*. Mais ces derniers présentant une structure plus compliquée (*intrication*) que celle des premiers (*stratification*), le phénomène est plus saisissable et frappe davantage chez les uns que chez les autres. C'est l'anatomie pathologique qui a révélé ce fait.

La propriété de naissance se retrouve, en effet, chez l'adulte aussi bien dans les conditions normales que dans les conditions morbides. C'est même « sur la connaissance de ce fait que repose l'étude entière du mode de génération et d'accroissement des tumeurs » (1). De plus, à l'état sain comme à l'état pathologique, les phénomènes de la génération des éléments sont toujours les mêmes, d'où l'absolue nécessité de connaître le mode de naissance des éléments anatomiques à l'état normal, pour connaître la pathogénie des tumeurs en genèse des tissus morbides. Enfin, dernière analogie, ces tissus morbides eux-mêmes ne sont pas autre chose que des tissus normaux apparus par hypergenèse hétérotopique ou non. Cela provient de ce que la connexité de la propriété de la naissance et de la propriété d'agencement réciproque se manifeste sur les éléments de l'organisme malade comme sur ceux de l'organisme sain. De telle sorte que des tissus plus ou moins complexes apparaissent de toutes pièces au milieu d'autres tissus ne possédant pas les mêmes espèces d'éléments anatomiques.

(1) *Loc. cit.*, p. 52.

Plus tard nous aurons occasion d'insister là-dessus, et nous verrons que c'est la connaissance de ce fait qui a précisément révélé la véritable nature des produits morbides. « Lorsqu'il s'agit de corps en voie incessante de changements, comme les corps organisés, nous ne connaissons la nature dynamique des choses que par leur origine et par leur fin. *La nature des tissus sains et morbides ne nous est par conséquent révélée que par la science qui nous montre à la fois les éléments qui les composent, leur origine, dont elle constate le mode, et leur évolution, dont elle suit toutes les modifications successives »* (1). Spécialement, la connaissance de la nature du tissu morbide ressort pour nous de sa comparaison avec le tissu sain qui lui correspond, grâce à ce fait que dans les deux cas la naissance des éléments anatomiques est régie par les mêmes lois. Ainsi, étant donné un tissu morbide, dès que nous savons quels éléments le composent, nous connaissons sa provenance, c'est-à-dire à quel tissu sain il convient de le rattacher, et dans quelle limite il en diffère. Nous savons enfin, dès ce moment, quel est son mode d'apparition, quelle sera son évolution, et quelles modifications successives présentent les éléments qui le constituent et qui sont à diverses périodes de leur développement. Logiquement, ce serait ici le lieu de parler de l'hypergenèse, de ses conditions, de ses résultats ; mais, ce sujet étant très-important et demandant quelques détails, nous avons préféré le renvoyer à la fin de ce travail, dans une sorte d'appendice

---

(1) Robin, *loc. cit.*

qui sera notre dernier chapitre. D'ailleurs, l'étude de la naissance des éléments anatomiques au point de vue pathologique est la conclusion naturelle et pratique d'un travail sur la génération des éléments anatomiques au point de vue physiologique.

Mais il nous reste encore à noter un des résultats de la persistance, chez l'adulte, de la propriété de naissance. C'est, en effet, sur ce phénomène que repose la possibilité de la régénération d'une portion de tissu détruite, c'est-à-dire de ce qu'on nomme la *cicatrisation* d'une plaie (1). D'après la loi que nous avons établie, les diverses phases de la cicatrisation, qui est la régénération d'un tissu par naissance d'éléments anatomiques divers, ne doivent différer en rien des phases de l'apparition de ce même tissu, par genèse de ces mêmes éléments, chez l'embryon. C'est précisément ce que l'on observe. La régénération est une naissance partielle. Les éléments y apparaissent dans le même ordre que chez l'embryon, et grâce à la même série des phénomènes. Ainsi, dans la cicatrisation du derme, les noyaux embryoplastiques naissent les premiers au sein du blastème épanché, puis les vaisseaux et les fibres lamineuses, puis les éléments élastiques (2), et là comme ailleurs la géné-

(1) « Phénomène dont la perfection et la rapidité ne doivent rien aux choses venues du dehors directement, telles que celles dites *cicatrisantes*, mais qui est entièrement subordonné à l'état de nutrition régulière ou non dans lequel se trouve l'individu chez qui s'opère la genèse des éléments, et qui en fournit les matériaux. » (Robin, *loc. cit.*, p. 51.)

(2) « De même, dans la cicatrisation des artères, le sang distend la cicatrice avant que l'élastique de génération tardive l'emporte sur le tissu lamineux. » (Robin, *Progr. du cours d'histol.*, p. 165.)

ration est lente pour les constituants, comme pour le derme par exemple, et très-rapide pour les produits, comme pour l'épiderme dès que le derme régénéré offre les conditions de la naissance des épithéliums. Tous les tissus, sauf le musculaire, se régénèrent après une destruction partielle, et il se reproduit plus ou moins de tissu qu'il n'en a été enlevé : d'où une déformation. Cette apparence avait fait supposer qu'il naissait là un tissu particulier, le tissu *inodulaire*, qui serait le même dans les cicatrices de tous les tissus. L'observation a montré que le tissu inodulaire n'est pas un tissu spécial, mais une simple reproduction ou régénération du tissu lésé. Aux noyaux embryoplastiques qui naissent dans tous les blastèmes épanchés entre des tissus lésés (1), on voit succéder l'apparition dans l'ordre que nous savons des éléments particuliers au tissu dont il s'agit. Le tendon recouvre ses fibres tendineuses, le derme ses papilles, quoique plus petites et moins régulièrement disposées, etc. Ce qui détermine la rétraction des cicatrices, c'est la résorption lente de la matière amorphe épanchée entre les éléments du nouveau tissu. Quant au tissu musculaire, comme il ne se régénère pas (2), son tissu cicatriciel est seulement formé de fibres lamineuses, de

(1) On sait que, chez l'embryon, les noyaux embryoplastiques naissent les premiers (à part la notocorde, les cartilages vertébraux et les myélocytes), et qu'ils deviennent le centre de génération de plusieurs espèces d'éléments.

(2) Ce fait est probablement le résultat de la rétraction des parties, après la section. Il est à supposer que le tissu musculaire se régénérerait, comme tous les autres tissus, si l'on parvenait à maintenir en contact les deux plans de section du muscle lésé.

quelques fibres élastiques et de quelques rares vaisseaux.
On ne possède que peu de notions sur la régénération
des parenchymes; l'expérience a montré seulement que
la rate et la mamelle se régénèrent après leur ablation
totale.

En résumé, les phénomènes de la genèse ont pour
résultat :

1° Dans de certaines conditions, l'apparition de substances amorphes;

2° Dans d'autres conditions, celle d'éléments anatomiques figurés (noyaux libres ou cellules).

De telle sorte que la genèse n'est autre chose que la
naissance de la substance organisée elle-même, amorphe
ou figurée. La segmentation et la gemmation supposent
l'existence d'une substance organisée née par genèse.
La genèse est le phénomène primordial et dominant.
L'individualisation qui la suit est immédiate ou tardive (1), et peut même ne pas se produire. C'est donc
un phénomène contingent par rapport au premier.

Dans le cas de naissance de la substance amorphe, le
blastème apparaît entre des noyaux déjà nés par genèse
à la surface d'un tissu (épithéliums), ou dans les interstices des éléments d'un tissu (épithéliums morbides).
C'est alors seulement que se produit l'individualisation
du blastème sous forme de cellules autour de chaque

(1) C'est ce fait de l'individualisation tardive d'une substance amorphe née par genèse qui a pu être pris pour le fait même de la naissance,
« comme la répétition de l'individualisation ou reproduction a pu être
confondue avec le fait essentiel qui est la genèse. » (Robin, *loc. cit.*,
p. 46.)

noyau comme centre. Tantôt le blastème s'assemble en masses distinctes avant la segmentation (*blastème réel*), tantôt il est utilisé en même temps que produit (*blastème virtuel*).

Quand la genèse amène l'apparition d'éléments figurés, sa répétition a pour résultat la *reproduction* et la multiplication de ceux-ci. « La *reproduction*, dit M. Robin, n'est qu'un résultat de faits primordiaux, et par suite elle est un fait contingent pouvant, selon les circonstances, ou ne pas arriver, ou avoir lieu de telle ou telle manière, selon l'espèce d'éléments dont il s'agit (1). » En effet, la *reproduction* peut consister, soit en une genèse répétée, soit en une segmentation ou une gemmation, quand il s'agit de cellules. Mais ce dernier mode de reproduction, qui s'observe dans certains cas sur les cellules (*prolifération*) résultant de la segmentation d'une substance amorphe, est rare sur les cellules nées par genèse.

Jusqu'à présent, on n'a constaté la genèse des éléments anatomiques que dans les plasmas tels que ceux du sang et de la lymphe, entre les éléments ou à la surface des tissus, aux dépens des blastèmes qu'ils fournissent (2). Placés dans de certaines conditions de nutrition et de développement, les éléments anatomiques déterminent dans leur voisinage la *production*, *naissance* ou *génération* d'autres éléments, ou bien ils en reproduisent directement, aux dépens de leur propre sub-

(1) Robin, *loc. cit.*, p. 176.

(2) On l'a quelquefois observée, mais rarement, dans la cavité d'autres éléments anatomiques. Voyez la note B, à la fin de ce travail.

stance, de semblables à eux. Il faut tenir compte ici de deux influences :

1° De l'influence spécifique des éléments qui pré-existent et entourent celui qui naît. Son résultat est gé-néralement la ressemblance de l'élément nouveau avec ceux dans la contiguïté desquels il apparaît. « A ce fait élémentaire se rattache, chez l'adulte, dans la généra-tion d'un organisme nouveau, la loi de ressemblance aux parents (1). » Cette ressemblance s'aperçoit surtout quand c'est un élément qui se partage en deux sem-blables. La segmentation et la gemmation des cellules nous offrent, en effet, comme l'ébauche de l'*hérédité directe*, ce qui est manifeste quand on observe la scission d'un organisme cellulaire.

2° Il faut également prendre en considération l'in-fluence du liquide qui fournit les matériaux et tend à donner un certain degré d'indépendance aux éléments nouveaux.

C'est cette aptitude à l'indépendance du nouvel être vis-à-vis de ses parents, que M. P. Lucas a caractérisée du nom de *loi d'innéité*. La genèse des éléments anato-miques nous offre également à l'état d'ébauche la repré-sentation de cette loi d'innéité. L'innéité, d'après M. P. Lucas, est la force antagoniste de l'hérédité, c'est la tendance de l'organisme à engendrer des individus qui conservent d'ailleurs les caractères spécifiques propres à leurs ascendants, mais sont doués de qualités spéciales en opposition avec les lois habituelles de l'héré-

(1) Robin, *loc. cit.*, p. 56.

dité (1). En un mot, l'hérédité rapproche le descendant de l'ascendant, et l'innéité l'en éloigne.

Si des conditions et des résultats de la genèse nous passons à l'étude du phénomène en lui-même, nous rencontrons un ordre de considérations nouvelles sur lesquelles nous n'avons pas encore eu occasion d'insister.

Nous avons dit que la genèse consistait essentiellement en l'apparition de toutes pièces d'un élément qui n'existait pas. Nous avons également observé que les principes immédiats qui le composent étaient répandus dans le milieu où se passe le phénomène de la genèse, en des proportions différentes de celles qu'on trouve dans l'élément apparu. « Certains de ces principes, dit M. Robin, présentent en outre des caractères spécifiques nouveaux, distincts de ceux qu'ils offraient dans le blastème, par suite de changements isomériques survenus dans les substances coagulables (2). » En effet, le blastème est composé de *principes immédiats* (3) divers, solides et

---

(1) Il faut enfin rattacher à l'innéité l'influence modificatrice des milieux sur le produit de la génération.

(2) Robin, *loc. cit.*, p. 154.

(3) On nomme *principes immédiats* les derniers corps solides, liquides ou gazeux, en lesquels on puisse, sans décomposition chimique, réduire la substance organisée (humeurs ou éléments). On les obtient par coagulations et cristallisations successives. « Ce sont des corps, définis ou non, généralement très-complexes, gazeux, liquides ou solides, constituant, par dissolution réciproque, la substance organisée, savoir, les humeurs, et par combinaison spéciale, les éléments anatomiques. » (*Dict. de Nysten*, art. IMMÉDIAT.)

Le degré d'organisation le plus simple est précisément caractérisé « par cet état de dissolution et de combinaison complexe que présentent

liquides, mais dissous les uns par les autres. A mesure les matières demi-solides, liquides ou solides, formées de principes immédiats d'ordres divers, et provenant d'un être qui a eu ou qui a une existence séparée. » (Robin, *Progr. du cours d'histol.*, p. 10.)

M. Robin a divisé les principes immédiats en trois classes naturelles, d'après la part que les principes de chacune prennent à la constitution et à la rénovation moléculaire continue de la substance organisée.

« C'est en tant que combinés et formant telle ou telle espèce de principes immédiats et non comme corps simples, que l'oxygène, l'hydrogène, le carbone, l'azote et autres corps simples prennent part à la constitution et à la rénovation moléculaire de la substance organisée. » (*Loc. cit.*, p. 9.) Les trois classes de principes immédiats sont :

1° Principes cristallisables ou volatiles sans décomposition, d'origine minérale, sortant de l'organisme, au moins en partie, tels qu'ils y étaient entrés (eau, sulfates, chlorures, etc.).

2° Principes cristallisables ou volatils, sans décomposition, se formant dans l'organisme même et en sortant directement ou indirectement, comme corps excrémentitiels (acide lactique, urée, créatine, cholestérine, sucre de foie, de canne, etc.)

3° Principes non cristallisables, dont les espèces se forment dans l'organisme même, à l'aide des matériaux auxquels les principes de la première classe servent de véhicule. Ils se décomposent dans le lieu même où ils existent ou se sont formés, et deviennent les matériaux de production des principes de la deuxième classe. On les nomme généralement *substances organiques*, parce qu'ils sont sans analogie avec les principes du règne minéral et constituent la partie principale du corps des êtres organisés (globuline, musculine, cellulose, amidon, fibrine, albumine, caséine, légumine, dextrine, gomme, chlorophylle, etc.).

On retrouve simultanément plusieurs de ces espèces dans toute parcelle de substance organisée. Les deux premières classes de principes immédiats ne peuvent varier dans l'économie qu'en plus ou en moins. Les espèces de la troisième classe peuvent présenter en outre des modifications dans leur constitution moléculaire et dans quelques-unes de leurs propriétés, sans que leur composition élémentaire varie, sans que leurs caractères spécifiques fondamentaux disparaissent. A ce fait se rattache l'altération des solides et des liquides dans les maladies générales. Les substances organiques modifiées, soit dans la quantité

qu'apparaît l'élément nouveau, « il y a *formation* (1) d'une certaine quantité d'une ou de plusieurs espèces de substances organiques qui se réunissent en même temps à d'autres principes cristallisables ou coagulables, pour constituer de suite un corpuscule de figure déterminée (2). »

« Dans la genèse, a dit ailleurs M. Robin, apparition d'une forme et formation de substance organique propre à l'élément sont deux phénomènes simultanés (3). » Il est incontestable, d'ailleurs, que la substance organique nouvelle propre à l'élément se forme au sein du blas-

des matériaux qui ont servi ou servent à leur formation, soit dans leurs qualités, acquièrent des propriétés différentes de leurs propriétés normales, d'où perturbation dans les actes qu'elles accomplissent. De cette perturbation naît l'état pathologique qui peut rester local, mais qui devient général si l'altération porte sur une des substances liquides circulant avec le sang. (Pour plus de renseignements, voy. *Dict. de Nysten*, 12ᵉ édition, art. IMMÉDIAT, GÉNÉRAL, INOCULABLE et VIRUS, auxquels nous avons fait des emprunts nombreux.)

(1) Il importe de distinguer la *formation* d'avec la *naissance*. Beaucoup d'auteurs parlent de la formation des cellules. M. Robin fait observer avec raison que le terme de *formation* ne peut s'entendre que de l'apparition d'un composé chimique résultant d'une combinaison. Ce mot ne peut donc s'appliquer qu'aux corps bruts. Quant à la naissance, nous savons qu'elle consiste dans l'apparition d'un élément anatomique aux dépens de principes immédiats variés. Enfin, elle est subordonnée à la nutrition, et n'a été jusqu'à présent observée que dans un organisme vivant. Les espèces chimiques se *forment*, les espèces organisées *naissent*.

(2) Robin, *loc. cit.*, p. 153. De plus, cet élément se nourrit et se développe par la formation incessante, aux dépens des principes du blastème, des substances organiques spéciales à l'élément dont il s'agit, qui emprunte également au blastème les substances cristallisables dont il a besoin.

(3) *Progr. du cours d'histol.*, p. 52.

tème et non ailleurs. Les réactions démontrent suffisamment que l'*élasticine*, la *musculine*, la *géline*, etc., se trouvent toujours dans l'élément, jamais dans le blastème. Elles se sont donc formées de toutes pièces aux dépens des substances coagulables, s'unissant aux principes cristallisables du blastème à mesure que naissait l'élément. Il faut dire cependant qu'au point de vue chimique, la musculine, par exemple, est absolument identique avec la fibrine, dont on constate la présence dans le blastème. Ce qui distingue ces deux substances l'une de l'autre et ce qui nous force à admettre qu'elles sont deux états moléculaires distincts de la même substance, c'est qu'elles présentent chacune des propriétés différentes, soit de stabilité, soit de combinaison plus ou moins facile avec d'autres corps. Ce fait semble offrir une grande analogie avec les phénomènes de dimorphisme qu'on observe sur les corps simples ou composés. « Les principes immédiats qui se forment et se réunissent à d'autres pour donner naissance à des éléments anatomiques amorphes ou figurés passent ainsi par des *états* qui sont *antérieurs* au moment de l'organisation (1). » Ces *états antérieurs* (2), par lesquels ont passé les principes immédiats, sont importants à considérer pour se rendre compte de la physiologie aussi bien que

(1) M. Robin, *Mémoire sur la naissance des éléments anatomiques.* (*Journ. d'anat. et de physiol.*, t. I, p. 61.)

(2) C'est M. Chevreul qui a le premier formulé la notion de l'état antérieur en l'appliquant à l'apparition des organes (1840). (*Journal des Savants*, p. 717.) — En en faisant l'application à la genèse des éléments anatomiques, M. Robin est remonté à la source même du phénomène.

de la pathologie des éléments anatomiques. Par exemple,
si nous appliquons à la genèse elle-même cette notion
des états antérieurs, nous trouvons que les principes
immédiats doivent avoir fait partie des plasmas de nos
humeurs, avant de constituer des blastèmes réels ou vir-
tuels qui soient le siége de la génération des éléments.
En d'autres termes, une substance organisée, solide,
amorphe ou figurée, ne peut naître qu'aux dépens de
principes immédiats ayant déjà fait partie de la substance organisée liquide de nos humeurs, ou même des
solides (1).

Les principes immédiats peuvent donc, quoique chimiquement semblables, présenter une certaine variété
dans leurs propriétés, suivant les états antérieurs par
lesquels ils ont passé avant de constituer un élément
donné. Cela s'observe principalement sur les substances
organiques, ou *principes coagulables*, en raison de leurs
faciles et diverses modifications moléculaires sous de
faibles influences. Les principes cristallisables sont également dans ce cas. « Nombre de composés définis, et
» même des corps simples, se combinent plus ou moins
» facilement avec d'autres corps, ou forment des composés
» plus ou moins stables, selon qu'ils viennent de faire
» partie de telle ou telle espèce de combinaison (2). »

____

(1) « Ainsi, dit M. Robin, un plasma ou un blastème sont néces-
» saires à la genèse de la substance organisée, et jusqu'à présent nous
» ne connaissons pas de conditions plus simples qui en permettent l'ap-
» parition » (*loc. cit.*, p. 54 et 61). « Nous ne pouvons *encore* faire de
» substance organisée, de substance susceptible de vivre, c'est toujours
» d'un être qui vit ou qui a vécu qu'elle tire son origine. »

(2) M. Robin, *loc. cit.*, p. 61. « Il est possible, dit M. Robin, p. 58,

Les principes cristallisables préexistent dans le blastème à l'état de dissolution. Au moment de la naissance de chaque élément, ils s'unissent aux principes coagulables pour former la substance organique spéciale à celui-ci. Plus tard, par désassimilation de la substance organique, il se forme de nouveaux principes cristallisables qui varient avec chaque espèce d'éléments (créatine, créatinine, urée, etc.). Peu à peu ils sont expulsés de l'économie.

Nous verrons (note C) que la notion d'état antérieur, si importante quand on l'applique aux principes immédiats qui servent, en se réunissant, à la genèse des éléments, n'est point applicable aux éléments anatomiques. On ne saurait admettre qu'avant le moment de leur naissance les éléments anatomiques ont passé par un état individuel et spécifique antérieur. Le moment où nous les *voyons* apparaître est bien véritablement celui de leur genèse. Supposer qu'ils existent avant que nous les apercevions, c'est se mettre en contradiction avec tous les faits observés, tandis qu'avant de constituer l'élément, les principes immédiats passent par des *états antérieurs* invisibles, que décèlent les réactions.

Lorsque la segmentation et la gemmation se produisent sur un élément amorphe ou figuré, il y a lieu encore de tenir compte de l'état antérieur des principes immédiats. L'élément amorphe ou figuré qui se divise

» que certaines espèces de substances organiques se forment aux dé-
» pens de composés cristallisables, s'unissant ensemble à l'instant de
» l'apparition de chaque élément. Ce fait, du reste, ne peut s'accom-
» plir qu'au contact moléculaire d'autres substances organiques..... »

étant né par genèse (1), nous n'avons qu'à répéter ici ce que nous avons dit de l'état antérieur des principes immédiats servant à la genèse. Ajoutons cependant qu'en plus il y aura à considérer l'état antérieur des principes qui auront servi à la nutrition ou au développement de l'élément qui va se segmenter. En se divisant, celui-ci ne change point de composition immédiate essentielle. Il n'y a point, comme dans la genèse, formation d'une substance organique nouvelle spéciale à l'élément qui naît. Cette dernière existe toute formée dans l'élément qui se segmente : il lui suffit de se partager en deux éléments.

C'est qu'il n'y a que la *genèse* qui constitue vraiment le fait de la *naissance* d'un élément. La segmentation d'une cellule n'est plus un fait primordial, ce n'est qu'une simple *reproduction*.

Le fait véritablement primordial, la genèse, est une synthèse; une *synthèse organique*, dont l'antécédent inévitable est une *synthèse chimique*. L'élément musculaire, par exemple, qui est la *synthèse organique*, ne peut apparaître qu'au moment où se forme la *musculine*, qui est la *synthèse chimique*.

Si la segmentation (2) n'est pas en elle-même un phé-

---

(1) Un blastème naît toujours par genèse. Une cellule qui n'est pas née par genèse ne peut résulter que de l'individualisation d'une substance amorphe parsemée de noyaux (apparus par genèse) ou de la scission d'une cellule. Or nous savons que, si cette dernière n'est pas née elle-même par genèse, il faut tout au moins qu'elle dérive de la segmentation d'une cellule née par genèse.

(2) Ce que nous disons de la segmentation peut aussi s'entendre de la gemmation. On sait que ces deux phénomènes sont réellement ou

nomène de synthèse, elle n'est cependant pas, comme
on pourrait le croire, une disjonction des parties d'un
tout. Anatomiquement et physiologiquement, « la seg-
» mentation est un signe d'*organisation synthétique* » (1).
Grâce à elle, en effet, « l'organisme total, s'il s'agit de
» l'œuf, ou la masse amorphe, s'il s'agit d'un organe nor-
» mal ou d'un produit morbide, ne font que croître gra-
» duellement en *complication synergique* » (2). L'être,
avons-nous dit, est le résultat du concours statique et
dynamique d'éléments ayant une individualité distincte.
Il en résulte que l'évolution de l'économie est une synthèse dans laquelle, à partir de la segmentation du
vitellus, « l'organisme ne fait que se synthétiser par l'ad-
» dition successive de parties élémentaires » (3).

« Rien de plus saisissant sous ces divers rapports,
» écrit M. Robin, que de voir, à partir de cette division
» du vitellus, sans autres phénomènes qu'un groupement
» spécial des éléments qui en résultent, et que des mo-
» difications moléculaires dans l'épaisseur de celui-ci, se
» constituer, sous les yeux de l'observateur, un nouvel
» être doué d'une forme, d'organes, d'éléments anato-
» miques et de mouvements propres (4). »

Lorsqu'on assiste à l'apparition de l'être nouveau,

une prise de forme de la substance organisée amorphe, ou une
reproduction d'éléments déjà nés par genèse.

(1) M. Robin, *loc. cit.*, p. 369.
(2) *Idem.*
(3) *Idem.*
(4) « Et cela, ajoute M. Robin, chez nombre d'animaux, avant
» toute augmentation sensible de la masse vitelline, à l'aide et aux
» dépens de laquelle l'être vient de se produire sans autre emprunt

quand on le voit se constituer molécule à molécule, grâce à cette série de phénomènes qui se succèdent par des transitions insensibles, on est frappé de ce fait qu'il n'y a point, à proprement parler, de moment précis où apparaisse la vie dans l'embryon. Sans doute, avec la contraction des premiers éléments musculaires dans le cœur, l'animation commence. Mais la vie, dans sa manifestation la plus simple, y existait déjà. L'ovule n'avait jamais cessé d'être le siége d'un mouvement continu de rénovation moléculaire : à titre d'élément anatomique, il jouissait depuis sa naissance de la vie végétative (1). Avec la contractilité, la vie animale y apparaît en même temps que l'innervation dans l'élément nerveux. L'organe constitué, la fonction commence ; et, dès ce moment, l'organisme nouveau, doué de toutes ses propriétés organiques, va toujours croissant en complication synergique.

La vie ne lui est donc point arrivée du dehors. Les cinq propriétés d'ordre organique qui constituent la vie de l'embryon apparaissent successivement en lui : rien de plus. Vous pouvez surprendre à son début la vie animale, non pas la vie végétative, qui se confond avec la

» que ceux qui résultent de l'échange moléculaire réciproque entre » les principes du vitellus et ceux du dehors, au travers de l'enve- » loppe de l'ovule. » (Loc. cit., p. 370.)

(1) Les œufs mêmes des ovipares jouissent, comme on sait, de la propriété de *nutrition* après s'être détachés du corps de l'animal. En un mot, ils vivent; et ils vivent si bien, qu'ils peuvent mourir. Que l'échange continu de substance qui a lieu, molécule à molécule, entre l'air et l'œuf, vienne à s'arrêter, et celui-ci demeure frappé de mort. Toute nutrition y a cessé : l'incubation ne saurait plus y faire naître ou y développer les éléments de l'embryon : la putréfaction commence.

naissance de l'ovule, simple élément anatomique. Si la vie résultait pour l'embryon de l'introduction d'un principe étranger, *âme* ou *principe vital*, on le verrait apparaître tout d'un coup, mais non point par degrés. Ses manifestations ne seraient point successives; elles se montreraient d'emblée.

Le phénomène de la naissance se trouve ainsi dégagé de tout caractère mystérieux et mystique. L'organisme étant un composé d'éléments anatomiques, sa naissance est une génération d'éléments anatomiques, et ces deux phénomènes se confondent absolument dans l'ovule. La naissance de l'être se trouve réduite aux proportions d'un phénomène physiologique de même ordre que celui qui s'accomplit tous les jours dans nos tissus. C'est une genèse d'éléments à l'aide et aux dépens de principes immédiats dans un organe particulier, l'œuf, qui est né lui-même cellule et par genèse. C'est à la physiologie, et à la physiologie seule, qu'il faut désormais recourir pour résoudre *toutes* les questions relatives à la naissance. Ce n'est plus à l'imagination, c'est à l'expérience, c'est à l'observation qu'il faut demander la solution du problème. Le temps est passé où l'on avait dans l'intervention des forces surnaturelles une explication toujours prête de tout phénomène inconnu. Le merveilleux a dû reculer devant la science, mais il n'a cédé le terrain que pas à pas et luttant toujours. Aujourd'hui le mysticisme cherche à s'accommoder aux temps et aux faits. Il essaye de faire croire qu'il a changé de nature parce qu'il a changé de nom. Il annonce bien haut qu'il recherche l'alliance de la science, en avouant qu'il a réponse à toutes les questions que la science est impuissante à résoudre. Voulez-vous connaître l'origine du monde, l'homme, sa naissance et sa vie, la raison d'être de ce qui est, l'essence des choses, etc.? Adressez-vous à lui. Il possède à cet usage des monceaux de démonstrations et de réfutations, des déductions logiques, des inductions irréprochables, des preuves tirées de l'observation de la nature et de l'observation de vous-même. Il peut démonter l'univers devant vous, en compter les rouages et vous en expliquer le mécanisme. Que vous demande-t-il pour cela? Rien... que la concession d'un simple à priori.

Et n'allez pas croire que la moindre observation soit nécessaire ici. Tout réside dans la vertu souveraine de l'à priori, et c'est une préoccupation vulgaire que celle de faire accorder la théorie avec les faits.

Faut-il expliquer la naissance et la vie? A quoi bon étudier laborieusement des phénomènes quand on peut dès l'abord donner la raison des choses. La moindre conception à priori va nous tirer d'affaire. C'est un *souffle vital*, un *esprit*, un *principe immatériel* émanant on ne sait comment, de on ne sait quoi, qui intervient tout à coup par une affinité inconnue, se loge on ne sait où, et de là gouverne la machine humaine, qui, dès lors, vit, agit et pense. C'est aussi simple qu'incompréhensible. Nous naissons parce que le principe de la vie apparaît en nous. Nous vivons parce qu'il y a en nous un *principe vital*. Nous pensons parce qu'il y a en nous un *principe pensant*. C'est en suivant la voie féconde de ceux qui ont inauguré ce genre de raisonnement que Molière est arrivé à connaître pourquoi l'opium faisait dormir.

Alors qu'on n'avait pas encore observé les faits, de pareilles hypothèses avaient leur raison d'être. Il fallait se rendre compte, tant bien que mal, de phénomènes qu'on n'avait point étudiés. On décrétait que l'embryon recevait la vie d'une bouche invisible, incessamment occupée à souffler des âmes à tous les embryons de l'univers. Mais la science est venue, et l'hypothèse est en déroute.

Voici le vitellus, une matière douée seulement de rénovation moléculaire, et voilà le fœtus, un être animé. Comment du premier le second peut-il naître? Vous me dites : c'est qu'entre les deux l'âme intervient. Soit. Mais à quel moment? Selon vous, il n'y a pas de vie dans l'embryon avant l'introduction de l'âme; avec l'âme la vie apparaît. Vous entendez sans doute que l'âme manifeste sa présence par quelque phénomène nouveau, qui jusque-là avait manqué. Or, quel est ce phénomène? Où, quand, comment l'observe-t-on? Quel est l'effet de l'âme sur l'embryon? A quoi peut-on reconnaître l'embryon sans âme de l'embryon avec âme? Et si vous ne pouvez rien répondre à toutes ces questions, quelle est la raison d'être de l'âme? à quoi sert-elle? qu'explique-t-elle?

La vérité est que la naissance de l'embryon se compose d'une série d'*épigenèses*, c'est-à-dire de l'apparition successive et dans un ordre déterminé d'éléments anatomiques de diverses espèces. A mesure que se complique l'organe, se complique la fonction (1). La plus simple de

(1) La fonction ne peut évidemment se concevoir sans l'organe. Qui pourrait comprendre la contractilité, sans fibre musculaire ? « Un fait

toutes les propriétés organiques, la *nutrition* (ou rénovation moléculaire continue) existait dans l'œuf dès sa
naissance. Les deux autres propriétés végétatives de la
matière organisée, la propriété de développement et la
propriété de naissance, y apparaissent avec la fécondation. Enfin, la contractilité et l'innervation avec les éléments musculaires et nerveux. Il n'y a là vraiment pas
autre chose que des propriétés de la matière organisée,
se produisant dans un organe qui provient lui-même
d'un organisme. Mais, ce qu'il y a de remarquable, c'est
que tous ces phénomènes, qui du vitellus font un embryon, s'enchaînent avec une telle rigueur, sont tellement liés l'un à l'autre, qu'il n'y a pas de moment pour
l'introduction de l'âme dans l'embryon. Et cependant, si
le principe même de la vie est quelque chose d'extérieur
à l'organisme, ayant une existence indépendante, une
âme, une *archée*, une *entité*, en un mot, comment ne
reconnaît-on pas le moment où elle s'applique à l'embryon? Comment se peut-il que l'arrivée de ce nouveau
principe, qui apporte la vie, ne se manifeste par aucun
phénomène saisissable?

Pour nous, la réponse est facile. C'est que la vie existait dans l'œuf sous sa manifestation la plus simple (rénovation moléculaire continue) avant l'apparition de l'embryon. Les propriétés organiques nouvelles se sont
montrées à mesure que sont apparus les éléments nouveaux de l'embryon. Si bien que les phénomènes orga-

» indéniable, dit M. Littré, c'est qu'on ne connaît point de pensée
» sans cerveau. » (*Cours de philosophie positive* d'Auguste Comte,
Préface d'un disciple, p. 27 ; Paris, 1864.)

niques devenant de plus en plus complexes, la vie a fini par atteindre son complet épanouissement. Où placer l'arrivée de l'âme au milieu de cette succession de phénomènes?

L'œuf est un organisme vivant. S'il n'est pas vrai qu'un principe vital vienne du dehors lui apporter la vie, il faut donc que l'âme, principe de vie, préexiste dans l'œuf. C'est de là qu'est venue la théorie de l'*emboîtement des germes* ou de la *préformation syngénétique*, dans laquelle on admet que les germes de toutes les générations futures préexistaient dans un premier œuf. Mais cette hypothèse se trouve également ruinée par la connaissance des phénomènes de la genèse. — « C'est à l'ancienne hypothèse de l'*épigenèse* (*postformation* de Burdach), écrit M. Robin, que l'observation vient donner raison, et nullement à celle de la *préformation évolutive*, qui veut que toutes les parties que l'on découvre successivement dans l'organisme y existaient déjà et ne font que se développer... L'apparition de l'embryon dans l'ovule résulte d'une véritable *épigenèse* ou genèse successive d'espèces distinctes d'éléments anatomiques s'effectuant à des temps différents (1)... »

Il est inexact de dire que l'ovule fécondé renferme en puissance tout ce qui existera plus tard dans l'organisme. Le vitellus se borne à offrir successivement les conditions nécessaires à la genèse de chaque espèce d'éléments. « Ces conditions, il ne fait que les offrir les unes après les autres, chacune comme conséquence du phénomène

_____

(1) M. Robin, *loc. cit.*, p. 154, note.

antécédent; et la génération d'une partie de l'embryon
n'a lieu qu'autant qu'une autre l'a régulièrement précédée (1). » Après l'apparition du noyau vitellin, et seulement alors, le vitellus présente les conditions de la
segmentation et aucune autre que celles de ce phénomène. Une fois les cellules embryonnaires individualisées, leurs modifications évolutives amènent l'apparition
des conditions nécessaires à la genèse des éléments
de la notocorde, du cœur, des noyaux embryoplastiques, etc., etc. « Les éléments qui se montrent ainsi
ne se détachent d'aucun autre. Mais, pour naître, ils ont
besoin de ceux qui les précèdent, comme condition
d'arrivée et d'élaboration des matériaux, qui se réunissent (d'après certaines lois déterminées de l'attraction
moléculaire) en corps organisés, individuellement et
spécifiquement distincts de leurs antécédents (2). » Nous
avons vu qu'avant leur apparition ces éléments n'avaient
point d'existence propre, et nous leur avons refusé tout
état spécifique antérieur en tant qu'individus distincts.
Le germe d'un élément, pas plus que celui d'une de ses
propriétés organiques (contractilité, sensibilité, etc.), ne
saurait donc préexister dans l'œuf. Quant aux organes,
non-seulement ils ne préexistent pas dans l'ovule, mais
ils apparaissent chacun à une époque différente de l'évolution embryonnaire, par suite de la genèse successive
des éléments dans un ordre déterminé. Nous savons
également que « l'accroissement de chaque individu ou
de chaque organe résulte à la fois du développement des

(1) M. Robin, *loc. cit.*, p. 179.
(2) M. Robin, *loc. cit.*, p. 43.

éléments anatomiques qui viennent de naître, et de la genèse ou épigenèse successive de nouveaux éléments (1). » Nous allons voir enfin, dans notre prochain chapitre, que la naissance de l'ovule est un phénomène d'épigenèse.

Tout cela revient à dire que la génération n'est pas un fait d'évolution de germes préexistants, devenant manifestes après chaque fécondation, et contenant déjà toutes les successions à venir d'êtres de la même espèce. La propriété de naissance existe bien réellement à titre de propriété de la matière organisée, distincte du développement. « C'est sur le fait (supposé jadis par quelques auteurs et aujourd'hui démontré) de la genèse des éléments anatomiques que repose toute la *théorie de l'épigenèse*, d'après laquelle les nouveaux individus qui naissent sont réellement les *produits* des individus qui les engendrent, et la génération une véritable *production* ou *création nouvelle* (2) » (Wolf, Blumenbach). D'après cela, nous ne pouvons admettre avec Kant que toutes les générations futures préexistent virtuellement et dynamiquement. Nous dirons plutôt, avec M. Robin : « L'organisation de l'espèce (3), impliquant l'aptitude ou la

(1) M. Robin, *loc. cit.*, p. 154, note.

(2) *Idem.*

(3) *Dict. de Nysten*, art. ÉPIGENÈSE. On peut résumer en ces termes la doctrine de la *syngenèse* : C'est une hypothèse qui consiste à admettre que tout ce qui vit a été créé en même temps (Leibnitz); les germes des individus à venir se trouvant emboîtés les uns dans les autres depuis l'origine du monde organisé. La propriété de naître n'existerait plus dans l'univers. La génération, la vie, ne seraient que le développement d'une création. La théorie de l'*épigenèse* est celle qui établit « que la génération des diverses espèces d'êtres organisés

disposition à se reproduire, il en résulte qu'avec les premiers parents il y a possibilité mais non préexistence de
toutes les générations à venir. »

s'est effectuée en des temps différents, que les nouveaux individus qui
naissent sont réellement les produits des individus qui les engendrent,
et que la génération, tant de l'ovule mâle et femelle que de l'organisme
dans l'œuf, est une véritable production ou création nouvelle. »

CHAPITRE III

L'organisme naît de l'œuf et l'œuf de l'organisme. Nous avons décrit la naissance des premiers éléments de l'embryon dans l'ovule; il nous reste à étudier où, quand et comment naît l'ovule.

Les êtres organisés se reproduisent par le concours de deux séries d'appareils : l'appareil mâle et l'appareil femelle.

Dans les appareils femelles naissent les *ovules femelles*, aussi bien chez les animaux (*ovules femelles*) que chez les phanérogames (*sac embryonnaire végétal*) et les cryptogames (*spores et zoospores*). Ces organes, quoique variant de forme et de volume suivant l'espèce, sont tous des éléments anatomiques. Chacun d'eux, à sa naissance, n'est véritablement qu'une cellule qu'on pourrait confondre avec tout autre élément cellulaire. Le développement survenant, ils deviennent des organes spéciaux. Au point de vue anatomique, en effet, ils diffèrent alors d'une cellule, tant par leur volume que par leur structure. Au point de vue physiologique, ils ont un rôle qui

leur est propre, la reproduction de l'espèce ; aussi sont-
ils, après la fécondation, le siége de la série de phénomènes que nous avons décrits, dont le résultat est la production d'un nouvel être. Cependant, alors même que
ces organes ne sauraient plus être regardés anatomiquement et physiologiquement comme des éléments anatomiques, ils ont encore une structure identique dans
toute la série des êtres organisés. Cette structure est,
d'ailleurs, aussi simple que possible. On les trouve partout constitués par une membrane ou enveloppe homogène, amorphe, transparente, plus ou moins épaisse, et
par un contenu uniformément granuleux, de couleur
variable suivant les espèces, contenant à une certaine
époque, dans la plupart des espèces, une *vésicule germinative*. Ce contenu granuleux a reçu le nom de *vitellus*.
La membrane qui l'entoure, étant sa seule enveloppe,
est dite *membrane vitelline*. Après la fécondation, tous
ces ovules présentent le phénomène de la *segmentation*
ou de la *gemmation*.

Dans les appareils mâles naissent les *ovules mâles*,
chez les animaux (*utricules* ou *vésicules mères des spermatozoïdes*), les phanérogames (*utricules* ou *vésicules
mères polliniques*), les cryptogames (*anthéridie*). La forme
et le volume de l'ovule mâle varient, suivant les espèces,
comme l'ovule femelle. Il est également, dès sa naissance, un élément anatomique, une cellule. Le développement en fait de même un organe spécial ayant une
structure et un rôle physiologique qui lui sont propres.
Dans une même espèce, le volume de l'ovule femelle
peut différer beaucoup du volume de l'ovule mâle. Tous

les deux cependant possèdent la même structure. En effet, l'ovule mâle est constitué par une membrane homogène ou *membrane vitelline*, plus mince seulement que dans l'ovule femelle, et par un *vitellus* ou contenu uniformément granuleux, avec ou sans *vésicule germinative*. La segmentation du vitellus s'observe aussi dans l'ovule mâle; seulement, ce phénomène y est spontané, tandis que dans l'ovule femelle il a besoin de la fécondation pour se produire. Nous avons vu que Bischoff avait pris pour une *segmentation* dans l'ovule femelle non fécondé ce qui n'était qu'une *fragmentation* irrégulière annonçant un commencement de désorganisation. Dans l'ovule femelle fécondé, la segmentation du vitellus amène l'individualisation de sa substance en *cellules embryonnaires* qui constituent l'embryon. Dans l'ovule mâle non fécondé, la segmentation du vitellus amène l'individualisation de sa substance en *cellules embryonnaires mâles*, dont dérivent les grains de pollen et les spermatozoïdes fécondateurs.

Que l'ovule ne soit autre chose à sa naissance qu'un simple élément anatomique, ceci n'est contesté par personne. Il possède exactement la structure d'une cellule, sans aucun trait particulier qui puisse servir à le distinguer. Mais on ne saurait soutenir, comme l'ont fait les partisans de la génération endogène, que l'ovule, au moment de la segmentation, soit encore une cellule. Nous décrirons rapidement les phénomènes qui se passent dans l'ovule depuis sa naissance jusqu'à la segmentation du vitellus. Il nous sera facile de montrer comment l'ovule perd les caractères anatomiques et physiologiques de la cellule pour devenir un organe nouveau, spécial dans sa structure et spécial dans sa fonction.

Considéré au moment de sa naissance et envisagé, par conséquent, au point de vue d'un simple élément anatomique, l'ovule se range incontestablement dans la classe des *produits*. Il en a tous les caractères. Comme les *produits*, les ovules, outre qu'ils ont la forme cellulaire, sont en voie de destruction naturelle et de régénération incessante ; ils se développent et se nourrissent plus rapidement que les éléments *constituants*, dont les propriétés végétatives sont toujours moins énergiques que celle des *produits*. L'ovule naît par genèse entre des éléments épithéliaux préexistants. C'est une *genèse sécrémentitielle* (Burdach) ou par *apposition*. Ce mode de genèse est d'ailleurs spécial aux éléments des produits qui naissent par genèse (noyaux d'épithélium et substance amorphe des surfaces épithéliales, etc.).

Chez tous les mammifères, les ovules (mâles ou femelles) ont de $0^{mm},1$ à $0^{mm},2$; « les différences qu'ils offrent à cet égard ne sont pas proportionnées à celles qui existent dans les animaux, eu égard à leur taille » (1).

« L'ovule femelle, dit M. Robin, est un produit de l'être vivant déjà arrivé à un certain degré de développement, dont l'évolution a pour résultat la reproduction de cet être. Comme tous les produits, à peu d'exceptions près, il commence par l'état de *cellule*, c'est-à-dire

(1) Robin, *Dict. de Nysten*, art. OVULE.

d'élément anatomique des plus simples. Mais cette cellule, une fois née par genèse ou génération de toutes pièces, se développe peu à peu et cesse bientôt de représenter une cellule proprement dite en tant qu'élément anatomique. Au point de vue *morphologique*, c'est bien encore une cellule, puisqu'il y a une paroi (membrane vitelline) et une cavité pleine d'un contenu (vitellus). Mais au point de vue *organique*, il est devenu un *produit spécial*, un *organe* faisant partie de l'appareil générateur, organe des plus simples parmi les organes connus, puisqu'il n'est souvent guère plus complexe qu'un élément anatomique, mais n'en remplissant pas moins un usage particulier et des plus importants.

» Ce produit, comme la plupart des produits, est expulsé ou s'atrophie dès qu'il est arrivé à un certain degré de développement qu'on appelle *maturité*. Il se perd, se détruit donc, à moins que, par suite de la pénétration des spermatozoïdes ou du contact des boyaux polliniques, ce développement de l'ovule ne se continue par individualisation (à l'aide ou aux dépens du vitellus ou de son analogue dans les plantes) d'éléments anatomiques nouveaux qui viennent former des tissus, systèmes, organes, etc. (1) »

Telle est, en raccourci, toute la vie de l'ovule femelle depuis sa naissance jusqu'à sa mort.

(1) M. Robin, *Mémoire sur la naissance des éléments anatomiques.* (*Journal d'anatomie et de physiologie*, p. 45, note, t. I.)

§ 1er. — Ovule male.

M. Robin a très-justement donné le nom d'*ovules
mâles* aux cellules dans lesquelles naissent les spermatozoïdes. On les a également appelées vésicules ou utricules mères des spermatozoïdes ou des grains de pollen.
Au point de vue anatomique et au point de vue physiologique, dans leur structure comme dans leur genèse et
dans leur évolution, ces organes présentent une analogie
réelle avec les ovules qui naissent dans l'ovaire. La description rapide que nous allons donner de ces phénomènes le prouvera suffisamment.

L'ovule mâle naît par genèse au centre des tubes testiculaires, près de leur extrémité. Il apparaît sous forme
d'une cellule avec noyau et nucléole. Cette cellule, d'un
diamètre de $0^{mm},02$ à $0^{mm},03$ au plus chez l'homme, est
d'abord transparente ; elle possède une paroi mince. Son
noyau est clair et disparaît bientôt. Son contenu devient
rapidement granuleux : c'est là le vitellus. Chez tous les
vertébrés, sauf les poissons, on rencontre les ovules
mâles seulement dans les tubes testiculaires. Les rongeurs possèdent un ovule d'un diamètre de $0^{mm},04$ à
$0^{mm},06$. Il importe de noter que, chez l'homme, l'ovule
est plus petit que les cellules épithéliales. Certains auteurs ont, en effet, considéré l'ovule mâle aussi bien que
l'ovule femelle comme résultant de la transformation en
œuf d'une cellule épithéliale des tubes testiculaires et
des ovisacs. La simple apparence de ces deux espèces

de cellules suffit pour les distinguer (1). On sait aujour-
d'hui, à n'en pas douter, que la naissance des ovules
mâles et femelles a lieu par genèse, sans liaison généalogique directe avec les épithéliums. L'ovule apparaît sous
forme d'une cellule sphérique, mince et transparente,
en même temps que son noyau, qu'on peut à tous égards
considérer comme la *vésicule germinative* de l'ovule
mâle. Le nucléole de ce noyau peut également recevoir
le nom de *tache germinative*. La vésicule et la tache germinative disparaissent de très-bonne heure, lorsque déjà
le contenu de la cellule est devenu granuleux, c'est-
à-dire après que le vitellus s'est constitué. Il résulte de
cette disparition que les ovules, loin des culs-de-sac,
n'ont plus de noyau ; mais le volume de ces cellules est
alors plus considérable qu'au moment de leur naissance.
La membrane amorphe qui entoure le vitellus prend
naturellement le nom de membrane vitelline. Elle joue,
d'ailleurs, vis-à-vis des cellules embryonnaires mâles
(spermatozoïdes), le même rôle que la membrane vitelline de l'ovule femelle vis-à-vis des cellules embryonnaires proprement dites.

Dans l'ovule mâle comme dans l'ovule femelle, la disparition de la vésicule germinative est l'indice de la maturité de l'ovule et précède immédiatement la segmenta-

---

(1) Les tubes testiculaires et l'épithélium nucléaire qui les tapisse
naissent chez l'embryon avant les ovules. Les éléments épithéliaux
contiennent de fines granulations graisseuses, à reflets brillants, qui
les font distinguer très-facilement des ovules. La naissance, la forme,
la structure, l'évolution des cellules épithéliales d'une part et des
ovules d'autre part, différencient de la façon la plus nette ces deux
espèces d'éléments.

tion. La segmentation du vitellus se fait spontanément dans l'ovule mâle et se continue jusqu'à ce que les globes vitellins se soient subdivisés en globules de $0^{mm},008$ à $0^{mm},009$. On les voit passer alors à l'état de cellules. Ce sont les *cellules embryonnaires mâles* qui, chez quelques espèces, résultent de l'individualisation du vitellus, non plus par segmentation, mais par gemmation. La segmentation du vitellus dans l'ovule mâle reproduit les phases de la segmentation dans l'ovule femelle. Dans les deux cas, ces deux phénomènes sont en eux-mêmes identiques, ainsi que leurs conditions et leurs résultats. Il en est de même de la gemmation. On observe enfin chez quelques espèces la scission des cellules embryon-naires mâles, dernière analogie avec les cellules du blasto-derme. Mais ici cette analogie s'arrête, car les cellules mâles restent indépendantes, au lieu de se rapprocher pour former un blastoderme. Chaque cellule va former un spermatozoïde, ou *cellule embryonnaire mâle indé-pendante*. Ce dernier phénomène présente des phases un peu variables, suivant les espèces. Chez les *ascarides*, par exemple, chaque ovule donne naissance à quatre sper-matozoïdes seulement; chaque cellule embryonnaire se pourvoit d'un seul cil vibratile (1). Le phénomène est plus complexe chez les mammifères : à l'intérieur d'une cellule embryonnaire, à la face interne de sa membrane, on voit se produire un renflement autour duquel appa-

---

(1) Dans ce cas, la cellule diminue peu à peu de volume, s'aplatit, s'allonge, se renfle à sa base pour constituer la tête du spermato-zoïde ; le cil qui forme la queue apparaît ensuite. Les spermatozoïdes sont dès l'abord libres dans la vésicule mère ou ovule mâle.

raît un filament enroulé. C'est seulement en approchant du corps d'Highmore que l'on trouve ces spermatozoïdes. Peu après, la paroi propre de la cellule se liquéfie et disparaît. Un phénomène analogue se passe dans les cellules embryonnaires voisines contenues dans le même ovule. Peu à peu la masse des cellules embryonnaires disparaît, si bien qu'il finit par n'en plus rester de traces et que l'on aperçoit tous les spermatozoïdes du même ovule (un par chaque cellule embryonnaire) réunis en un faisceau. Toutes les têtes sont réunies à la même extrémité, comme empilées les unes sur les autres. Les queues sont également en contact et superposées (1). Enfin l'ovule, ou vésicule mère contenant tous ces spermatozoïdes, finit par se rompre après s'être préalablement ramollie. C'est à ce ramollissement qu'on doit de voir quelquefois des spermatozoïdes traverser les parois de l'ovule avant leur rupture (2).

M. Robin fait remarquer que Reichert (1847) (3) a suivi le développement complet des spermatozoïdes chez le *Strongylus auricularis* et l'*Ascaris acuminata*. Reichert dit, en effet, que parmi les cellules qui remplissent le fond des tubes, testiculaires du mâle, ovariens de la

(1) Chez les espèces où les spermatozoïdes sont peu nombreux, ils n'affectent pas dans l'ovule mâle de position déterminée. Chez les espèces où ils sont nombreux, ils se groupent au contraire en un faisceau qui s'applique à la face interne de la vésicule mère, et décrivent une courbe concentrique à celle de la membrane vitelline mâle.

(2) Tous ces phénomènes s'accomplissent dans le trajet de ces éléments, depuis les tubes du testicule jusqu'aux vésicules séminales. Aussi les spermatozoïdes sont-ils de plus en plus nombreux dans le canal déférent à mesure que l'on se rapproche des vésicules séminales.

(3) Archives de Müller, 1847.

femelle (ce sont évidemment les cellules épithéliales qu'il entend), on voit apparaître, en un point déterminé, des cellules plus petites que les précédentes, pleines d'un liquide clair, et pourvues d'un noyau avec son nucléole. Ce sont, dans l'ovaire, les jeunes ovules qui naissent; dans le testicule, les jeunes cellules mères des spermatozoïdes. Au lieu de comparer ces dernières à l'ovule femelle, comme a fait M. Robin, et de les désigner sous le nom d'*ovule mâle*, il les nomme à tort *cellules germinatives* des zoospermes. Il a également vu le contenu transparent se remplir de granules graisseux, qui entourent et masquent le noyau ou vésicule germinative. Alors seulement ces jeunes ovules dépassent, selon lui, le volume des cellules du fond des tubes, et peuvent être considérés comme mûrs, parce qu'ils cessent de grandir. « La seconde période, dit M. Robin, commence aussitôt chez le mâle : elle est caractérisée par l'apparition d'un sillon transversal qui divise en deux le contenu granuleux ou vitellus, puis d'un sillon perpendiculaire au premier, qui forme ainsi deux, puis quatre *sphères* de fractionnement, rarement plus (1). » Reichert enfin a très-bien observé que chaque spermatozoïde provenait directement d'une cellule embryonnaire. Lallemand (1839), Hallmaan (1840), Koelliker (1846), Valentin, Wagner, Coste, Longet, ont très-bien constaté la nais-

(1) Robin, *Mémoire sur l'existence d'un œuf ou ovule, chez les mâles comme chez les femelles des végétaux et des animaux, produisant l'un les grains de pollen ou les spermatozoïdes, l'autre les cellules primitives de l'embryon*. (Extrait de la *Revue zoologique*, octobre et novembre 1848, p. 16.)

sance du spermatozoïde dans une vésicule contenue dans l'ovule mâle. Mais les uns ne se sont point prononcés sur l'origine de cette vésicule; d'autres, et Koelliker en tête, ont considéré l'ovule mâle comme une cellule épithéliale très-développée, sans se préoccuper des différences de structure et de conformation (forme sphérique, état granuleux). Le phénomène de la segmentation du vitellus dans l'ovule mâle a donc passé complétement inaperçu de ces derniers auteurs. M. Robin est le premier à l'avoir signalé, et à avoir attribué à l'utricule mère des spermatozoïdes sa véritable signification anatomique et physiologique, en la considérant comme un *ovule mâle*. Après Reichert, il l'a distinguée des cellules épithéliales, et a signalé sa naissance par genèse. Enfin, en décrivant la segmentation du vitellus dans l'ovule mâle que Reichert avait observée sur l'ovule femelle seulement; en comparant la cellule embryonnaire mâle à la cellule embryonnaire femelle, M. Robin a fait connaître la véritable origine des cellules dans lesquelles naissent les spermatozoïdes. Il a fixé le sens physiologique de l'évolution de ces cellules, et a déterminé anatomiquement et physiologiquement la signification des spermatozoïdes. « Les faits précédents, dit cet auteur, nous montrent que, dès la première apparition, l'ovule et l'utricule mère zoospermique (appelée à tort cellule germinative des zoospermes par Reichert), sont semblables, se forment de la même manière dans les organes correspondants, les tubes ovigènes chez les femelles, et les tubes spermatogènes chez le mâle. Dès le commencement de cette première période, ils sont constitués par une enveloppe extérieure, *membrane vitelline*, et un contenu ou *vitellus* avec sa *vésicule germinative*. Nous avons donc, d'un côté, un ovule femelle dans lequel se formera l'embryon, et un ovule mâle où se formeront les spermatozoïdes (1). » Beaucoup d'auteurs ont observé les zoospermes enroulés en faisceaux dans leur utricule mère. Ils les ont même vus en sortir, soit brusquement par rupture de la membrane, ou seulement peu à peu, perçant, par les mouvements de leur queue, l'enveloppe ramollie. C'est chez les méduses (*Rhizostoma Cuvieri*) que d'abord MM. Robin et Segond ont constaté la parfaite analogie qui existe entre l'ovule mâle et l'ovule femelle, tant au point de vue anatomique qu'au point de vue physiologique. Ce fait est particulièrement caractéristique dans l'ovule de ces animaux, dont les testicules et les ovaires ont une structure identique, bien que les sexes soient séparés et portés par des. individus différents.

« Quant à l'apparition de la queue de ces *cellules embryonnaires du mâle* ou spermatozoïdes, et au mouvement dont elles sont douées, ils ne sont pas plus étonnants que l'apparition de cils vibratiles doués de mouvement à la surface de l'épithélium des muqueuses et des téguments de beaucoup d'êtres de toutes les classes, soit adultes, soit à l'état de larves. Ces mouvements sont de même nature, sans doute, mais cette nature est inconnue (2). » Il est évident que ces mouvements ne sau-

(1) Robin, *loc. cit.*, p. 17.
(2) Robin, *loc. cit.*, p. 19.

raient suffire pour faire regarder les spermatozoïdes comme des animaux (1). Jamais on n'a présenté comme un animal une cellule d'épithélium vibratile, isolée artificiellement et entraînée par les mouvements de ses cils. Ni les cellules épithéliales ciliées, ni les spermatozoïdes ne se reproduisent. Les uns et les autres ne sont que des cellules appropriées à des usages spéciaux. Les grains de pollen sont les analogues des spermatozoïdes en ce qui concerne leur naissance, leur structure, leur rôle physiologique. C'est, en effet, une sphère de segmentation qui devient un grain de pollen et s'entoure d'une enveloppe extérieure de cellulose. Les grains de pollen transmettent par endosmose, à l'ovule femelle, une partie de leur liquide par l'intermédiaire du boyau pollinique. On trouve enfin de véritables zoospermes dans les organes mâles des algues, etc. Le rôle de ces organes

(1) Leeuwenhoeck, qui découvrit les spermatozoïdes (1677), les désignait sous le nom de *vers*. Il pensait qu'il existe des vers spermatiques chez les deux sexes, qu'ils s'accouplent, que les femelles mettent bas, qu'ils s'accroissent, changent de peau et présentent en petit la véritable figure d'un homme (homunculus). Hartsæker partageait cette opinion. Haller, Spallanzani, tout en rejetant ces conjectures, restèrent partisans de l'animalité des spermatozoïdes. Cette dernière hypothèse enfin a été victorieusement réfutée par Prévost et Dumas, Wagner, Lallemand, Koelliker, Coste, Robin. « La motilité, écrit M. Longet, ne suffit pas pour caractériser un animal. Tous les animaux connus, non-seulement se meuvent, mais se reproduisent et digèrent. On n'a jamais vu les spermatozoïdes se reproduire entre eux..... on ne les a jamais vus non plus digérer, ou seulement absorber, quelque soin qu'on ait mis à découvrir en eux ces fonctions, en teignant de diverses matières colorantes le liquide ambiant, comme Ehrenberg avait enseigné à le faire pour découvrir l'organisation des infusoires. » (Longet, *Traité de physiol.*, t. II. Paris, 1860.)

est partout le même : ils ont pour usage de porter à
'œuf femelle l'incitation première, qui seule peut produire la segmentation du vitellus et amener l'apparition
de cellules embryonnaires dans ce dernier organe. « Les
spermatozoïdes, dit M. Robin, apparaissent spontanément chez le mâle, par un mécanisme spécial, dans un
organe particulier, et vont déterminer, dans l'organe
correspondant de la femelle, l'apparition de cellules correspondantes par un mécanisme semblable ; cellules dont
l'évolution se prolonge par suite du concours de celles
du mâle, de manière à constituer l'embryon (1). »

Les spermatozoïdes ou cellules embryonnaires mâles
ciliées (2) se présentent sous forme de filaments avec
une extrémité renflée fusiforme, un peu aplatie, et une
extrémité effilée libre. La tête est généralement transparente ; chez certains, elle est granuleuse. La base de la
queue est souvent entourée d'un débris de membrane
chiffonnée, qui est le débris de la cellule. Quelques auteurs ont considéré ce débris comme le tégument cutané
des spermatozoïdes, qui changeraient de peau à un moment donné de leur existence. Cette hypothèse n'a pas
même besoin d'être réfutée. La pointe de la queue doit,
pour être nettement visible, être colorée avec la teinture
d'iode. La tête est plus mince que large, et présente à sa

---

(1) Robin, *loc. cit.*
(2) Nous avons vu que, suivant les espèces, les spermatozoïdes sont
des cellules embryonnaires mâles ciliées (ascarides), ou une provenance directe ciliée de ces cellules (mammifères).

base un renflement. Les dimensions moyennes d'un spermatozoïde sont les suivantes (1) :

Longueur totale du spermatozoïde.....	$0^{mm},050$
Longueur de la tête..............	0 005
Épaisseur de la tête.............	0 003
Largeur de la tête..............	0 003
Largeur de la queue à sa base.......	0 0005

Les spermatozoïdes sont des éléments qui résistent aux réactions comme les épithéliums. L'acide acétique, la glycérine, les pâlissent. Ils résistent à la putréfaction. L'eau, sauf le cas où elle est putréfiée, ne les altère pas. La teinture d'iode, la solution de carmin, les rend plus apparents. Desséchés, ces éléments peuvent se conserver des années entières. Après deux ou trois ans on peut les retrouver en mouillant un peu le linge taché de sperme. Comme les cellules à cils vibratiles, ils sont pourvus de mouvements oscillatoires qui les mettent en translation. Ces mouvements sont plus énergiques dans le sperme que dans le canal déférent (2). Dans le mucus vaginal, ils sont encore plus accentués. Dans un liquide

(1) Nous empruntons ces chiffres aux notes du cours d'histologie professé à la Faculté de médecine par M. Robin (1865).

(2) Les spermatozoïdes forment les neuf dixièmes du sperme. « En fait, dit M. Robin, les testicules donnent naissance aux spermatozoïdes, partie essentielle du sperme, mais non au liquide éjaculé. » (*Programme du cours d'histol.* p. 115.) En effet, ces éléments sont versés par les canaux déférents dans les vésicules séminales, où ils se mélangent aux liquides qui sont le *milieu* dans lequel ils vivent. Ces liquides sont principalement fournis par les follicules situés à la partie supérieure du canal déférent, par les vésicules séminales, la prostate, les glandes de Méry dites de Cowper ; le mucus du canal de l'urèthre ou des glandes de Littre.

froid, tout mouvement cesse. Une légère élévation de
température rend de nouveau à ces éléments la propriété
de se mouvoir. Cependant une température trop élevée
ferait cesser leurs mouvements. Il en est de même du
desséchement, des décharges électriques, des acides, de
la strychnine, des narcotiques, du mucus vaginal trop
acide, du mucus utérin trop alcalin, etc. Ces mouvements persistent dans l'urine, le lait, la salive, le pus,
le sérum du sang. Extraits du corps de l'homme, les
spermatozoïdes ne conservent pas leurs mouvements
au delà de huit à dix heures. On en a vu cependant qui
les ont conservés pendant vingt-quatre heures. Dans les
organes génitaux de la femme, ils conservent ces mouvements pendant six, sept et huit jours. Le spermatozoïde
est la partie vraiment fécondante du sperme. Son rôle
véritable est la fécondation du vitellus femelle, avec
lequel il s'unit en passant par les orifices dits micro-
pyles, qui traversent la membrane vitelline chez les
espèces où elle est durcie. Chez les mammifères, les
spermatozoïdes pénètrent à travers la membrane vitelline ramollie pour arriver au vitellus femelle. Peu après
ils se ramollissent et se liquéfient : « De telle sorte que
leur substance s'unit matériellement, molécule à molécule, à celle du vitellus, qui s'en *imprègne*, d'où résulte
ainsi le mélange de la substance du mâle avec celle de la
femelle (1). » L'individualisation du vitellus en cellules
embryonnaires (femelles) suit cette *imprégnation*. Ces
éléments renferment donc la substance du mâle comme

---

(1) *Dictionnaire dit de Nysten*, art. FÉCONDATION.

celle de la femelle, et l'être nouveau appartient matériellement à ses deux parents et non pas seulement à sa
mère. Dès lors s'explique la transmission des maladies
héréditaires par inoculation spermatique : celle-ci déterminant un changement isomérique dans le vitellus
femelle (1). « Il y a dans la fécondation, dit M. Robin,
mélange matériel de la substance du mâle avec celle de
l'ovule femelle, qui reçoit ainsi l'impression de la constitution du premier : ce fait nous représente à l'état élémentaire, mais d'une manière caractéristique, la transmission héréditaire, par suite de cette propriété dont
jouit toute *substance organique* d'amener (par action lente
ou catalyses successives), à un état analogue à celui où
elle se trouve, les autres espèces de substances qu'elle
touche. D'où il résulte que la matière des spermatozoïdes
ou des grains de pollen détermine, dans celle du vitellus
de l'ovule femelle, l'apparition d'un état moléculaire analogue à celui qu'elle offre en arrivant (2). » Chez les
mammifères, la fécondation s'opère dans la trompe,
ordinairement vers sa partie moyenne. Elle peut avoir
lieu plus haut. On l'a vue se faire jusque dans un ovisac
ouvert dont, par accident, l'ovule ne s'était pas échappé.
Mais elle ne se fait « jamais au-dessous du niveau de
jonction du tiers moyen de la trompe avec le tiers infé-

(1) On comprend d'après cela que les spermatozoïdes ne se rencontrent pas chez l'enfant. Ils ne se développent qu'à l'époque de la
puberté. Contrairement à l'opinion de quelques-uns, il n'est pas rare
de constater leur présence dans le sperme d'un certain nombre de
vieillards. M. Duplay en a trouvé sur des vieillards de quatre-vingt-
six ans.

(2) *Dict. dit de Nysten*, art. FÉCONDATION.

rieur (1). » C'est que, plus loin, l'ovule femelle est ramolli et n'est plus apte à la fécondation.

§ 2. — OVULE FEMELLE.

Le mode de reproduction de l'homme par *oviparité* n'est connu que depuis très-peu de temps. Hippocrate admettait que les deux sexes possèdent chacun deux semences, l'une forte, l'autre faible, dont ils tirent la source de toutes les parties de leur corps, et que le mélange de ces deux liqueurs dans l'utérus donne naissance à l'embryon, la plus forte engendrant les mâles, la plus faible les femelles. Aristote admettait que le fluide séminal du mâle contenant quelque chose d'éthéré, d'immatériel, coagulait en le rencontrant le sang des menstrues, et que l'embryon naissait de cette coagulation. « Le sang menstruel, disait-il, est le marbre; le sperme, le sculpteur; le fœtus, la statue. » Depuis ces auteurs, il faut arriver jusqu'à Régnier de Graaf (1672) (2) pour rencontrer une hypothèse scientifique. Ayant ouvert plusieurs femelles de mammifères quelque temps après l'accouplement et observé sur l'ovaire autant de déchirures qu'il comptait d'œufs dans l'intérieur de l'utérus, il fut conduit à regarder les vésicules ovariques comme de véritables œufs. Depuis longtemps, il est vrai, Vésale, Fallope, Riolan, etc., avaient mentionné l'existence de vésicules de diverses grosseurs sur les ovaires. Mais on

---

(1) *Dict.* dit *de Nysten*, art. FÉCONDATION.

(2) *De mulierum organis generationi inservientibus.* Leyde, 1672.

les avait prises pour des hydatides jusqu'à Van Horn, qui le premier émit l'idée qu'elles étaient peut-être de véritables œufs. Régnier de Graaf formula nettement cette idée, qui, d'après ses observations, semblait avoir quelque apparence de fondement. Ce fut Cruikshank (1), un siècle plus tard, qui le premier observa véritablement des œufs dans les trompes utérines des lapines. Les trouvant plus petits que les *ova Graafiana*, il en conclut que ceux-ci n'étaient pas de véritables œufs. Prévost et Dumas, en 1825, observèrent sur l'ovaire de la chienne l'œuf renfermé dans la vésicule de de Graaf. De Baer enfin (1827) (2) démontre ce dernier fait, ainsi que la présence de l'œuf dans l'ovaire avant la conception. En 1834, M. Coste, découvrant dans l'œuf de l'homme et des mammifères la *vésicule germinative* que Purkinje (1825) avait signalée dans l'œuf de l'oiseau, assimila l'œuf des mammifères à l'œuf des oiseaux. M. Robin, enfin, a spécialement étudié la genèse de l'œuf et son évolution ultérieure. Il a le premier assigné à l'œuf sa signification anatomique et physiologique, et nous avons vu qu'il avait signalé la présence d'un ovule dans les organes reproducteurs mâles, de tous points analogue à l'ovule que produisent les organes reproducteurs femelles.

La naissance de l'ovule femelle ne diffère pas, dans ses traits généraux, de la naissance de l'ovule mâle. L'ovule femelle, ou ovule proprement dit, naît par genèse au

(1) Cruikshank, *Philosophical Transactions*, 1797.
(2) *Epistola de ovi mammalium et hominis genesi.* Leipsig, 1827.

milieu des éléments de l'ovaire. On trouve ces ovules dans de petits sacs membraneux appelés ovisacs (Barry), vésicules de de Graaf, ou vésicules ovariques. On peut compter, chez l'adulte, deux à trois cents ovisacs à divers degrés de développement. Ils ne sont pas disséminés sans ordre dans le parenchyme ovarien : ils forment deux ou trois couches à la surface interne de la tunique superficielle et très-mince de l'ovaire. Ils sont groupés de moins en moins régulièrement, à mesure qu'ils s'avancent vers le centre, en se développant, et manquent complétement au niveau du point de l'ovaire qui reçoit les vaisseaux et les nerfs, c'est-à-dire au niveau du bord antérieur. « Les ovisacs sont d'autant plus nombreux et plus petits qu'ils sont plus superficiels. Ils forment une couche grisâtre, peu ou pas vasculaire à la surface de l'ovaire. Ceux qui se développent les premiers empiètent vers le centre et vers la périphérie en même temps, en se dilatant et repoussant les autres (1). » On les trouve chez l'embryon depuis le deuxième mois de la vie intra-utérine jusqu'à la fin de l'âge où la femme est apte à concevoir. On les regardait autrefois, mais à tort, comme se composant de deux tuniques superposées, l'une fibreuse (*theca folliculi ; tunica externa ovisacci*), l'autre molle et mince (*tunica propria folliculi*). On y décrivait aussi une couche épithéliale tapissant la face interne de la vésicule, y formant ce que l'on nomme *membrana granulosa, membrana cumuli, stratum proligerum.* « En réalité, dit M. Robin, les ovisacs n'offrent qu'une

(1) Robin, *Progr. du cours d'histol.*, p. 257.

tunique très-vasculaire formée d'une trame lâche de fibres lamineuses, de cellules particulières polyédriques à angles arrondis, ou sphéroïdales, dites *cellules de l'oarivle* ou de l'*ovisac*, et de matière amorphe granuleuse (1). » Cette tunique de la vésicule de de Graaf adhère très-peu par sa surface externe avec le tissu propre de l'ovaire. Cette surface externe même est lisse et n'adhère à la trame de l'ovaire que grâce à la pénétration de capillaires d'espace en espace. Sa surface interne est tapissée d'épithélium nucléaire, ovoïde ou sphérique, ou d'épithélium prismatique, dont quelques cellules portent des cils vibratiles. Comme nous venons de le dire, c'est cette couche épithéliale que l'on a décrite sous le nom de membrane granuleuse. Les éléments de l'épithélium forment, en outre, une petite masse qui entoure l'ovule au centre de la vésicule ; c'est cette masse que l'on a désignée sous le nom de *disque proligère*. Dans certains cas, on trouve même des traînées épithéliales qui vont de ce disque à la membrane granuleuse, en traversant le liquide contenu dans l'ovisac : on les appelle *retinacula*. Dans les premiers temps de l'apparition des vésicules, elles sont entièrement remplies par l'*ovule*, entourées d'une rangée unique de noyaux d'épithélium. Plus tard un liquide s'interpose à ces éléments, distend la vésicule, sépare la couche épithéliale qui tapisse la face interne de l'ovisac (membrane granuleuse) de la couche épithéliale qui tapisse la face externe de l'ovule (disque proligère) ; et, pendant cette distension, l'ovule reste tou-

(1) *Dict.* dit *de Nysten*, art. OVAIRE.

jours appliqué contre un point de la face interne de la vésicule. Chaque vésicule reçoit trois ou quatre petits rameaux artériels qui s'épanouissent en un réseau de capillaires assez volumineux et à mailles serrées. Telle est la structure de l'ovisac chez la femme, depuis la puberté jusqu'à la ménopause. Dans le jeune âge et dans la vieillesse, cette structure est un peu modifiée. C'est ainsi que chez le fœtus et chez la petite fille on trouve la paroi de la vésicule de de Graaf immédiatement appliquée sur l'ovule. La raison en est que le liquide qui doit les séparer n'apparaît qu'à la puberté. On observe la même disposition dans la vieillesse pour une raison inverse. Si en effet dans ce cas la paroi de l'ovisac est au contact de l'ovule, c'est que le liquide qui les séparait est résorbé. « La paroi propre de l'ovisac, dit M. Robin, se développe seulement aux approches de la puberté, lorsque la cavité se forme et que l'œuf mûrit. Auparavant, l'ovisac est représenté par l'ovule central avec une couche épithéliale autour, et ces ovisacs sont rapprochés, disposés en séries comme s'ils étaient dans des tubes (1). » C'est vers le quatre-vingtième jour, chez l'embryon, qu'apparaissent les premières vésicules de de Graaf. L'ovisac ne naît qu'après l'ovule.

Les ovules apparaissent toujours à la superficie de l'ovaire par plusieurs rangées (2). On en trouve dès le

(1) Robin, *Progr. du cours d'histol.*, p. 258, et Valentin, *Archives de Muller* (1838), p. 531.

(2) A titre de produits, les ovules sont disposés par couches, c'est-à-dire *stratifiés*. On sait que les éléments constituants, au contraire, sont disposés entre eux suivant un arrangement plus complexe, dit état d'*intrication*.

cinquante-sixième jour qui suit la fécondation (1). Ce sont de simples cellules à gros noyau ovoïde et nucléole. Ces cellules sont d'ailleurs énormes. Leur diamètre est de $0^{mm},1$. Elles naissent au fur et à mesure au centre d'une masse d'épithéliums nucléaires qui formera plus tard l'ovisac. « A leur surface, jusqu'à l'évolution en ovisac, elles sont entourées d'épithélium nucléaire seulement, comme l'ovule mâle dans le tube testiculaire » (2). Au moment de sa naissance, la paroi de la cellule ovulaire est rapprochée du noyau.

Chez les *Nephelis*, les spermatophores sont en contact

(1) A partir de ce moment il en naît un nombre considérable dans l'ovaire. Les ovules continuent à naître ainsi chez l'adulte par une succession d'épigenèses. Il est difficile de rien dire sur leur nombre. « Le nombre des œufs qui naissent dans l'ovaire ou s'y développe complétement est bien supérieur au nombre de ceux qui doivent concourir à reproduire l'espèce et même au nombre de ceux qui seront chassés naturellement hors de leurs follicules. » (Longet, *Traité de physiol.*, 1860, t. II, p. 708.) De son côté, M. Coste écrit : « Lorsqu'on étudie les ovaires de l'espèce humaine et des mammifères, surtout dans le jeune âge, on trouve qu'il existe au sein de leur tissu une quantité innombrable d'ovules occupant chacun une capsule particulière et disposés assez régulièrement dans des sortes de cellules en cul-de-sac. L'ovaire de la femme, destiné à n'émettre qu'une petite quantité d'ovules, n'est cependant pas moins richement pourvu que celui des mammifères les plus féconds ; c'est ce dont on peut s'assurer en examinant des sujets jeunes et sains frappés de mort violente. A la vérité ces ovules doivent, en grande partie, avorter de très-bonne heure, périr et être résorbés ; mais beaucoup d'entre eux, parcourant toutes les phases de leur évolution, seront expulsés de l'ovaire à l'époque de leur maturité. » (Coste, *Histoire du développement des corps organisés*. Paris, 1847, t. I, p. 161.)

(2) Robin, *loc. cit.*, p. 257. Schrœn et Quincke (1862), Pflüger (1863), et Sappey, ont observé et décrit la disposition des ovules dans l'ovaire.

direct avec la face interne de la paroi des tubes ovariens; aussi trouve-t-on les œufs plongés dans des amas de spermatozoïdes. Cette disposition empêche de pouvoir constater si le noyau naît par genèse avant le corps de la cellule, ou bien si le noyau et la cellule apparaissent simultanément. Mais dans les ovaires des fœtus humains de 3 à 5 mois, et dans les ovaires de beaucoup d'autres mammifères à des périodes correspondantes, on peut voir facilement que c'est le noyau qui apparaît le premier, tandis que le corps de la cellule ne se produit que postérieurement (1).

Depuis le moment de sa naissance, l'ovule offre tous les caractères d'un élément anatomique ayant forme de cellule; il en a la structure : son évolution ultérieure seule l'en distingue. Il naît par genèse au milieu des cellules épithéliales. C'est ainsi que nous avons vu l'ovule mâle naître (par genèse indépendante) séparé des tubes testiculaires par l'épithélium nucléaire qui les tapisse. L'hypothèse d'après laquelle l'ovule dériverait des cellules épithéliales par une métamorphose particulière est aussi inexacte pour l'ovule femelle que pour l'ovule mâle. Dès son apparition, l'ovule jouit d'une indépendance complète relativement à l'épithélium. Sa forme, sa dimension, sa structure, ses phénomènes évolutifs ultérieurs, le différencient suffisamment des éléments épithéliaux. Cet ovule croît rapidement. Au treizième mois, le volume de la cellule est doublé,

---

(1) Robin, *Mémoire sur les phénomènes qui se passent dans l'ovule avant la fécondation*, p. 70.

ainsi que celui du noyau. Et, de plus, il s'est interposé
entre la cellule et le noyau des granules grisâtres. Cet
accroissement se continue jusqu'à la puberté. D'abord la
paroi s'épaissit : elle n'était au début que de $0^{mm},001$ à
$0^{mm},002$ d'épaisseur ; elle arrive à $0^{mm},014$ et même à
$0^{mm},025$. Elle finit par former l'enveloppe de l'œuf ou
plutôt du vitellus ; aussi a-t-elle reçu le nom de *membrane vitelline*. M. Robin dit formellement qu'on peut
distinguer la paroi de la cellule de son contenu, dès que
celui-ci est devenu grisâtre, par suite de la production
de granules dans la masse homogène transparente qu'ils
formaient d'abord. Il suffit, pour cela, d'examiner des
ovules aux diverses périodes de leur évolution, et de les
briser pour faire échapper leur contenu. Cette distinction,
ajoute-t-il, peut être nettement établie par ce moyen,
avant que la membrane s'écarte de son contenu granuleux, et avant qu'elle soit assez épaisse pour que deux
lignes parallèles viennent indiquer son épaisseur par
leur écartement : l'une, marquant la limite de sa face
interne ; l'autre, la limite de sa face externe. En examinant des ovules aux différentes phases de leur accroissement, depuis l'état de cellule jusqu'à la période de
leur maturité, on reconnaît manifestement que c'est
bien la paroi de la cellule ovulaire qui devient la
membrane propre de l'œuf, appelée membrane vitelline.
En d'autres termes, celle-ci est la dernière phase de
l'évolution naturelle de la précédente (1).

(1) Robin, *Mémoire sur les phénomènes qui se passent dans l'ovule
avant la segmentation du vitellus*, 1862, p. 74.

Le nom de *membrane vitelline* a été appliqué à la paroi ovulaire par

De son côté, le contenu de la cellule ovulaire devient de plus en plus opaque, de plus en plus granuleux, et finit par constituer le vitellus dans l'ovule complétement développé. Ce contenu était d'abord transparent dans la cellule qui représentait l'ovule, à peine parsemé de quelques fines granulations grisâtres. A mesure qu'il devient opaque, par suite de la multiplication considérable et rapide de ces granules graisseux, on le voit augmenter de masse. La substance amorphe qui réunit entre elles les granulations et au sein de laquelle ces dernières se forment, devient de plus en plus tenace et visqueuse. « Le vitellus devient de plus en plus distinct de la paroi de l'ovule et s'en écarte en laissant entre elle et lui un espace clair, résultant soit d'une distension artificielle de cette dernière, soit de changements évolutifs naturels (retrait du vitellus) (1) ». Cette augmentation de ténacité de la substance amorphe est plus

M. Coste (1834). Il est manifestement exact, car le contenu de l'œuf ou vitellus n'a pas d'autre enveloppe, à quelque moment de son évolution qu'on l'observe. M. de Quatrefages lui donne le nom d'*enveloppe ovarique*, « parce que, dit-il, elle entoure l'œuf tout entier, et n'est nullement *spécialement* affectée au vitellus, quoique appliquée immédiatement à sa surface. » (*Embryogénie des annélides*, 1848.) Mais, comme le fait remarquer M. Robin, l'expression *ovarique* s'applique à l'ovaire (*ovarium*) et non à l'œuf (*ovum*). Les noms de *zone pellucide* et de *zone transparente* sont encore moins exacts, car c'est une membrane et non pas une zone. On ne saurait non plus admettre les noms de *coque* et de *membrane coquillière* (Vogt, 1846; Lacaze-Duthiers, 1848), qui prêtent à la confusion avec la coque et la membrane coquillière des œufs d'oiseau et de reptile, organes sans analogie avec la membrane vitelline. Baer l'avait nommée *oolema pellucidum;* ce nom est exact, mais peu employé.

(1) Robin, *loc. cit.*, p. 74.

prononcée à la surface du vitellus que dans sa profondeur, aussi, quand on vient à rompre cette surface,
voit·on les granulations se rassembler peu à peu du côté
de la déchirure, en abandonnant la substance visqueuse
dans la partie opposée du vitellus. Mais il importe de
dire que dans cette partie devenue limpide et transparente on ne peut constater la présence d'une cavité
ni d'une paroi distinctes l'une de l'autre. En effet, les
rares granulations très-fines qui restent éparses dans la
substance hyaline n'y sont pas douées du mouvement
brownien, et la substance en revenant sur elle-même
ne se plisse pas comme le fait la membrane vitelline
rompue. Quant aux granules accumulés du côté de la
rupture, ils s'épanchent dans l'espace plein de liquide
interposé à la surface du vitellus et à l'enveloppe de
l'ovule. Là, ils offrent un mouvement brownien très-
manifeste, une fois écartés les uns des autres. M. Robin
qui cite ces faits ajoute : « C'est faute d'avoir su que le
vitellus n'est que le contenu (accru et devenu granuleux) de la cellule par laquelle tout œuf commence,
que quelques auteurs ont admis que le vitellus possédait
une membrane spéciale immédiatement appliquée sur
lui, indépendamment de la membrane extérieure de
l'ovule..... *de toutes les parties constituantes de l'ovule
le vitellus est la seule qui prenne part postérieurement à la
formation du blastoderme.* Le vitellus est exclusivement
constitué par un globe granuleux, qui est le contenu de
la cellule ovulaire développée. Une certaine quantité de
matière visqueuse (plus tenace à la superficie que dans
la profondeur) entre dans la composition de ce vitellus :

et l'œuf n'a pas d'autre enveloppe que celle dite *vitelline, qui provient de l'accroissement de la paroi de la cellule par laquelle l'ovule commence* (1) ».

(1) Robin, *loc. cit.*, p. 37.

C'est M. Coste qui le premier a démontré ce mode de constitution de l'ovule. (*Recherches sur la génération des mammifères,* 1834. *Histoire du développement des corps organisés,* 1847.) Il dit, dans ce dernier ouvrage, p. 89 : « Dès 1834, j'avais déjà établi que le vitellus de l'œuf de la femme et des mammifères, exclusivement constitué par une masse granuleuse homogène, n'avait d'autre enveloppe que celle que je désignais alors sous le nom de *membrane vitelline,* afin de consacrer ainsi son analogie avec celle des autres animaux. Depuis cette époque, on a beaucoup discuté sur la question de savoir s'il n'y en aurait pas une autre à l'intérieur de celle que je viens de nommer, et qui serait, en quelque sorte, dissimulée par la manière dont elle serait confondue avec la superficie du vitellus. MM. Valentin, Krause, Wharton Jones, Barry et Wagner lui-même, en ont admis la présence, et se sont fondés sur ce que, dans certains cas anormaux, le vitellus rapetissé flotte librement dans l'intérieur de l'œuf sans perdre sa forme globuleuse, sans que les granules dont il se compose se disjoignent et se dispersent. Ils ont supposé qu'une semblable réduction ne pouvait se concevoir que par l'action rétractile d'une enveloppe particulière qui, pour être difficile à saisir, n'en aurait pas moins une existence réelle.... J'ai démontré par des expériences mille fois répétées, qu'une simple macération dans l'eau suffit pour exercer sur le contenu granuleux de la plupart des vésicules ou des cellules une influence tout à fait identique. Dans ces cas, cependant, il n'existe manifestement pas une seconde membrane.... Le vitellus n'a pas d'autre enveloppe que celle que j'ai désignée sous le nom de *vitelline.* »

La connaissance du phénomène du retrait explique ce rapetissement du vitellus, dont les auteurs cités par M. Coste cherchaient à se rendre compte en admettant la contraction d'une membrane qui le comprimerait sur toute sa surface. Les travaux de Bergmann (1841), Bischoff (1843), Vogt (1846), Robin (1862), ont donné pleine confirmation à l'opinion de M. Coste. Le vitellus ne possédant pas de membrane propre, il devient dès lors inutile de discuter la question de savoir si l'enveloppe du vitellus possède un micropyle comme la membrane vitelline.

En même temps, au centre de la cellule ovulaire le noyau continue à grandir et devient vésiculeux, de solide qu'il était au début. C'est là la *vésicule germinative*, au centre de laquelle se trouve la *tache germinative* qui n'est autre chose que le nucléole du noyau. En grandissant le noyau reste transparent et à peu près sans granulation ; il prend alors l'aspect d'une vésicule claire et limpide et constitue dès ce moment la *vésicule germinative*. Chez certains animaux on l'a vu se creuser d'une cavité ; sa paroi était très-mince, il était difficile de l'isoler sans le rompre ; après sa rupture il se trouvait réduit à une mince pellicule. M. Robin a observé cette particularité chez les *Nephelis*, mais seulement à une époque voisine de la maturité. Il n'a constaté l'état vésiculeux de ce noyau qu'après son issue du vitellus par rupture de la membrane vitelline. Une fois le noyau gonflé au contact de l'eau, on voit les rares granulations moléculaires qu'il renferme acquérir un mouvement brownien. Quels que puissent être l'aspect et la structure de ce noyau lors de la maturité de l'œuf, il est facile de constater que c'est le noyau lui-même de la cellule ovulaire qui, dans l'ovule fécondé, a reçu le nom de *vésicule germinative, vésicule de Purkinje*, etc. « C'est, dit M. Robin, parce qu'on n'avait pas encore suivi le mode d'évolution de l'ovule, ni, par suite, déterminé la provenance de chacune de ses parties, qu'on a donné à son noyau ces dénominations spéciales, comme s'il s'agissait d'une partie sans analogue avec ce qu'on observe dans beaucoup d'éléments anatomiques. Le corpuscule appelé *noyau* dans le vitellus n'est donc

autre chose que le noyau de la cellule ovulaire, seulement ce noyau a grandi beaucoup et a pris dans la
plupart des espèces la structure vésiculeuse, bien qu'il
fût solide et plein pendant les premières phases de son
évolution (1). »

Ce passage du noyau ovulaire à l'état vésiculeux
constitue la dernière phase de son existence. Sa disparition arrive en effet quelque temps après et marque la
période dite de *maturité de l'ovule*. On observe cet état
vésiculeux du noyau quand le vitellus commence à
acquérir un certain degré d'indépendance par rapport
aux autres parties constituantes de l'ovule, alors que le
vitellus se distingue nettement de la paroi qui jamais ne
doit prendre part comme lui à la formation de l'embryon.
Nous avons déjà fait remarquer (voy. chap. 1ᵉʳ) que l'état
vésiculeux du noyau ovulaire et sa disparition empêchent
absolument de le confondre avec le noyau vitellin qui
se produit chez beaucoup d'animaux plus ou moins
longtemps après la fécondation, immédiatement avant
la segmentation du vitellus.

Chez les *Nephelis*, quand le noyau de la cellule ovulaire
possède un nucléole, **M.** Robin a souvent vu nucléole
et noyau grandir en même temps ; ce phénomène s'observe d'ailleurs aussi bien chez les autres invertébrés
que chez les vertébrés. Quand l'ovule est, chez ces animaux, arrivé à maturité, il est facile de constater que
le nucléole a pris dans le noyau (vésicule germinative)
les caractères du corpuscule appelé *tache germinative*,

(1) Robin, *loc. cit.*, p. 71.

tache de Wagner, etc., etc. « En un mot, de même que la vésicule germinative n'est que le noyau agrandi de la cellule par laquelle l'œuf commence, la *tache germinative* n'est aussi que le nucléole de ce noyau, nucléole qui s'est accru dans les mêmes proportions ; mais ce n'est pas davantage une partie spéciale sans analogie avec celles qu'on observe sur beaucoup d'autres espèces d'éléments anatomiques. Ce nucléole, pas plus que le noyau dont il fait partie, *ne prend une part quelconque à la formation du blastoderme*, et il disparaît lors de la maturité de l'ovule *en même temps que le noyau est devenu* vésiculeux (1) ».

C'est donc au moment d'arriver à l'époque de sa *maturité* que l'ovule est véritablement un corps complet. Il représente alors un petit corps sphérique contenu dans l'ovisac au centre du disque proligère ; il est transparent et offre un diamètre de $0^{mm},140$ à $0^{mm},200$. Examiné au microscope, l'œuf présente une paroi (*membrane vitelline*), un contenu (*vitellus*) dans lequel se trouve une vésicule claire (*vésicule germinative*) qui contient elle-même une tache arrondie (*tache germinative*). La membrane vitelline est épaisse, transparente, hyaline, homogène, amorphe, élastique et très-résistante. Elle offre l'aspect d'un double anneau parce que, outre sa face externe, on aperçoit sa face interne par transparence. Son épaisseur est de $0^{mm},013$ à $0^{mm},025$. Le vitellus est une masse cohérente, visqueuse, granulée et presque opaque ; c'est lui qui constitue la partie

(1) Robin, *loc. cit.*, p. 72.

fondamentale de l'ovule. Il est composé de granulations et gouttelettes grisâtres ou jaunâtres, la plupart graisseuses, réunies par une substance homogène amorphe. Le diamètre du vitellus est de $0^{mm},119$ à $0^{mm},150$. Quant on met l'ovule en contact avec l'eau, ce liquide traverse par endosmose la membrane vitelline et détermine la rétraction du vitellus. La vésicule germinative est véritablement une vésicule ; elle est transparente et très-fragile ; son diamètre est en moyenne de $0^{mm},030$; elle est située au milieu du vitellus où quelquefois elle est cachée par les granulations. Elle est constituée par une enveloppe très-mince et un contenu liquide. A mesure que l'œuf approche de la maturité, la vésicule germinative s'éloigne du centre du vitellus pour se porter vers la périphérie.

Une tache obscure et arrondie s'observe enfin au centre de la vésicule germinative, c'est la *tache germinative*. Son diamètre est de $0^{mm},006$. Elle est quelquefois en contact avec la face interne de la paroi de la vésicule.

L'ovule ayant commencé par offrir tous les caractères d'une cellule, il est manifeste que chacune de ces parties, telles que nous venons de les décrire, se rattache à l'une de celles qui entrent dans la constitution des cellules en général. Elles en proviennent par des modifications évolutives qu'il est facile de constater. « Rien n'est plus important que de les suivre pour arriver à déterminer la nature et la signification de la *membrane vitelline*, du *vitellus* et de la *vésicule germinative* (1). »

(1) Robin, *loc. cit.*, p. 70.

« En résumé, l'ovule, après avoir offert les caractères d'une cellule morphologiquement analogue à d'autres, acquiert, par suite de son développement, des dimensions et des particularités de structure intime qui font que bientôt il constitue un organe spécial différent des cellules en général (1). » Il est vrai que pendant un certain temps on peut rattacher ses diverses parties constituantes à celles de la cellule dont il est une provenance directe. Il différera plus encore de la cellule, une fois arrivé à la dernière phase de son évolution individuelle, en tant qu'ovule ; c'est-à-dire à la période de maturité, alors qu'il ne peut plus se développer davantage, mais qu'il lui faut se détruire, si son vitellus ne se trouve pas placé dans les conditions où il peut donner naissance à l'embryon.

La période de maturité de l'œuf, ou l'aptitude à la fécondation, est marquée, comme nous l'avons dit, par la disparition du noyau devenu vésiculeux. C'est seulement quand l'ovule est arrivé à son entier développement que la vésicule germinative disparaît avec la tache germinative. C'est là un caractère de la maturité de l'ovule, c'est-à-dire de l'aptitude à la fécondation. Il est vrai que chez les *Nephelis*, M. Robin a souvent constaté la présence de spermatozoïdes dans des ovules possédant encore leur vésicule germinative, et dont le vitellus avait subi un commencement de retrait. Mais la vésicule germinative n'existe jamais dans l'ovule au moment où le vitellus commence à se segmenter.

(1) Robin, *loc. cit.*, p. 75.

M. Robin, qui a fait de nombreuses observations sur
les *Nephelis*, a parfaitement constaté que les ovules arrivés à la période de maturité, prêts à être pondus, se
distinguent des autres par l'absence de vésicule germinative dans le vitellus. Il avoue cependant n'avoir
jamais pu suivre les phases et le mode précis de la disparition de cette dernière. Il a souvent trouvé chez ces
animaux, en un même point, des ovo-spermatophores,
des ovules de mêmes dimensions, les uns sans vésicule:
les autres la possédant encore. Mais il n'a pas pu rencontrer d'intermédiaires entre ceux qui étaient pourvus
de vésicule germinative et ceux qui en manquaient. « Il
est probable, d'après cela, dit-il, que la disparition de
la vésicule germinative est brusque, subite, comme si
elle s'opérait par rupture. On ne peut, comme par le
passé, répondre que par des hypothèses à la question de
savoir s'il s'agit réellement d'une rupture ou d'une atrophie par résorption rapide, quoique graduelle (1). »

Il est un phénomène qui coexiste avec la disparition

(1) Robin, *loc. cit.*, p. 79. La disparition spontanée de la vésicule
germinative est un fait qu'il importe de noter. Quelques auteurs, en
effet, ont essayé de lui faire jouer un rôle à un moment où elle n'exi-te
plus depuis longtemps déjà. Purkinje, qui découvrit, comme on sait,
cette vésicule, dit formellement qu'elle se dissout et s'aplatit (1830).
Il pensait seulement que sa substance était destinée à la formation du
blastoderme. C'était à peu près l'opinion de Baer (1827). Wagner
(1836) admet que la vésicule se dissout, mais que son nucléole ou
tache germinative sert seul à la formation du germe. Barry (1839),
Vogt (1842) et beaucoup d'autres, ont plus ou moins remanié l'idée
de Wagner. Ils sont tous tombés dans cette erreur, qui consiste à
vouloir toujours faire dériver une partie qui apparaît de quelque autre
qui a préexisté dans l'ovule. Dès 1837, cependant, Wharton Jones
et M. Coste avaient montré que la vésicule germinative disparaît avant

de la vésicule germinative, ou la suit de très-près. C'est le *retrait du vitellus*. Ce phénomène est caractérisé par une diminution du volume du vitellus dont le diamètre diminue d'un quart en moyenne. Chez les espèces dont l'ovule a la forme d'un ovoïde allongé (diptères), M. Robin a observé que ce retrait n'avait lieu que dans le sens du plus grand axe du vitellus. A chaque extrémité de l'œuf se trouve ainsi un espace clair, plein de liquide. Chez ces derniers animaux, le phénomène du retrait n'a lieu qu'après la ponte. Il se produit chez la plupart des autres animaux à l'époque même de la dis-

la fécondation sur l'œuf encore contenu dans l'ovaire ou à son entrée dans la trompe. Bischoff écrit qu'elle « se dissout toujours avant que les métamorphoses du jaune qui succèdent à la fécondation aient commencé, et probablement la tache germinative devient libre. » (*Développement des mammifères.* Paris, 1843, p. 49.) Plus loin, il fait provenir de cette tache germinative le noyau vitellin et les globules polaires. M. Coste a très-bien vu que la vésicule germinative disparaissait pour toujours avant la fécondation ; et il a compris que cette disparition était le terme naturel de l'existence d'une partie qui a complétement épuisé son rôle. En 1844, Grube a vu, chez les *clepsines*, disparaître la vésicule germinative avant la segmentation. Il dit également qu'avant la division du vitellus, il a vu se montrer un globule clair, isolable. Reichert (1846) admet que, chez le *Strongylus auricularis*, la vésicule germinative disparaît, soit par diminution graduelle, soit parce que sa membrane se flétrit à mesure que son contenu se mélange peu à peu au vitellus. Le plus souvent elle se résoudrait en gouttes claires. D'après lui, cette disparition est le premier phénomène qui survient dans l'œuf mûr. Il faut enfin citer les nombreuses observations de M. Robin sur les *Nephelis* en particulier, son mémoire sur les phénomènes qui se passent dans l'ovule avant la fécondation, sur les spermatophores de quelques hirudinées, etc.

Schwann a le premier pensé que l'œuf était *probablement* une cellule qu'il nomme *cellule vitelline*. Dès lors il lui paraît vraisemblable que la vésicule germinative soit le noyau de cette cellule plutôt qu'une

parition de la vésicule germinative. Chez le plus grand
nombre, l'ovule, et le vitellus par conséquent , sont
sphériques. Le retrait se produit alors d'une manière
uniforme et n'amène aucun changement de forme dans
ces organes. Seulement le vitellus, qui jusque-là rem-
plissait exactement la membrane vitelline, laisse entre
lui et cette dernière un espace circulaire plein d'un
liquide clair : ce qui permet à la membrane vitelline de
se plisser pour s'appliquer contre le vitellus. Chez les
Nephelis, M. Robin a vu le vitellus diminuer peu à peu
de volume, après avoir rempli complétement la cavité

cellule nouvelle née dans le vitellus. Il dit encore que ce noyau doit
disparaître lors de la maturité de l'ovule ; comme le font, d'après sa
théorie, les noyaux des autres cellules en général, une fois accompli
leur rôle dans la génération des cellules. Il est incontestable que ces
vues sont aujourd'hui confirmées par l'observation des faits. (Schwann,
Mikroskopische Untersuchungen; Berlin, 1838, p. 46.) Ce qu'il y a
d'inexact, c'est l'idée appliquée à toutes les cellules en général de la
génération primitive du nucléole devenant le centre de la génération
du noyau, qui lui-même servirait de centre de génération au corps de
la cellule. Comme l'a fait observer Vogt (*Embryologie des Salmones;*
Neuchâtel, 1842, p. 271), les preuves invoquées par Schwann à
l'appui de son hypothèse se réduisent à une seule observation directe
faite sur le cartilage. Encore cette observation, présentée par Schwann
lui-même comme très-douteuse, a-t-elle été démontrée fausse par les
recherches de Vogt sur le cartilage du crapaud accoucheur. On sait
aujourd'hui, d'après les recherches de M. Robin, que dans le noyau
de l'ovule, comme dans celui de toutes les autres cellules, l'apparition
du nucléole est postérieure à celle du noyau et de la paroi cellulaire ;
ce nucléole manque même assez souvent. « Chez les vertébrés, dit
M. Robin, le noyau naît bien avant le vitellus et la membrane vitelline, mais il est des animaux, comme les hirudinées, chez lesquels le
noyau et le corps de la cellule apparaissent simultanément. (*Mémoire
sur les phénomènes qui se passent dans l'ovule avant la fécondation,*
1862, p. 79.)

de l'œuf. Ce retrait commence chez ces animaux avant la disparition de la vésicule germinative, et, tant qu'elle existe, le mouvement de retrait demeure très-lent. Quand la vésicule germinative a disparu, le phénomène prend une marche plus rapide et s'achève. On peut voir l'espace transparent, interposé au vitellus et à la paroi vitelline, augmenter peu à peu; si bien que le diamètre du vitellus qui était de $0^{mm},16$ à $0^{mm},18$, descend à $0^{mm},13$ ou $0^{mm},16$. M. Robin a vu sur certains œufs le phénomène du retrait s'achever avant le début de la fécondation et par suite avant la production des premiers globules polaires.

Pendant que le retrait du vitellus se produit, la membrane vitelline lui reste accolée, ce qui fait qu'elle se plisse et se chiffonne pour ainsi dire. « Néanmoins, dit M. Robin, cet accollement n'est pas immédiat ni régulier. Un liquide clair, limpide, remplit l'intervalle ainsi laissé par ce retrait entre le vitellus et la membrane propre de l'ovule (1). » Enfin, nous avons déjà vu que, pendant le phénomène du retrait, il s'accomplissait, dans le vitellus, certains changements moléculaires. C'est ainsi que la masse vitelline devient plus foncée, que les granules se rapprochent, et que la périphérie du vitellus acquiert un reflet plus brillant.

M. Robin a également observé le phénomène du retrait du vitellus chez un grand nombre d'animaux de

(1) Robin, *loc. cit.*, p. 82. « Il est probable, ajoute M. Robin, que le liquide qui, dès le commencement du retrait au milieu des ovospermatophores, existe entre le vitellus et la paroi ovulaire, exsude de la masse vitelline qu'il imbibait dans toute son épaisseur. »

diverses espèces, sans y noter de particularité importante (1).

En fait, quand l'ovule est arrivé à ce moment de son évolution, il n'est plus composé que de deux parties : la

(1) M. Robin est le premier qui ait décrit méthodiquement le phénomène du retrait du vitellus (*Mémoires sur les phénomènes qui se passent dans l'ovule avant la fécondation*). Ce phénomène a passé inaperçu d'un grand nombre de physiologistes. Ceux qui l'ont vu se sont bornés à le mentionner sous les noms de *rapetissement, concentration, rétraction, condensation* du vitellus, sans tenir compte de la constance et de la généralité du phénomène. Krause (1837) constate que le vitellus devient plus petit, soit avant, soit après la disparition de la *vésicule germinative ou prolifère*. Bagge (1841) et Bischoff (1843) ont vu le retrait du vitellus; mais Bischoff, au lieu de comprendre que ce phénomène est le résultat de modifications organiques évolutives naturelles, l'a considéré comme un fait purement physique, soumis à des conditions quasi-accidentelles. En effet, selon lui, le retrait « ne tient qu'à la condensation du jaune, vraisemblablement déterminé par les liquides qui entrent en contact avec l'œuf et pénètrent dans son intérieur, en un mot, par un phénomène d'endo mose et d'exosmose. » (*Traité du développement*. Paris, 1843, traduction française, p. 611.) M. Coste, qui fait remarquer qu'il importe de distinguer la rétraction du vitellus du retrait dû à l'action de l'eau, se contente d'ajouter : « Sans doute, il viendra un moment où le volume du vitellus se réduira d'une manière notable; mais ce ne sera jamais qu'au moment de sa complète maturité, et quand l'œuf quittera l'ovaire pour subir dans l'oviducte les premières influences de la conception. » (*Développement des corps organisés*, 1847, p. 89.) M. de Quatrefages, observant l'œuf non fécondé des *Hermelles*, se borne à dire : « Le vitellus devient plus transparent et semble perdre de son volume. » (*Annales des sciences naturelles*. Paris, 1848.) Plus loin, il parle d'un mouvement de concentration dans le vitellus après la fécondation. « Chez tous les animaux que j'ai observés en poursuivant cette étude, répond M. Robin, j'ai vu qu'il n'y a pas de retrait après la fécondation, mais avant uniquement. » (Robin, *loc. cit.*, p 82.) Enfin, Leuckart (1858) a vu le retrait du vitellus sur l'œuf du *Melophagus ovinus*, et a même décrit le phénomène avec plus de détails que ses prédécesseurs.

membrane vitelline et le vitellus, séparés l'un de l'autre par une zone d'un liquide clair. La membrane vitelline est toujours homogène et translucide ; elle est plus résistante et plus élastique qu'auparavant. Sa cassure est nette comme du verre. Le vitellus est devenu plus tenace, sans parler des modifications moléculaires que nous avons déjà signalées. Cette zone transparente est plus ou moins considérable suivant le degré de rétraction du vitellus. Ordinairement la fécondation survient (chez la femme) pendant que ce phénomène se produit, ou lorsqu'il a fini de s'accomplir, alors, par conséquent, que la vésicule germinative est depuis longtemps disparue. Nous avons déjà dit que la fécondation s'accomplissait en général dans la trompe, au-dessus de la partie moyenne de cet organe. En effet, à chaque époque menstruelle, la vésicule de de Graaf subit une série de phénomènes évolutifs, dont le résultat est d'amener l'expulsion de l'ovule. Celui-ci est reçu dans la trompe par où il chemine jusque dans l'utérus. A chaque époque menstruelle, la vésicule de de Graaf augmente de volume et se distend, par suite de l'accumulation d'une plus grande quantité de liquide dans son intérieur. A mesure qu'elle grossit, elle soulève la face supérieure de l'ovaire et détermine à sa surface une saillie de plus en plus considérable. Elle peut arriver ainsi jusqu'au volume d'un gros pois. La paroi s'amincit de plus en plus, surtout vers le point le plus saillant, et, arrivée au terme de sa résistance, ne tarde pas à céder. La rupture de la vésicule de de Graaf se fait ainsi d'une manière lente et progressive. Le péritoine ne cède qu'en dernier lieu.

« Blumenbach, dit M. Longet, comparait cette rupture à celle d'un abcès qui s'ouvre spontanément par le double effet de la pression du liquide et de la résorption des parois (1). » Le résultat de cette déchirure est l'expulsion de l'ovule avec son disque proligère que le pavillon vient saisir et diriger vers la trompe. L'œuf est toujours ou presque toujours situé au pôle de l'ovisac le plus voisin de la surface de l'ovaire (2). Il se trouve, par conséquent, dans une position très-favorable pour être expulsé. Il arrive, en effet, que le fluide de l'ovisac est, en quelque sorte, exprimé par le retrait de cet organe. Rencontrant sur son passage (en regard de la déchirure de la paroi) le disque proligère et l'ovule qui y est renfermé, il les détache et les entraîne. Après cette expulsion, l'ovisac continue à revenir sur lui-même et subit alors une nouvelle série de phénomènes évolutifs dont nous n'avons pas à nous occuper.

(1) Longet, *Traité de physiologie*, t. II, p. 710. Paris, 1860.

(2) Depuis Baer, tous les auteurs ont décrit l'ovule comme étant toujours ou presque toujours situé au sommet de la vésicule de de Graaf, dans un point opposé à celui par lequel pénètrent les vaisseaux. Bischoff (1843), Courty (1845), Coste (1847), Longet, Robin, lui assignent cette position. Ces auteurs admettent également l'expulsion de l'ovule d'après le mode que nous avons décrit. Pouchet, au contraire, prétend que l'œuf est primitivement placé dans l'endroit le plus profond de l'ovisac. (*Théorie positive de l'ovulation spontanée et de la fécondation*, p. 48. Paris, 1847.) Il dit avoir constaté cette disposition chez la truie : c'est d'après ce fait qu'il a édifié une théorie qui lui est particulière sur le mode d'expulsion de l'ovule. Selon lui, l'ovule serait soulevé par un épanchement sanguin qui augmenterait peu à peu de volume, et pousserait l'œuf par une sorte de *vis à tergo* jusqu'au point où la vésicule se déchire. Pendant ce temps, le liquide de l'ovisac se résorberait peu à peu. Mais M. Pouchet est seul de son

Chez la femme, après la déhiscence de l'ovisac, l'ovule chemine dans la trompe, comme nous l'avons dit : et c'est dans la première moitié de cet organe que s'opère la fécondation quand elle a lieu. Si l'ovule n'est point fécondé, il s'altère dès son passage dans la seconde moitié de la trompe. Son vitellus se fragmente d'une façon irrégulière, sa membrane vitelline se ramollit et se flétrit. Il est expulsé avec le sang des règles.

Quant au phénomène de la fécondation, il consiste essentiellement dans la pénétration des spermatozoïdes au travers d'un ou de plusieurs orifices de la membrane vitelline, de manière à arriver entre celle-ci et le vitellus (1). La liquéfaction des spermatozoïdes, qui se pro-

avis. « Il y a eu sans doute, dit M. Coste, pour M. Pouchet, une cause d'illusion que je ne peux m'expliquer; car, chez la truie, les faits sont les mêmes que chez les autres mammifères qu'il m'a été possible d'observer. J'ai apporté le plus grand soin à l'examen de ces faits, et je peux affirmer que l'ovule de cette espèce occupe, comme dans l'espèce humaine, la brebis, la chienne, etc., un des points culminants de la vésicule de de Graaf. Il est très-facile, en ouvrant dans l'eau une capsule ovarienne, et en ménageant la partie qui fait saillie à la surface de l'ovaire, de voir l'ovule suspendu à cette portion saillante proéminer, avec son cumulus celluleux, à l'intérieur de la vésicule de de Graaf incisée. Ce n'est pas à dire, cependant, que l'ovule ne puisse jamais se rencontrer assez loin du sommet de la capsule dans laquelle il est contenu. On conçoit même qu'il puisse occuper la place que lui assigne M. Pouchet; mais ce dernier fait doit se présenter très-rarement, et pour ma part je ne l'ai jamais observé, même chez la truie. J'ai constamment vu, je le répète, l'ovule de la femme et des mammifères situé dans la vésicule de de Graaf, au voisinage du lieu et sur le lieu même où se fera la déchirure de cette vésicule. » (Coste, *Développement des corps organisés*, t. I, 1853, p. 165, 166.)

(1) La supposition que les spermatozoïdes pénétraient dans *l'œuf* pour former l'embryon a été faite peu de temps après la découverte

duit ultérieurement, a pour résultat d'amener le mélange de la substance du mâle avec le vitellus de la femelle. C'est la dernière phase du phénomène de la fécondation.

Chez les *Nephelis*, où les ovules naissent et se développent au milieu des spermatozoïdes, la pénétration de ces derniers commence dès le début du retrait. On trouve souvent des spermatozoïdes dans des ovules dont le retrait ne fait que commencer, et qui même, parfois, possèdent encore leur vésicule germinative; mais on n'observe alors qu'une petite quantité de spermatozoïdes, et leur nombre va toujours en augmentant.

de ces corps. Prevost et Dumas, Lallemand, parmi les modernes, admettaient cette pénétration chez les vertébrés, dont ils supposaient que le spermatozoïde aurait formé le système nerveux cérébro-spinal. Martin Barry découvrit le premier la pénétration du spermatozoïde par sa grosse extrémité, à travers un orifice ou fente dont est pourvue la membrane vitelline. C'est sur l'œuf des lapins qu'il fit ces observations (1840); « malgré les dénégations qui lui furent opposées, dit M. Robin, *loc. cit.*, p. 85, il revint sur ce fait qu'il montra à divers observateurs, tels que Richard Owen, etc. (1843). L'exactitude de ces observations fut toujours contestée, surtout en Allemagne. Néanmoins, Nelson constata aussi la pénétration des spermatozoïdes dans l'œuf et jusque dans le vitellus sur l'*Ascaris mystax* du chat (1852). Enfin ce fait a généralement été reconnu comme exact depuis le travail de Keber sur ce sujet (1853). Ses observations furent faites sur les mollusques d'eau douce, la lapine et la chienne; il a donné le nom de *micropyle* à l'orifice de la membrane vitelline par lequel passent les spermatozoïdes ». De son côté, M. Robin a observé et décrit ce phénomène chez les hirudinées, etc. M. Coste, qui rejette l'existence du micropyle décrit par Barry et par Keber, dit cependant que « les spermatozoïdes parvenus au contact de la membrane vitelline en traversent la paroi, et pénètrent dans sa cavité comme en un récipient où ils sont désormais renfermés avec le germe, afin que le mélange des deux substances puisse s'accomplir sans obstacle. Je les y ai vus chez

Quand la membrane vitelline est plissée et inégalement appliquée sur la surface du vitellus, les spermatozoïdes peuvent passer inaperçus; mais, dès qu'on met l'œuf au contact de l'eau, il se gonfle et on les distingue très-bien. On en trouve un nombre d'autant plus considérable que la rétraction du vitellus est plus avancée. Ordinairement, chez les nephelis, on voit des spermatozoïdes s'échapper, en même temps que l'œuf, de l'ovo-spermatophore rompu. On remarque alors quelques-uns de ces spermatozoïdes qui, à force de se mouvoir, se pressent et s'accumulent vers un seul point de l'ovule. M. Robin les a vus se placer perpendiculaire-

le lapin vingt heures après la déhiscence.... L'œuf des mammifères, en général, est l'un des plus propres à fournir la preuve de la pénétration des spermatozoïdes et de la conservation de l'intégrité de leur forme jusqu'au moment de l'incorporation de leur substance à celle du germe... Personne jusqu'ici n'a surpris de spermatozoïde engagé dans le micropyle... » (Coste, *Histoire du développement des corps organisés*, p. 103, 104, 107, *passim*.) M. Coste admet que les spermatozoïdes transpercent la membrane vitelline en vertu d'une *propriété térébrante*; mais nous savons que M. Robin, quoiqu'il n'ait pu voir le micropyle, a souvent trouvé sa présence décelée chez les « hirudinées » par des spermatozoïdes qui y restaient engagés. Toutes ces observations affirmatives suffisent évidemment pour réfuter l'observation négative de M. de Quatrefages, qui n'a jamais vu les spermatozoïdes pénétrer dans l'ovule. « Je crois, dit-il, inutile d'insister sur un point, savoir, que je n'ai jamais vu un spermatozoïde pénétrer dans l'œuf et s'y étaler. Je pense qu'aujourd'hui le seul auteur survivant de cette théorie y a lui-même renoncé. » (*Sur la fécondation artificielle des œufs d'Hermelle et de Taret*. Paris, 1850, in *Annales des sciences naturelles*, t. XIII, p. 126.) Une observation négative ne saurait infirmer les nombreuses observations positives que nous avons citées; d'ailleurs cela était écrit en 1850, et c'est peut-être M. de Quatrefages qui aujourd'hui a renoncé à son opinion.

ment ou obliquement à la surface de l'œuf. Quelques-
uns s'échappent du petit amas qu'ils forment ainsi et
traversent, la tête la première, la membrane vitelline
pour arriver dans l'espace qui la sépare du vitellus.
Après avoir décrit ce phénomène, M. Robin ajoute :
« On doit admettre, d'après ce fait, qu'il existe manifestement là un orifice, un micropyle ; mais il m'a été
impossible de l'apercevoir malgré les essais les plus
variés. Toutefois, la difficulté de voir cet orifice ne doit
pas étonner, si l'on songe qu'il traverse une membrane
très-pâle, épaisse de $0^{mm},002$ à $0^{mm},003$ seulement. Il
existe même peut-être plusieurs orifices de ce genre ;
cependant, je n'ai vu la pénétration s'opérer qu'en un
seul point de chacun des œufs que j'ai observés, au
moment de l'accomplissement de ce phénomène. Ce qui
prouve encore l'existence de cet orifice, c'est que, au
bout d'un temps plus ou moins long, qui peut être d'une
heure ou environ, la pénétration des spermatozoïdes
cesse. On voit alors un certain nombre d'entre eux qui
restent arrêtés en un petit faisceau à l'endroit où les
les autres ont pénétré, et cela de telle sorte que la moitié
de leur longueur se trouve hors de l'ovule et l'autre
dedans » (1).

Après avoir traversé la membrane vitelline, les spermatozoïdes se meuvent dans l'espace plein de liquide
qui la sépare du vitellus. Ils y conservent leurs mouvements ondulatoires pendant deux heures environ chez
les *Nephelis*. Mais ces mouvements ne sont très-vifs que

(1) Robin, *loc. cit.*, p. 86.

pendant quinze à vingt minutes seulement, après quoi ils se ralentissent peu à peu, puis cessent tout à fait. A ce moment, on en voit beaucoup se rouler en cercle ou en spirale, quelques-uns sont tout à fait étendus, d'autres ont une extrémité recourbée en anneau. Dans les ovo-spermatophores contenant des ovules d'un développement peu avancé, on trouve également des spermatozoïdes roulés en cercle. Une fois devenus immobiles, les spermatozoïdes se liquéfient et l'*imprégnation* s'accomplit.

Il pénètre toujours un nombre de spermatozoïdes plus considérable qu'il n'est nécessaire pour la fécondation, « car on en retrouve entre l'embryon et la membrane vitelline, depuis l'époque où ils deviennent immobiles jusqu'à celle de l'éclosion » (1). C'est dans l'œuf des *Nephelis* que M. Robin a fait cette observation. Il a toujours trouvé, dans ce dernier cas, les spermatozoïdes moins nombreux qu'à l'époque où ils étaient encore doués de mouvement. C'est là chose naturelle, puisqu'il en est qui ont dû disparaître et se liquéfier pour servir à la fécondation (2).

Enfin, aussitôt après la liquéfaction des spermatozoïdes dans l'œuf, commence un phénomène qui,

(1) Robin, *loc. cit.*, p. 87.
(2) M. Lacaze-Duthiers dit avoir vu sur l'œuf du *dentale* les spermatozoïdes mobiles entre la membrane vitelline et le vitellus, à une époque où celui-ci avait déjà passé la période de fractionnement et était déjà couvert de cils (*Histoire du dentale*. Paris, 1858, p. 206). « Si ce fait est confirmé, dit M. Robin (*loc. cit.*, p. 86, note), ce mollusque fait certainement exception sous ce rapport aux animaux de cette classe et aux hirudinées. »

d'après M. Robin, peut, d'une espèce animale à l'autre, s'achever avant l'apparition des globules polaires, ou se prolonger jusqu'aux premières phases de la segmentation. « Cet acte, dit M. Robin, dont la description a été omise jusqu'à présent, n'a pas lieu sur les œufs non fécondés » (1). Il consiste en ce que les granules jaunâtres du vitellus deviennent rapidement plus volumineux, se rassemblent en se rapprochant un peu du centre du vitellus et subissent les modifications moléculaires, grâce auxquelles ils réfractent plus fortement la lumière. D'après M. Robin, ces particularités sont surtout frappantes chez les mollusques marins des genres *Turbo* et *Purpura*, chez les Glossiphonies (Annélides), etc. En effet, leurs granules vitellins, d'abord excessivement fins, acquièrent un diamètre de $0^{mm},008$ à $0^{mm},016$. Le phénomène est un peu différent chez les *Nephelis* et chez les *Hirudo*. On voit les granulations vitellines prendre la forme de gouttelettes foncées larges de $0^{mm},004$ à $0^{mm},006$, à contour net, puis s'entourer chacune d'une rangée de petits granules jaunâtres à centre brillant et à contour foncé.

Alors se produisent les mouvements de déformation et de giration du vitellus, la production des globules polaires, l'apparition par genèse du noyau vitellin, etc., etc. Ce dernier phénomène ne s'accomplit que dans le cas seulement où l'ovule a été fécondé.

Dès l'instant de la naissance du noyau vitellin, on ne peut véritablement plus considérer l'ovule comme un

_____

(1) Robin, *loc. cit.*, p. 107.

élément anatomique. Il est vrai qu'il en possède encore
la structure générale, en ce sens qu'il est constitué par
une membrane enveloppante et un contenu. Et pourtant, si l'on considère la disposition de ce contenu, qui
se compose d'une zone pleine d'un liquide clair, et du
vitellus ayant subi les modifications de structure que
nous savons; si l'on songe aux phénomènes de giration
et de déformation du vitellus, à la production des globules polaires, aux phénomènes de la fécondation, et
surtout à ce qu'il y a de caractéristique dans la disparition du noyau de la cellule ovulaire et dans son remplacement par un noyau qui est spécialement celui du
vitellus, on ne pourra refuser d'admettre qu'anatomiquement et physiologiquement l'ovule n'est plus un
élément anatomique. Son évolution ultérieure prouve
d'ailleurs surabondamment qu'il est devenu un organe
spécial ayant une structure et une fonction qui lui sont
propres. Par la disparition de la vésicule germinative
(noyau de la cellule ovulaire), l'ovule perd définitivement son individualité d'élément anatomique. Par la
naissance du noyau vitellin, qui n'a lieu qu'après la
fécondation, le vitellus acquiert une individualité nouvelle. Il devient un organe nouveau indépendant de la
membrane vitelline, comme le démontrent les phénomènes ultérieurs de son évolution. Il y a là succession
d'une individualité à une autre individualité. Ce n'est
plus la cellule ovulaire, l'ovule, qui est véritablement
l'organe, c'est le vitellus. Aussi devient-il, dès ce moment, le théâtre de cette série de phénomènes qui abou-
tissent à la naissance de l'être, et que nous avons dé-

crits au commencement de ce travail. Nous nous trouvons ainsi ramené à notre point de départ.

La naissance des éléments anatomiques et de l'embryon lui-même se confondent dans l'œuf : nous avons étudié dans nos deux premiers chapitres ce phénomène, ses conditions, ses résultats. Mais si l'organisme naît de l'œuf, l'œuf naît de l'organisme, et nous nous sommes occupé, dans ce chapitre même, de la naissance de l'ovule. Enfin, comme la naissance des éléments se continue chez l'adulte, nous l'avons, chemin faisant, décrite.

Au point de vue physiologique, la question de la naissance des éléments anatomiques est donc complétement épuisée.

CHAPITRE IV

Il nous reste à parler de la génération des éléments anatomiques dans les cas pathologiques ; c'est à la fois le complément et la conclusion pratique de ce travail. Le cadre que nous nous sommes tracé ne nous permet pas de traiter cette question avec tous les développements qu'elle comporte. Nous avons tenu cependant à en esquisser les traits les plus généraux. Cette étude suffira, croyons-nous, pour établir d'une façon irréfutable la nécessité de connaître l'état normal, si l'on veut retirer quelque profit de la connaissance de l'état morbide. « Les altérations, dit M. Robin, ne sauraient être appréciées sans la connaissance de l'état sain, l'anatomie pathologique n'étant qu'une des formes de l'anatomie comparative, n'étant que l'*anatomie de l'état morbide comparé à l'état sain*, la comparaison de l'organisation d'un même être observée dans des conditions différentes » (1).

(1) Robin, *Analyse du cours de philosophie positive d'Auguste Comte.* (*Journal d'anat. et de physiol.*, 1864, t. 1, n° 3, p. 324.)

La naissance des éléments anatomiques se produit chez l'adulte dans deux conditions accidentelles :

On l'observe lorsqu'un tissu normal a subi une perte de substance ou une solution de continuité; ce fait constitue ce qu'on appelle la *régénération* des tissus. (Pour les os, *formation du cal;* pour la peau, *cicatrisation,* etc.) Si le tissu qui naît dans ces conditions dépasse les limites du tissu normal, la production nouvelle prend les noms de *stalactites des cals irréguliers, chéloïdes cicatricielles,* etc.

On constate également la naissance d'éléments, de tissus, d'organes, en un point de l'économie où ils n'existent pas normalement. C'est ce qu'on appelle la naissance avec erreur de lieu, ou *genèse hétérotopique.* Il va sans dire qu'en une autre région de l'économie, on trouve des éléments, des tissus, des organes semblables aux éléments, tissus et organes nouveaux. Comme exemple de *genèse hétérotopique,* on peut citer la génération des *kystes dermoïdes* avec derme pourvu de papilles et d'épiderme, avec follicules pileux, poils et glandes pileuses sous-dermiques, avec glandes sudoripares sous-cutanées. La genèse des tumeurs cartilagineuses dans l'épididyme, par exemple, est encore un cas de cette nature, etc., etc. Dans ces deux cas, les conditions de la naissance des éléments ne sont plus ce qu'elles étaient à l'état normal; mais la propriété de naissance considérée en elle-même n'a subi aucune altération.

Cependant il peut y avoir excès, diminution ou aberration de la propriété de naissance, comme des propriétés de nutrition et de développement. 4° Dans certaines circonstances accidentelles de nutrition, les conditions de la naissance des éléments peuvent devenir telles, qu'il apparaisse un nombre d'éléments plus considérable qu'à l'état normal dans le tissu semblable au tissu nouveau. On donne le nom d'*hypergenèse* à cette production ou multiplication exagérée des éléments anatomiques. Nous verrons que toutes les espèces d'éléments ne sont pas également aptes à offrir cet excès de naissance. « Le fait seul de la cicatrisation eût dû faire songer à considérer la genèse des tumeurs comme une naissance d'éléments anatomiques en quantité exagérée, cette propriété se manifestant (par aberrance) sur un tissu autre que la peau. En effet, les tissus ont la propriété de renaître quand on les détruit, au même titre qu'ils étaient nés une première fois chez le fœtus, alors qu'ils n'existaient pas quelques instants auparavant. De même aussi ils ont la propriété de naître spontanément dans certaines conditions accidentelles, soit d'une manière exagérée dans le lieu où ils existent normalement, soit hors de leur situation normale. Ce dernier cas n'est autre, chez l'adulte, que l'analogue de celui de l'apparition des éléments du cartilage, des muscles, des nerfs, etc., dans l'embryon à un moment donné, lorsque, quelques instants plus tôt, il n'existait pas encore » (1).

(1) Robin, *Mémoire sur les divers modes de la naissance des éléments anatomiques* (*Journal d'anat. et de physiol.*, 1865, t. II, n° 2, p. 114, note). Ce chapitre tout entier n'est guère que le résumé succinct de ce mémoire.

2° Outre les cas d'hypergenèse, c'est-à-dire de naissance, en excès, d'éléments anatomiques en un point de l'économie où ils existent déjà normalement, il peut y avoir aberration de la propriété de naissance. Nous entendons par là la *genèse avec erreur de lieu*, ou *genèse hétérotopique*. Chez l'adulte, comme chez le fœtus, c'est la naissance d'éléments de plusieurs espèces dans des régions de l'organisme où normalement ils n'existent pas, qui amène la production de tumeurs morbides plus ou moins complexes (1).

Il importe de mentionner ici une loi générale qui domine tous les faits que nous venons d'indiquer : c'est que, dans les conditions accidentelles signalées, la génération des éléments anatomiques se passe exactement (quant au fait même de la naissance) de la même manière et avec les mêmes phases que dans les conditions normales. Lors même que la genèse se manifeste dans des régions où habituellement elle ne s'observe pas, ou lorsqu'elle amène l'apparition, en un point de l'économie, d'un élément qui ne s'y voit pas à l'état normal, les phénomènes de la genèse en eux-mêmes restent toujours identiques à ce qu'ils sont à l'état normal. Les seules particularités que présente l'élément né dans des conditions accidentelles, peuvent se réduire à trois :

(1) Comme le fait remarquer M. Robin, ce sont donc les troubles de la génération normale des éléments qui se trouvent être précisément la cause de la production de ces tumeurs. Aussi la seule raison pour laquelle on a pendant longtemps méconnu la cause et la nature de ces productions, c'est qu'il fallait, pour les apprécier, avoir des notions exactes sur la naissance des éléments anatomiques à l'état normal.

1° ou il est de même espèce que les éléments au milieu desquels il naît (tumeurs à myéloplaxes, par exemple), et subit, dans ce cas, l'hypergenèse; 2° ou il est de tous points semblable à quelque espèce normale; mais se montre dans des régions où il n'existe pas à l'état sain (génération de fibres lamineuses dans l'épaisseur de la pulpe cérébrale, etc.); 3° ou, enfin, « il est analogue, sans être identique, aux individus de telle ou telle espèce normale dont il constitue une variété acciden- telle » (1). (Tels sont les noyaux et les cellules qui, après l'ablation d'une tumeur mammaire, épididymaire, etc., naissent dans la cicatrice. Alors, en effet, ces éléments « sont semblables en eux-mêmes, et quant à leurs arran- gements, à ce qu'étaient devenus dans la mamelle ma- lade ses cellules et ses tubes sécréteurs ») (2).

En vertu de la même loi, quand un élément naît par scission dans les conditions morbides que nous avons indiquées, le phénomène de la scission en lui-même se passe exactement comme à l'état normal.

§ Ier. — DE L'HYPERGENÈSE DES ÉLÉMENTS ANATOMIQUES.

L'observation nous apprend que tous les éléments anatomiques n'ont pas une aptitude égale à offrir cet excès de naissance que nous avons appelé hypergenèse et d'où résulte leur multiplication exagérée. Les élé- ments qui paraissent le plus particulièrement aptes à

(1) Robin, *loc. cit.*, 1865, p. 116.
(2) *Ibid.*

devenir le siége de ce phénomène sont d'abord les produits, et au premier rang, parmi eux, ceux qui présentent l'état de cellule (tels que les diverses variétés d'épithéliums, etc.). Les constituants viennent ensuite ; et, parmi eux se rangent encore en première ligne tous ceux qui offrent l'état de cellule (éléments embryoplastiques, myéloplaxes, cytoblastions, myélocytes, etc.) ; au second rang se présentent ceux qui offrent l'état de fibres (tels que les fibres lamineuses surtout), puis la substance cartilagineuse, les éléments osseux.

Les éléments doués de propriétés végétatives sont les seuls dont l'hypergenèse soit accidentellement assez considérable pour qu'ils arrivent à constituer des tumeurs. « Les fibres cellules cependant qui sont des éléments contractiles, et les myélocytes qui probablement jouent un rôle dans l'innervation, sont parfois affectés d'hypergenèse au point de former les éléments fondamentaux de tumeurs que leur présence caractérise. C'est là, dit M. Robin, un fait remarquable et digne de l'attention des physiologistes comme des médecins, de voir que les éléments anatomiques doués au plus haut degré des propriétés de la vie animale, tels que les fibres musculaires striées et les tubes nerveux, ne se trouvent jamais dans les conditions accidentelles de cette hypergenèse, qui pour les autres espèces d'éléments anatomiques est la source habituelle de la production des tumeurs » (1).

Dans un tissu, c'est ordinairement l'une ou l'autre

----

(1) Robin, *loc. cit.*, p. 117.

espèce de ses éléments *accessoires* qui est affectée d'hypergenèse, et non l'espèce fondamentale (2). Cette hypergenèse d'un élément accessoire amène la production d'un tissu composé d'éléments d'une espèce normale, mais le plus souvent sans analogie de texture avec celui au sein duquel il est né. C'est le cas des tumeurs embryoplastiques dans le tissu lamineux, des tumeurs à myéloplaxes dans la moelle des os, des tumeurs à myélocytes dans la rétine, la substance grise du cerveau ou la moelle épinière. Comme le fait remarquer M. Robin, on méconnaîtrait infailliblement la nature de ces tumeurs (en connût-on la structure), « si l'on négligeait de prendre en considération la *loi des éléments accessoires* et

(1) Les différentes espèces d'éléments ne sont point distribuées dans l'économie d'une manière égale et uniforme. « Il est manifeste, dit M. Robin, que, selon l'énergie de leurs propriétés végétatives ou selon la nature de leurs propriétés animales, elles sont accumulées en quantité variable. » (Robin, *loc. cit.*, p. 117.) Il résulte de là que, dans les tissus formés par la réunion de plusieurs espèces, on en trouve toujours une qui est *fondamentale* et d'autres qui sont *accessoires*. Nous entendons *fondamentale* au point de vue de sa quantité; d'où il arrive que les propriétés qui sont propres à l'espèce d'éléments dont il s'agit deviennent les propriétés dominantes du tissu. Le terme *accessoire* s'entend également du nombre et du rôle physiologique des éléments en question. « Mais accessoire ne veut pas dire inutile, et la pathologie montre que bien des espèces accessoires sous le rapport de la quantité sont indispensables physiologiquement. » (Robin, *loc. cit.*, p. 118.) C'est le cas des noyaux embryoplastiques dans le tissu lamineux, des myéloplaxes dans le tissu de la moelle des os, etc. Ces éléments, quoique accessoires, sont solidaires des éléments fondamentaux au point de vue de la nutrition. Quand ils viennent à s'altérer, les éléments fondamentaux subissent invariablement une altération correspondante. Ce qui prouve que, s'ils jouent un rôle accessoire dans l'évolution physiologique du tissu dont ils font partie, ils sont cependant indispensables à l'accomplissement parfait et régulier de cette évolution.

leur disposition à être plus souvent affectés d'hypergenèse que les éléments fondamentaux d'un autre
tissu » (1). Ces tumeurs ont en effet pour facteurs deux
phénomènes morbides dont les notions précédentes,
seules peuvent donner la signification. Le premier fait
est l'hypergenèse d'éléments, d'où leur multiplication exagérée ; le second consiste en ce que l'hypergenèse rend
élément principal d'un tissu nouveau une espèce naturellement accessoire. Il arrive, d'autre part, que certains
éléments sont fondamentaux dans un tissu et accessoires
dans un autre. Les fibres lamineuses, par exemple, constituent l'espèce fondamentale du tissu lamineux et l'espèce accessoire du tissu musculaire ou glandulaire. La
loi que nous avons signalée persiste pour ces éléments.
Ils trouvent les conditions nécessaires à leur hypergenèse
plus aisément dans les tissus où ils jouent le rôle accessoire, que dans les tissus dont ils forment la partie fondamentale. Ils sont donc dans le premier cas, plus
souvent que dans le second, le point de départ de la
production d'une tumeur. « Ce produit est donc morbide au double titre de la multiplication outre mesure
de l'espèce d'élément qui domine en lui, et du passage
de celle-ci de l'état accessoire à l'état d'élément principal » (2). Aussi ce tissu pathologique, bien qu'analogue
aux tissus normaux constitués comme lui, présente des
caractères absolument différents de ceux que possède
l'organe au sein duquel il a pris naissance. C'est le cas
d'un lipome, d'une tumeur fibreuse, etc., naissant au

(1) Robin, *loc. cit.*, 1865, p. 118.
(2) Robin, *loc. cit.*, p. 119.

sein des muscles, des glandes, dont les cellules adipeuses et les fibres lamineuses sont des éléments accessoires. Quand l'hypergenèse des éléments accessoires est très-restreinte, elle ne suffit pas pour amener véritablement la production d'un tissu nouveau. Le résultat de cette multiplication est alors simplement une augmentation de masse et souvent de consistance de l'organe. Tel est le cas des tumeurs à myéloplaxes, ainsi que de l'hypergenèse du tissu fibreux et de la substance amorphe dans le tissu des lèvres du col utérin (engorgement et hypertrophie du col).

L'*hypergenèse* des éléments peut coexister avec une *hypertrophie* plus ou moins considérable de quelques-uns d'entre eux. Dans les tumeurs glandulaires, par exemple, en même temps qu'il naît de nouveaux culs-de-sac et de nouvelles cellules épithéliales (qui tapissent et remplissent ces derniers), on voit ces éléments augmenter de volume et dépasser les conditions normales. On observe encore ce phénomène dans les affections dites hypertrophie des tuniques musculaires de l'estomac, de la vésicule biliaire, de la vessie, etc.

« On voit donc, écrit M. Robin, que les phénomènes morbides sont des phénomènes complexes qui ne sauraient être interprétés exactement, si on les envisageait en eux-mêmes comme autonomes et indépendants, sans tenir compte des actes élémentaires normaux dont ils ne sont que la manifestation, dans des conditions différentes de celles qui président habituellement à leur accomplissement » (1).

(1) Robin, *loc. cit.*, 1865, p. 120.

§ II. — Aberration de genèse des éléments anatomiques.

Si, d'une part, les éléments anatomiques sont susceptibles d'hypergenèse en un lieu où ils existent déjà, il est également constaté qu'ils peuvent, par accident, naître dans des régions de l'économie où normalement ils n'existent point. C'est une véritable génération aberrante, une genèse avec erreur de lieu, dont le résultat est d'amener l'apparition de tumeurs plus ou moins complexes.

Tous les éléments en général peuvent être affectés de genèse hétérotopique. Nous avons déjà cité l'apparition des éléments du cartilage dans la parotide, l'épididyme, etc. Le tissu osseux est également susceptible de genèse aberrante, soit primitivement, soit quelquefois consécutivement aux éléments de cartilage. « Les éléments mêmes des nerfs, ainsi que les muscles de la vie animale et de la vie organique, peuvent naître avec erreur de lieu, comme le démontrent certaines tumeurs dites *tumeurs fœtales par inclusion* » (1). Les éléments de l'épiderme, surtout, présentent au plus haut degré la propriété de la naissance hétérotopique. Ils apparaissent sous la peau, les muqueuses ou les séreuses, tantôt seuls, tantôt avec les éléments du derme. Il leur arrive quelquefois, dans le premier cas, en l'absence des éléments du derme et de véritables papilles, de présenter la texture ou plutôt la forme papillaire telle qu'on la trouve dans les épithéliums de diverses régions. C'est en par-

(1) Robin, *loc. cit.*, 1865, p. 121.

ticulier ce qui arrive dans le cas de tumeurs épithéliales nées primitivement sous la peau, et restant sous-cutanées jusqu'au moment de leur ulcération ; car, « malgré ce fait, elles présentent dans l'arrangement de leurs cellules la disposition offerte par celle de l'épiderme cutané sur les papilles » (1).

Nous avons dit que les éléments anatomiques naissent toujours en assez grand nombre à la fois, et qu'ils arrivent à constituer un tissu déterminé, en prenant, dès leur apparition, un arrangement réciproque en rapport avec leur état de cellules, de fibres, etc. Ce fait n'est, après tout, qu'une des conditions générales de la naissance des éléments anatomiques, une des lois qui régissent la manifestation de la propriété de naissance. Il n'est donc pas étonnant de retrouver cette loi dominant les faits de genèse aberrante et d'observer simultanément la naissance de plusieurs espèces d'éléments offrant la même disposition les uns vis-à-vis des autres, la même texture, en un mot, qu'à l'état normal. C'est ainsi qu'on voit naître par genèse hétérotopique les tubes propres des glandes en même temps que les épithéliums les tapissant comme à l'ordinaire. Ces éléments représentent ainsi, sous forme de tumeurs, des lobes entiers d'un tissu analogue à celui de la mamelle, de la parotide, des glandes sébacées, des tubes épididymaires ou testiculaires (2). Le plus souvent les tubes, au lieu d'être

(1) Robin, *loc. cit.*, 1865, p. 121.
(2) Cette genèse s'observe, soit dans l'épaisseur des glandes (c'est alors simplement un cas d'hypergenèse), soit dans leur voisinage (c'est alors une genèse aberrante). Dans ce dernier cas, la tumeur

seulement tapissés par les éléments épithéliaux, sont véritablement remplis de noyaux et de cellules juxtaposés. Ils représentent alors des cylindres pleins. Dans ce cas, « les cellules comme les tubes reproduisent dans leurs dimensions, leur structure, leurs formes (même quand elles sont développées outre mesure), les caractères qu'on observe sur les mêmes parties de l'organe primitivement malade » (1). Au moment de leur naissance, dans ces conditions morbides, les éléments sont analogues, même identiques à ceux qu'on trouvait dans l'organe avant qu'il fût malade. « Mais leur développement rapide les conduit en peu de temps à s'éloigner de cet état et à prendre les dispositions qu'on observe dans les noyaux ou les cellules correspondants de la mamelle, de l'épididyme, etc., dont l'état morbide a suscité leur genèse » (2). En un mot, ce tissu de nouvelle formation (dont la seule naissance dans un lieu où normalement il n'existe pas, marque une perturbation des propriétés de

produite peut se trouver plus ou moins loin de l'organe, qui parfois reste normal et d'autres fois est directement altéré. « En outre, dit M. Robin (*loc. cit.*, p. 122), dans ces conditions-là, au sein des ganglions lymphatiques correspondant à l'organe devenu primitivement le siége de l'hypergenèse, on voit naître des tubes glandulaires ramifiés et terminés en cæcums de même forme et de mêmes dimensions que dans l'organe précédent. »

(1) Robin, *loc. cit.*, p. 122.

(2) Robin, *loc. cit.*, p. 122. C'est à ces éléments arrivés à ce degré d'évolution morbide qu'on a donné les noms d'*éléments du cancer*, *noyaux* ou *cellules cancéreuses, carcinomateuses, squirrheuses*, etc., d'après les caractères du tissu où on les trouve. Ces tissus ont aussi été appelés *hétéromorphes* ou *hétérologues*. Il n'y a pas dans l'économie d'éléments hétéromorphes, c'est-à-dire distincts des espèces normales; dès lors il ne saurait exister de *génération hétéromorphe* (ou *hétéropla-*

l'organisme) peut présenter dans ses éléments les mêmes
états morbides que le tissu normal dont il est l'analogue.

Il y a donc là deux phénomènes connexes : aberration dans la propriété de naissance, puis aberration dans
le développement des éléments mêmes qui sont nés par
genèse hétérotopique. C'est ce qui fait que les cellules
épithéliales offrent dans leur propre développement les
mêmes aberrations que celles présentées par les épithéliums des organes précédents devenus malades. Il y a
donc corrélation, jusque dans leurs états pathologiques,
des propriétés de développement et de naissance. Ce fait
est révélé par l'examen des manifestations de ces deux
propriétés, tant sur l'organe malade que sur le tissu
morbide analogue à ce dernier, et produit hétérotopi-
quement. Le tissu dont la production est due à cette perturbation de genèse se trouve offrir ainsi ces deux signes
particuliers : de n'exister pas à l'état normal dans le lieu
où il naît et de n'être semblable à aucun tissu normal.

sie, Lobstein), ou mode de naissance particulier à l'état morbide, et
différent de ce qu'on observe à l'état normal. « On a supposé l'existence de tissus hétéromorphes ou hétéroplastiques (Lobstein, Burdach),
faute de connaître les phénomènes de la génération des éléments,
faute de savoir jusqu'à quel degré peuvent s'étendre leurs aberrations,
comparativement aux phases normales de leur développement ; faute
de pouvoir rattacher les divers états morbides aux états normaux dont
ils dérivent. Ainsi ces mots et ceux de _cancer_, de _cellules cancéreuses_,
squirrheuses, ou leurs analogues, ne représentent, par conséquent,
qu'un état, une phase d'évolution accidentelle ou morbide de diverses
variétés d'épithéliums le plus souvent, et quelquefois des myéloplaxes
et des noyaux embryoplastiques ; mais ils ne désignent pas une espèce
déterminée et distincte, tant d'élément que de tissu, ne pouvant être
rattachée aux tissus naturels par sa structure, son évolution et ses
autres propriétés. » (Robin, _loc. cit._, p. 122.)

(Nous avons dit que ces éléments étaient les analogues
de ceux de la mamelle, du testicule, etc., diversement
déformés par leur évolution morbide.)

Mais les tubes glandulaires et les cellules qui les tapissent peuvent naître, en offrant une texture analogue
à celle des glandes, dans des régions dépourvues de
glandes, et alors qu'aucun des organes d'une région
voisine n'est malade. De là l'apparition, sous forme
de tumeurs, d'un tissu ayant son analogue dans l'économie, mais non dans ce lieu. Les éléments de ce tissu
né par génération hétérotopique offrent une texture
analogue à celle des *glandes acineuses* en général. Cependant il faut dire que les épithéliums qui tapissent ces
tubes glandulaires ne peuvent être identifiés avec aucun
des épithéliums glandulaires, « bien qu'il leur soient
analogues. Ces épithéliums (ceux du tissu morbide) sont
disposés en filaments pleins ou creux, ramifiés en forme
de doigts de gant, ou présentent d'autres dispositions
plus ou moins ressemblantes à celles des acini, sans
qu'on puisse pourtant les dire absolument identiques
avec ceux d'aucune glande normale » (1).

Est-il besoin de dire que cet ensemble de notions sert
de base à une interprétation des lésions organiques absolument différente de l'interprétation proposée par
ceux qui se refusent à tenir compte de ces importantes
données scientifiques? M. Robin dit très-justement :
« Avec un ensemble de données pareilles : 1° sur les
caractères des éléments anatomiques et sur leur évolu-

---

(1) Robin, *loc. cit.*, p. 124.

tion; 2° sur la manière dont ils composent les tissus; 3° et surtout sur leurs modes de naissance et sur les conditions dans lesquelles celle-ci se manifeste, on doit nécessairement juger les mêmes faits tout autrement que ceux qui croient pouvoir s'exempter de ce prélimi-naire difficile. Combien aussi ces interprétations rappro-chées de la nature réelle des phénomènes que dévoile l'observation, ne sont-elles pas plus satisfaisantes pour l'esprit et n'élèvent-elles pas plus nos idées que l'hypo-thèse étroite d'une nature unique dans les produits mor-bides les plus divers : hypothèse d'après laquelle on sup-posait que ces produits devaient être sans analogie de structure ni de propriétés avec les tissus mêmes de l'éco-nomie, dans l'intimité desquels ils étaient nés » (1).

(1) Robin, *loc. cit.*, p. 124. Dès qu'on eut constaté l'existence d'éléments anatomiques de diverses espèces (Lebert, 1844), dans les tissus que Laennec avait considérés comme étant sans analogue dans l'économie, beaucoup d'auteurs nièrent la spécificité de ces éléments. C'est ainsi que plusieurs regardèrent les éléments dits du cancer comme des cellules épithéliales modifiées, et non pas comme des élé-ments hétéromorphes. « Mais cette notion, donnée ainsi d'une manière isolée, ne pouvait suffire pour changer l'ordre des idées admises tant que restaient inconnus les faits relatifs : 1° à l'arrangement réciproque de ces éléments sous forme de cul-de-sac; 2° aux lois de la naissance d'éléments identiques, et semblablement disposés dans les ganglions et dans d'autres parties encore; tant qu'en un mot on ne pouvait savoir ce que représentent ces masses de tissus divers qui naissent simulta-nément ou successivement, ni comment elles se lient par leur struc-ture et leur mode de naissance à la structure et à la genèse des tissus normaux. » (Robin, *loc. cit.*, 1865, p. 125.)

Laennec faisait deux divisions du tissu morbide. Dans la première, il comprenait tous les *tissus accidentels qui ont des analogues dans les tis-sus naturels.* « On pourrait même dire, ajoute-t-il, que tous les tissus qui, dans l'état sain, composent le corps humain (*si l'on en excepte*

§ III. — DES CONDITIONS INDIRECTES OU ÉLOIGNÉES DE
L'EXCÈS ET DE L'ABERRATION DE LA GENÈSE DES ÉLÉ-
MENTS ANATOMIQUES.

La production des tumeurs peut donc être due à deux
causes : ou à une hypergenèse d'éléments existants dans
un tissu normal, le plus souvent à titre d'éléments accessoires ; ou à une genèse d'éléments, avec ou sans
erreur de lieu, et compliquée ou non d'aberration de
leur développement. Dans ces deux cas, d'ailleurs, nous
avons à tenir compte de ce fait, que dès leur naissance
les diverses espèces d'éléments présentent un arrangement relatif, ou texture, en rapport avec leur forme
de cellules, de fibres, etc.

Ces tissus morbides se trouvant ainsi rattachés de la
façon la plus simple et la plus naturelle aux tissus normaux, il est à peine besoin de dire que la naissance des éléments se fait dans les productions pathologiques, d'après les mêmes lois, dans les mêmes
conditions, avec les mêmes phases qu'à l'état normal.

cependant les PARENCHYMES de quelques viscères) peuvent être produits
par suite d'un état morbifique. » (Laennec, Note sur l'anatomie pathologique, in Journal de médecine de Corvisart. Paris, an VIII, t. IX,
p. 368.) Selon lui, les productions ayant des analogues dans l'état
normal ne deviendraient nuisibles qu'à raison de leur position ou de
leur volume. Il fait rentrer dans sa seconde division les tissus accidentels qui n'auraient point d'analogues parmi les tissus naturels de l'économie animale et qui ne pourraient exister que par suite d'un état
morbifique.

Y a-t-il hypergenèse : le tissu malade se reproduit exactement comme il le fait chez l'embryon, chez l'adulte,
ou encore après une perte de substance. Y a-t-il génération hétérotopique : la naissance des éléments se fait
de toutes pièces par genèse, comme à l'état normal,
qu'il y ait ou non aberration de développement. Jamais,
dans ce cas, les éléments nouveaux ne peuvent provenir
directement, par métamorphose ou scission, des éléments préexistants au sein du tissu où se manifeste cette
genèse accidentelle. Il n'y a que l'examen anatomique
des éléments sous les trois points de vue embryonnaire,
normal et morbide, qui puisse nous révéler ces notions
importantes, et nous faire comprendre comment ces
phénomènes et ces lésions se rattachent tous à des états
déterminés des éléments et des tissus qui dérivent de
l'état normal par une série de transitions insensibles.
« Dès qu'on sait, écrit M. Robin, comment relier chacun de ces phénomènes à son point de départ, leur
multiplicité ne fait qu'établir une gradation plus parfaite
entre l'état normal et l'état morbide, en comblant les
différences qui d'abord semblent les séparer.

» En renversant complétement les hypothèses qui ont
dominé jusqu'alors, l'examen de la réalité ne laisse plus
de place à l'arbitraire et conduit à déterminer, pour
chaque altération observée, l'élément anatomique qui la
caractérise et la perturbation de celle de ses propriétés
qui en a été la cause » (1). C'est par cette méthode
qu'on arrive à connaître que l'hypergenèse d'un *élément*

(1) Robin, *loc. cit.*, p. 127.

accessoire donne lieu à l'apparition d'un tissu nouveau, et à s'expliquer comment il ne présente aucune analogie d'aspect extérieur avec les tissus au sein desquels il est né ou même avec un tissu quelconque de l'économie, bien qu'il ne soit composé que d'éléments normaux (tumeurs à myéloplaxes, etc.). C'est le même examen qui montre l'hypergenèse des éléments de la mamelle, de l'épididyme, etc., survenant seule ou se compliquant d'aberration du développement de ces mêmes éléments. Les caractères extérieurs de l'organe et du tissu se trouvent ainsi complétement changés : aussi ne saurait-on comprendre leur évolution aberrante qu'à la condition d'avoir suivi leur évolution normale. On ne saurait manquer, sans cela, de méconnaître les analogies de texture qu'ils conservent encore avec le tissu au milieu duquel ils se produisent, ou dont ils sont une *modification pathologique directe*. Mais il y a plus, c'est encore ce même examen anatomique qui apprend que, dans les ganglions lymphatiques correspondant aux parenchymes, aux papilles cutanées, etc., ainsi altérés, il y a genèse avec erreur de lieu de tissus, ayant le même aspect extérieur, la même texture et les mêmes éléments que les tissus apparus dans l'organe naturel, par hypergenèse et par développement anormal des éléments de ce dernier. « Ainsi la naissance en excès, avec troubles dans l'évolution des éléments d'un tissu normal, devient une des conditions de la genèse d'éléments semblables dans les tissus voisins » (1). On s'explique d'ailleurs très-bien

_____

(1) Robin, *loc. cit.*, 1865, p. 128.

que le tissu nouveau apparu dans une région où nul
tissu semblable n'existe normalement, soit doué d'une
texture déterminée ; car on sait que la propriété de naître
est connexe chez les éléments avec celle d'offrir un arrangement réciproque en rapport avec leur structure
de cellules, de fibres, etc., de telle ou telle variété ;
que, du reste, cette génération en excès, ce développement anormal, ne restent pas toujours bornés à l'organe
dans lequel ils se sont manifestés d'abord, ni aux ganglions lymphatiques qui lui correspondent ; c'est là un
phénomène naturel et qu'on peut interpréter aisément.

Les troubles de la nutrition, qui amènent l'hypergenèse
et l'évolution anormale des éléments naissants, sont des
phénomènes moléculaires généraux comme la nutrition
elle-même. Ce fait explique très-bien comment un tissu
morbide peut apparaître dans un organe éloigné de celui
où il s'est montré tout d'abord. C'est à ce phénomène
qu'on a donné le nom de *généralisation des tumeurs*.
Ainsi, quand un produit pathologique se *généralise*, ce
n'est pas une propriété nouvelle qui entre en jeu et qui
serait distincte des trois propriétés fondamentales « de la
substance organisée (dites végétatives). Il n'y a là qu'une
extension, un degré plus avancé ou une manifestation
progressive de la perturbation de la nutrition (ou état
morbide général), qui est la condition de l'hypergenèse
et des troubles du développement des cellules, des
fibres, etc. » (1). La généralisation des tumeurs n'est
donc point due, comme on l'avait pensé, à une pro-

(1) Robin, *loc. cit.*, p. 128.

priété particulière inhérente à une espèce d'éléments qui était étrangère à l'économie normale.

Le même ordre de notions nous permet d'expliquer également ce qu'on entend par *récidive* d'une tumeur. Il suffit de se rappeler que la cicatrisation est une régénération d'éléments anatomiques, par conséquent de tissus, et que la génération des tissus n'est qu'une genèse répétée d'éléments anatomiques. « Or, de même que la peau, organe de structure complexe, se cicatrise, c'est-à-dire se régénère, un parenchyme, comme tout autre tissu doué seulement de propriétés végétatives, se reproduit plus ou moins complétement ou irrégulièrement » (1). Ce fait est suffisamment démontré par les expériences qu'on a faites chez les animaux sur l'ablation des glandes telles que la rate par exemple. « C'est ce que montrent plus souvent encore la mamelle, la parotide, le testicule, lorsqu'ils sont enlevés ; et sous ce rapport, ce que nous appelons *récidive* d'une tumeur n'est autre chose qu'une cicatrisation ou régénération de la glande par les mêmes raisons qu'a lieu celle de la peau » (2).

Mais, comme le fait remarquer M. Robin, enlever une tumeur ou le derme ulcéré par suite de la genèse en excès et du développement anormal d'éléments anatomiques, ce n'est pas traiter ces affections, c'est-à-dire l'état général, qui est après tout la seule cause de ces phénomènes. Aussi voit-on le tissu qui se reproduit naître avec les caractères du tissu normal, de la ma-

(1) Robin, *loc. cit.*, p. 129.
(2) *Ibid.*

melle, de la parotide, etc., puis prendre rapidement de
proche en proche les caractères du tissu malade enlevé.
La raison en est que la régénération des éléments se fait
dans les mêmes conditions anormales qui avaient déjà
donné lieu à l'hypergenèse directe des éléments de l'organe sain. Dès lors leur développement se fait également
d'une manière anormale au point de vue de la forme, de
la structure, etc. La régénération morbide de l'épiderme,
appelée *récidive sur place* des tumeurs épithéliales, est encore un fait de même ordre. Le trouble persistant de la
nutrition explique aussi bien la récidive que la généralisation des tumeurs, c'est-à-dire une production et une
évolution aberrante d'éléments, après comme avant
l'enlèvement d'une tumeur. L'explication demeure la
même, que la récidive ait lieu dans le tissu qui s'est
d'abord réparé normalement (tumeurs épithéliales réci-
divant dans la cicatrice), ou dans du tissu de même
espèce que celui qui formait la tumeur, mais dans une
autre région (production d'une tumeur dans la seconde
mamelle après l'ablation de la première pour la même
affection), ou même dans un tissu d'espèce différente
(production d'un tissu analogue à celui des tumeurs mam-
maires, avant ou après opération), dans les ganglions
lymphatiques correspondants, les tissus lamineux, musculaire, etc. (1). Ces phénomènes sont des faits de ge-

_____

(1) C'est à cette *régénération des tumeurs*, successive ou simultanée,
sur place ou dans diverses régions, qu'on a donné les noms de *pullula-
tion, répullulation, récidive répétée, généralisation de tumeurs*, etc.
A-t-elle lieu : on dit que la tumeur est *maligne ;* manque-t-elle de se
produire : on dit que la tumeur est *bénigne.* « Ces expressions viennent

nèse hétérotopique, et rien de plus. Les éléments de ces
tumeurs, après avoir traversé les phases d'une genèse
qui s'accomplit dans des conditions normales, deviennent
souvent le siége d'aberrations de développement, semblables à celles que subissent les parenchymes normaux
(mamelles, parotides, pancréas, testicules, etc.). Aussi,
à ce moment, leurs éléments ne peuvent plus être identifiés avec ceux d'aucune espèce de glande normale.
Mais ces phénomènes morbides, qui sont au fond du
même ordre, portent sur des espèces ou des variétés d'é-
léments qui diffèrent, et les tumeurs qui en résultent,
bien que conservant un fond d'analogie, offrent des caractères dissemblables suivant le tissu qu'elles repré-

de ce qu'on a supposé que cette régénération indiquait particulièrement quelque vice importé du dehors dans l'économie et se manifestant par des produits nuisibles ou de mauvaise nature. » (Robin, *loc.
cit.*, p. 131.) En réalité, la généralisation des tumeurs n'est qu'une
maladie d'un *système*, que l'hypergenèse des éléments de telle ou telle
espèce en plusieurs points à la fois ou successivement. Comme le dit
M. Robin, il n'y a rien là de plus étonnant que de voir des varices
affecter le système veineux dans un grand nombre de régions, ou le
système artériel présenter des anévrysmes multiples.

De quelque nom, d'ailleurs, qu'on nomme ce phénomène, il ne faut
põint le regarder comme le résultat d'une propriété nouvelle acquise
par la substance organisée ; ce n'est qu'un trouble de la propriété de
naissance, et rien de plus. Il n'y a là qu'un phénomène naturel « dont il
s'agit d'observer les modifications accidentelles en les rattachant à leur
point de départ naturel. » (Robin, *loc. cit.*) La *récidive* ne saurait être
mise au nombre des caractères des tumeurs. Une tumeur s'est produite une fois, son ablation n'enlève certainement pas la cause de sa
naissance, tant qu'il reste dans l'économie des éléments semblables
aux siens, puisque c'est la perturbation des propriétés de ces éléments
qui cause toute la maladie. La tumeur se reproduit donc une seconde
fois au même titre qu'elle est apparue une première fois.

sentent. « On retrouve, en un mot, entre les produits morbides des divers tissus étudiés comme on le ferait de leurs éléments sains, les analogies qui font dire des uns que ce sont des glandes de telle ou telle variété, des autres, que ce sont des tissus proprement dits de telle ou telle classe » (1).

Si donc on avait connu les caractères réels des éléments sains et altérés, on n'eût jamais admis, par hypothèse, dans les tissus les plus divers, l'unité absolue de nature anatomique d'un produit attaquant tous ces tissus de la même manière. Il y a, si l'on veut, similitude dans la perturbation et dans la nutrition, en ce que les phénomènes résultant de cette perturbation ne sont jamais qu'une genèse et une évolution aberrantes; mais les éléments qui en sont affectés varient comme les tissus. « On voit ici, dit très-justement M. Robin, à la fois le danger et l'inutilité d'invoquer l'intervention de causes étrangères venant se fixer dans l'économie pour déterminer ces lésions, lorsque l'observation démontre que celles-ci dérivent directement d'un trouble des propriétés naturelles de la substance organisée » (2).

(1) Robin, *loc. cit.*, p. 132.
(2) *Ibid.*

§ IV. — Des conditions directes de l'excès et de l'aberration de la genèse des éléments anatomiques.

Ces conditions sont absolument de même ordre que celles qui président à la naissance des éléments de l'état normal (1).

Mais il reste à savoir quels sont les troubles de nutrition qui agissent sur les éléments préexistants, de manière à faire entrer une ou plusieurs espèces d'entre eux en voie d'hypergenèse. On doit se demander encore quels sont les troubles qui rendent anormal le dévelop-

(1) « La loi de l'identité du développement embryonnaire et du développement pathologique a été formulée par Jean Müller, qui s'appuyait sur les travaux de Schwann. » (Virchow, *Pathologie cellulaire*, traduit par Paul Picard. Paris, 1861, p. 335.)

Cette loi est certainement vraie ; mais il ne faut pas oublier que Müller, que Virchow, etc., s'appuient, pour la démontrer, sur la théorie d'après laquelle tous les tissus du corps humain dériveraient, par *métamorphose*, d'un tissu partout répandu dans l'organisme. D'après Virchow, ce tissu serait le *tissu conjonctif*, qu'on peut, dit-il, « regarder comme le *tissu germinatif* par excellence du corps humain. » (*Loc. cit.*, p. 334.)

« Cette hypothèse étant inexacte, dit M. Robin, ne saurait, par conséquent, servir de point d'appui à cette idée vraie pourtant, que les cas pathologiques reproduisent dans leurs phases essentielles certains des phénomènes de l'évolution normale ; que les premiers se rattachent à la seconde, dont ils sont un cas particulier ; qu'ils ne peuvent être bien interprétés que lorsqu'on connaît celle-ci, car les produits morbides, étant en voie incessante d'évolution, présentent des éléments à tous les degrés de développement. » (Robin, *Mémoire sur la naissance des éléments anatomiques*, t. I, n° 4, p. 357, in *Journal d'anatomie et de physiologie*.)

pement des éléments préexistants ou nés par hypergenèse?

M. Robin, qui se pose ces deux questions, répond que
ces causes se divisent en générales et locales, et parmi
ces dernières il cite le trouble de la circulation des capillaires nommé *inflammation*. Quand l'inflammation se
manifeste, l'apport des matériaux habituellement fournis aux éléments anatomiques se trouve modifié. La nutrition de ces derniers subit une perturbation corrélative. « L'influence qu'ils exercent alors dans la genèse
par interposition, comme dans celle dite par apposition
ou sécrémentitielle, se trouve changée » (1). La quantité
et la composition immédiate des principes fournis par
les vaisseaux capillaires diffèrent de ce qu'elles étaient à
l'état normal. « Ces changements suffisent, dit M. Robin, pour amener, selon le degré où ils sont arrivés, soit
l'hypergenèse de certains des éléments existants (comme
les éléments embryoplastiques, les fibres lamineuses ou
la multiplication même des capillaires), soit la naissance
d'éléments différents de ceux qui préexistaient dans le
tissu dont il s'agit ou à sa surface, tels que les leucocytes (2), etc. Ils suffisent également pour modifier le

---

(1) Robin, *loc. cit.*, p. 133.

(2) C'est ce qui arrive dans la production du pus, qui est, comme
on sait, le résultat de la double naissance simultanée : 1° d'une matière liquide ou demi-liquide de production hétérotopique et accidentelle; 2° de leucocytes. Ces derniers naissent par genèse hétérotopique
à l'aide et aux dépens des principes immédiats de la substance
amorphe, au fur et à mesure de sa production. Nous avons déjà dit
que le terme de *sécrétion* ne pouvait s'entendre des éléments anatomiques; on doit dire la *génération* ou la *production*, et non la *sécrétion*
du pus. (Voy. M. Robin, *Programme du cours d'histologie*, p. 124-137.)

développement des éléments du tissu ou même de ceux qui naissent en excès, quand les phénomènes inflammatoires se prolongent plus ou moins longtemps ou avec plus ou moins d'intensité après leur naissance » (1).

Enfin, M. Robin ajoute que l'examen de la structure des produits morbides (tumeurs, ulcères, etc.), a souvent montré qu'il n'y avait aucune trace d'inflammation dans leur voisinage, bien qu'ils fussent regardés par beaucoup comme des produits d'inflammation chronique. C'était uniquement une hypergenèse, avec aberration de développement des éléments des glandes, des épithéliums, etc. Les causes de ces phénomènes sont encore à déterminer, ou rentrent dans l'ordre de celles que nous allons dire.

Il y a des causes générales qui peuvent modifier les éléments de manière à amener au milieu d'eux l'hypergenèse d'éléments nouveaux et rendre anormal le développement de ces éléments en changeant l'état des humeurs. Ces causes sont encore peu connues. On sait qu'elles agissent lentement et ne modifient que graduellement les principes fondamentaux des humeurs. Elles sont produites par des conditions de milieu mauvaises (atmosphère viciée, usage prolongé d'une alimentation de mauvaise nature, etc.), et, après avoir agi pendant longtemps, amènent l'organisme à un état héréditairement transmissible. Les caractères spéciaux de ces états généraux des humeurs ne sont encore connus que par leurs effets, c'est-à-dire par les modifications indivi-

(1) Robin, loc. cit., p. 133.

duelles qu'ils apportent dans la masse des phénomènes physiologiques et pathologiques (affections internes). Encore observe-t-on, d'un individu à l'autre, des différences très-tranchées que rien ne pouvait faire prévoir, soit dans la rapidité, soit dans l'intensité des phénomènes morbides ou symptômes manifestés par tel ou tel appareil. « Ce sont ces différences qui font dire l'affection *bénigne* ou *maligne*, de *bonne* ou de *mauvaise nature* ; non pas que des causes différentes soient intervenues chez chacun des individus affectés, mais parce que leur constitution personnelle diffère en quelques points, sous le rapport de l'état moléculaire des humeurs et des éléments anatomiques » (1).

Ce sont ces causes mêmes qui amènent l'hypergenèse et le développement anormal des éléments. Ces phénomènes ne dépendent pas de qualités nouvelles spéciales à l'élément anatomique qui naît et se développe : ils sont amenés par un état général (héréditaire ou acquis) des humeurs et des éléments normaux, état plus ou moins favorable à l'hypergenèse ou au développement anormal de tel ou tel élément, ainsi qu'à la durée plus ou moins longue des phénomènes. « Ce ne sont donc pas les fibres ou les cellules multipliées en excès et développées anormalement qui portent en elles des qualités spécifiques nuisibles ou bénignes pour l'individu dans les tissus duquel on les voit naître ; mais c'est ce dernier qui est dans des conditions bonnes ou mauvaises déterminant la naissance ou le développement anormal

(1) Robin, *loc. cit.*, p. 135.

de ces éléments anatomiques. C'est en lui, c'est dans son état général constitutionnel, héréditaire ou acquis, et non dans l'espèce de fibre ou de cellule qui s'est multipliée au point de former une tumeur, qu'il faut chercher la cause de cette hypergenèse rapide ou lente, dans une seule ou dans plusieurs régions, simultanément ou successivement, pendant toute ou une partie de la durée de la vie. C'est en un mot l'organisme tout entier, qui est de bonne ou de mauvaise nature, et non telle espèce d'élément en particulier, qui viendrait modifier l'organisme » (1). En un mot, ce n'est pas la présence du tissu morbide qui altère la constitution de l'économie; il est l'effet de cette altération et non la cause. Il faut chercher cette dernière dans l'état moléculaire des humeurs et des éléments (2). Selon la constitution individuelle et l'état général ou moléculaire des sujets atteints, les propriétés de génération et de nutrition sont, pour une même espèce d'éléments, plus ou moins énergiques ; et les produits morbides prennent plus ou moins vite la place des éléments normaux dont ils déterminent la disparition. « Ce n'est pas à tel ou tel élément anatomique qu'on doit attribuer la *gravité* ou la *bénignité* de la marche locale des tumeurs ou leur généralisation : au-

(1) Robin, *loc. cit.*, p. 135.

(2) « Ici encore la pathologie des affections dites internes et externes devient une. Il y a cette seule différence, que les premières sont une manifestation de l'état accidentel du sang, un trouble des propriétés des humeurs, tandis que les autres sont une manifestation de l'état anormal des éléments anatomiques solides ou demi-solides, amorphes ou figurés, une perturbation de leurs propriétés fondamentales. » (Robin, *loc. cit.*, p. 136.)

cun d'eux sous ce rapport ne jouit de qualités spécialement nuisibles. C'est l'état de la constitution individuelle
innée ou acquise, qui fait ici, comme pour la variole,
la scarlatine, la fièvre typhoïde, que tel ordre de lésions
se manifeste plutôt que tel autre et offre une gravité considérable ou nulle » (1).

Dans les affections des liquides, comme dans celles des
solides, ces lois sont donc au fond de même ordre.
« Les lois de la physiologie pathologique, comme celles
de l'anatomie pathologique, sont de même ordre dans
les affections internes que dans les maladies chirurgi-
cales ou externes ; principalement en ce qui concerne la
genèse des produits accidentels, par lesquels se manifeste l'état général de la constitution, ou l'état de nutrition de tel ou tel organe » (2).

En ce qui concerne particulièrement les tumeurs, il
ressort de ce que nous avons déjà dit, qu'on ne peut pas
les considérer comme de simples accumulations d'élé-

---

(1) Robin, *loc. cit.*, p. 136.

(2) Robin, *loc. cit.*, p. 136. M. Robin ajoute : « On comprend
enfin que c'est pour avoir méconnu les divers états successifs par lesquels passent les éléments anatomiques figurés, les propriétés diverses
dont ils jouissent et les degrés possibles des perturbations de ces propriétés, que quelques auteurs ont pu, sous le nom d'*humorisme*, ne
faire dériver les troubles de l'économie que des modifications des humeurs seules.

Mais c'est surtout en étudiant les tissus que cette question devra être
examinée, comme c'est en décrivant les humeurs que peut être établie la solidarité de composition et de production des humeurs et des
solides, car c'est pour avoir méconnu la composition et les propriétés
des premières que l'on a pu songer à ne faire provenir les affections
morbides que de lésions survenues dans les solides : d'où le nom de
solidisme.

ments anatomiques, sans ordre ni règle. Elles ont si
bien une texture spéciale, il est si vrai que leurs éléments
sont tissus d'une manière déterminée, qu'au dire de
M. Robin, « on doit considérer certaines d'entre elles
comme des organes accidentels particuliers, nés d'une
manière anormale chez l'adulte, d'après les mêmes lois
que celles qui président à la naissance des anomalies de
nombre de divers organes chez l'embryon » (1). M. Robin étend même ce principe aux tumeurs analogues aux
glandes, mais qu'on ne peut assimiler à aucune des espèces de glande normale : il les considère comme de véritables organes parenchymateux. « La génération de
ces tissus, dit-il, constitue des *anomalies de nombre* des
organes de la vie végétative, qui ne sont pas soumises à
la régularité des lois connues sous le nom de *principe
des connexions*, telle que nous l'offre la tératologie des
organes de la vie animale » (2).

On peut considérer ces faits comme des exemples de
monstruosités par générations d'organes particuliers qui
se produisent chez l'adulte, au lieu d'avoir une origine
blastodermique (comme c'est le cas de la plupart des
anomalies des organes de la vie animale et de ceux de
la vie végétative non parenchymateux). Ce qui contri-
buerait à corroborer cette idée, c'est que les éléments
de ces tissus, après avoir pendant longtemps présenté
une grande analogie avec les éléments des tissus sains,
peuvent offrir dans certaines conditions les altérations
que subissent les éléments normaux.

(1) Robin, *loc. cit.*, p. 137.
(2) *Ibid.*

§ V. — De l'envahissement (1).

De la multiplication exagérée des éléments anatomiques résulte la substitution des éléments nés en excès aux éléments normaux contigus qui s'atrophient et disparaissent. « De là provient un fait commun à l'état pathologique et à l'état normal dans lequel seulement il été peu remarqué : c'est l'*envahissement* du tissu d'un organe par celui d'un autre organe, qui d'après cela semble détruire, ronger ou éroder le premier » (2). L'*envahissement*, pas plus que la *généralisation* ou la *récidive*, ne constitue une propriété particulière des éléments anatomiques. Ce phénomène a simplement sa cause dans une perturbation des trois propriétés végétatives. Tout élément, et par conséquent tout tissu qui se nourrit plus énergiquement que ceux auxquels il est contigu, se développe et se reproduit plus rapidement

---

(1) Ce chapitre tout entier n'étant, comme nous l'avons déjà dit, que le résumé d'un article de M. Robin, nous avons cru devoir reproduire les cinq chefs principaux de son travail. Nous renvoyons, du reste, le lecteur au *Journal d'anatomie et de physiologie*, t. II, n° 2, où se trouve inséré le travail de M. Robin.

(2) Robin, *loc. cit.*, p. 138.

Les mots *érosion*, *usure*, etc., servent à désigner le fait de l'envahissement d'un organe par des produits morbides qui se substituent à ses éléments ; mais ils ne désignent point une propriété nouvelle, une propriété de *ronger*, d'*user*, qui apparaîtrait dans les éléments normaux ou morbides, et leur donnerait la faculté de se substituer à d'autres. « Cette propriété des éléments d'envahir un tissu et de se substituer à lui n'est qu'une modification des propriétés végétatives naturelles à un degré d'énergie relativement plus considérable chez certains d'entre eux que chez quelques autres, et se montrant d'une

qu'eux, les comprime, en détermine ainsi l'atrophie et prend leur place. « L'atrophie est due tant à ce que les éléments qui naissent s'emparent des principes destinés à la nutrition des autres, qu'à ce que toute compression de la substance organisée en gêne le développement, et fait que la désassimilation l'emporte sur l'assimilation, d'où la disparition graduelle du corps dont il s'agit » (1). C'est donc à vrai dire le concours des trois propriétés végétatives (nutrition, développement, naissance) qui amène le phénomène de l'*envahissement*, quand elles se produisent plus énergiquement dans les éléments d'un tissu que dans ceux d'un tissu voisin. Mais l'envahissement est dû surtout à l'hypergenèse, plus encore qu'à la promptitude du développement et qu'à l'intensité de l'assimilation. Ses effets sont beaucoup plus évidents dans les conditions morbides qu'à l'état normal. Ils sont plus réguliers, plus lents et plus uniformes dans ce dernier cas, aussi ont-ils moins frappé. Mais l'envahisse-

manière permanente ou temporaire, normalement ou pathologiquement. » (Robin, *loc. cit.*, p. 140.) Cette expression d'*érosion* vient probablement de ce qu'anciennement on a considéré les tumeurs comme étant de nature parasitique. Les noms de *cancer*, *chancre*, etc., sont bien évidemment un vestige de cette théorie.

Il ne faut pas confondre les exemples d'envahissement que nous citons dans ce paragraphe avec l'envahissement des os, etc., par compression d'un anévrysme ou d'un kyste. Dans ce cas, la résorption de l'os a lieu devant la tumeur anévrysmale, agissant en masse, pour ainsi dire. Il n'y a pas d'envahissement graduel de l'os par les éléments du tissu de cette tumeur. Du reste, à part cette légère différence, le mécanisme est le même dans les deux cas. C'est toujours la désassimilation qui, par suite de la compression, l'emporte dans un organe sur l'assimilation.

(1) Robin, *loc. cit.*, p. 138.

ment ne s'en produit pas moins d'une manière très-manifeste dans des conditions physiologiques, ce qui prouve suffisamment qu'il n'est pas l'attribut de quelque corps ou principe étranger introduit dans l'économie. A l'état normal, les conditions et les phases du phénomène restent les mêmes, c'est toujours un élément qui naît plus rapidement qu'un autre, le comprime, en cause l'atrophie et se substitue à lui. C'est par ce mécanisme que, durant l'accroissement du squelette, la substance osseuse envahit le cartilage, etc. C'est encore par ce mécanisme que les fibres lamineuses des tumeurs du périoste, les myéloplaxes, etc., atteintes d'hypergenèse, compriment les éléments osseux, en gênent la nutrition, en déterminent l'atrophie et semblent éroder l'os dont elles prennent la place. Ces phénomènes peuvent se résumer en disant que celle des deux espèces d'éléments qui se trouve dans les conditions de naissance (normales ou morbides) les plus favorables, l'emporte sur l'autre et se substitue à elle.

La connaissance de ces faits est indispensable pour se rendre compte des phénomènes de l'accroissement. Tous les éléments étant incessamment en voie de rénovation moléculaire continue, la substance de chacun d'eux se renouvelle individuellement par l'assimilation et la désassimilation nutritives. Mais de plus, pendant l'accroissement de quelques organes, certaines espèces d'éléments disparaissent pour être remplacées par d'autres (1).

(1) « C'est là le mécanisme d'après lequel a lieu l'agrandissement du canal médullaire des os longs par disparition de la substance

Les constituants comme les produits peuvent présenter le phénomène de l'envahissement. « Mais les produits, loin d'être privés de vie à la manière des liquides sécrétés, ainsi qu'on le répète souvent » (2), jouissent au contraire de propriétés végétatives beaucoup plus énergiques que les constituants. Les épithéliums en particulier jouissent à un très-haut degré de la faculté de se substituer aux tissus voisins et de les envahir comme s'ils les rongeaient. C'est ainsi qu'une propriété naturelle, utile dans un cas, devient nuisible quand elle se manifeste à l'excès ou d'une manière aberrante : « et c'est dans ces qualités naturelles, ainsi modifiées, que réside la cause de tous les phénomènes morbides auxquels

osseuse au dedans, en même temps que la couche compacte s'épaissit: c'est celui du déplacement, si l'on peut ainsi dire, des apophyses et des insertions musculaires, à mesure qu'a lieu l'accroissement de l'os…

» Enfin, cet envahissement d'un tissu par l'autre qui l'avoisine, pendant que le premier se reproduit par le côté immédiatement opposé, représente encore la cause qui détermine l'agrandissement des vaisseaux. Tant que dure ce phénomène, en effet, leur paroi la plus interne prend la place de celle qui lui est contiguë, celle-ci empiétant sur la suivante jusqu'à la plus extérieure, qui envahit les tissus qu'elle touche. A mesure que se produit ce remplacement successif, la structure croît en complication : c'est ainsi, par exemple, que telle artère ou telle veine volumineuse présente ce fait remarquable, qu'avant d'avoir les tuniques de texture complexe qu'elle possède à l'âge adulte, elle offre chez le fœtus la structure des capillaires. Il n'y a donc point seulement un simple accroissement par distension, si l'on peut ainsi dire, avec conservation d'une constitution intime semblable à celle du premier âge, mais une évolution ou développement par production de parties élémentaires nouvelles, prenant la place de celles qui les précédaient dans le lieu où elles naissent. » (Robin, *loc. cit.*, p. 141, 142.)

(2) Robin, *loc. cit.*, p. 142.

nous prétendons attribuer souvent des causes étrangères à l'économie » (1). Que l'hypergenèse des éléments anatomiques ait lieu par genèse ou par individualisation en cellules d'une masse déjà née, le mécanisme de l'envahissement reste toujours le même. Nous avons déjà dit que, dans les cas pathologiques, des éléments qui se substituent à d'autres ne forment pas seulement une masse juxtaposée à ceux dont ils déterminent l'atrophie : nous avons déjà décrit l'état et la disposition des éléments sur la ligne de jonction d'une tumeur épithéliale avec le tissu sain. Cette description s'applique également aux tumeurs hétéradéniques, embryoplastiques pénétrant un muscle, un os, etc. On observe ainsi très-bien l'empiètement du tissu morbide sur le tissu sain, car on peut voir des noyaux d'épithélium ou des noyaux embryoplastiques déjà nés dans les interstices des fibres du derme, des faisceaux striés des muscles, etc. Quand ce sont des épithéliums, des culs-de-sac glandulaires, hétéradéniques, etc., qui envahissent un os, on trouve ces éléments au delà de la tumeur dans les canalicules vasculaires ou de Havers, dans les vacuoles médullaires naturelles des os spongieux, etc.

De même qu'il y a dans certaines conditions génération en excès, ou hypergenèse d'éléments, il peut y avoir dans d'autres conditions génération en moins. Chez l'embryon et chez le fœtus particulièrement, on constate assez souvent ce phénomène, dont les conditions d'ailleurs sont peu connues. C'est ce que l'on a

(1) Robin, *loc. cit.*, p. 142.

appelé *arrêt de développement*. Dans ce cas, les organes
ont un volume moindre qu'à l'état normal. Il faut en
chercher la raison dans ce fait que les éléments anatomiques sont nés en nombre moindre qu'à l'ordinaire.
Car jamais on ne trouve qu'ils soient individuellement
arrêtés dans leur développement.

« Pendant longtemps, dit M. Robin, l'ignorance où
l'on était de la constitution de la substance organisée et
des propriétés dont elle jouit, a fait croire que les maladies étaient dues à des agents extérieurs indépendants
de l'organisme. De là l'expression de *germe des maladies*, et l'idée que ce prétendu germe, venu du dehors,
peut être toléré plus ou moins longtemps par l'organisme dans lequel il a pénétré, et s'y développer sous
quelque forme ou état plus ou moins reconnaissable.
Or, ces germes n'existent et ne se développent ni au
dehors, ni au dedans de la substance organisée » (1).
Celle-ci est, en effet, à titre de matière vivante, d'une
constitution peu stable, formée de composés facilement
altérables en voie de rénovation continue : c'est pour
cette raison qu'elle peut devenir par elle-même le point
de départ des diverses lésions qu'on y observe. Il suffit
que l'organisme se trouve placé dans des conditions
telles que quelques-uns des principes immédiats qui
satisfont à sa rénovation incessante viennent à s'altérer.
l suffit même, pour que ces lésions surviennent, que
cette rénovation soit ralentie ou exagérée dans un ou
plusieurs tissus, par suite de l'introduction dans le sang

_____

(1) Robin, *loc. cit.*, p. 144.

de certains corps comme aliments ou poisons. « Sous l'influence de quelqu'une de ces conditions (extérieures quand il s'agit de matériaux nuisibles venus du dehors ; intérieures lorsqu'il s'agit des *substances organiques* d'une humeur, altérées par rapport à un tissu), il suffit que les propriétés de développement ou de reproduction soient diminuées, exagérées ou perverties d'une manière anormale, pour voir survenir des altérations directes des tissus et des humeurs ; pour voir apparaître des productions nouvelles qui les modifient et déterminent bientôt les troubles attribués souvent à quelque *germe* particulier venu du dehors » (1).

Toutes ces données nous conduisent à cette conclusion, que la naissance des produits pathologiques, quels qu'ils soient, leur nutrition, leur développement, ne diffèrent point essentiellement des propriétés naturelles des éléments normaux. Ce ne sont, après tout, que des modes anormaux des propriétés normales, de même que les altérations des éléments ne sont que des degrés divers des changements survenus dans leurs caractères anatomiques (hypertrophie, atrophie, déformations accidentelles). L'étude de l'apparition et de l'évolution des tumeurs se trouve ainsi rentrer dans l'examen de la naissance et du développement des éléments anatomiques. « Ces produits étant composés d'éléments normaux modifiés, nés et développés en excès ou non, dans leur situation normale ou hors de celle-ci, *mais d'après les mêmes lois que les éléments sains,* leur description se lie

(1) Robin, *loc. cit.*, p. 145.

d'une manière immédiate et toute naturelle à celle des
lésions du tissu dont ils dérivent » (1). En un mot, on ne
peut étudier le dérangement des parties sans en connaître l'arrangement. Ces divers états morbides n'étant
qu'une modification pathologique des humeurs et des
éléments, leur description doit s'appuyer, sous peine
d'être stérile, sur des notions exactes touchant leur constitution ; de même que l'étude des phénomènes et des
altérations qui caractérisent la pneumonie se rattache
à la connaissance du tissu pulmonaire et des phénomènes respiratoires.

» Enfin l'ensemble de ces données, en liant les
dénominations des altérations à celles adoptées pour
les éléments et les tissus normaux (dont ils sont hypergenèse, etc.), supprime toute classification et toute nomenclature anatomo-pathologique en général, qui pui-
serait en elle-même sa méthode, au lieu de partir de la
connaissance de l'état normal ; comme si une lésion ne
supposait pas une substance qui s'altère et un lieu où
se passe le phénomène » (2). La connaissance de l'état
normal conduit ainsi naturellement à celle des états

(1) Robin, *loc. cit.*, p. 146.

« L'étude de la composition élémentaire et de la texture des tissus
morbides, quand elle est basée sur la connaissance des caractères correspondants des tissus normaux et du mode de développement de
ceux-ci, ne confirme point les classifications et les nomenclatures
anatomo-pathologiques établies d'après les caractères extérieurs seulement. » (Robin, *loc. cit.*, p. 147.)

(2) Robin, *loc. cit.*, p. 148. Il ne doit donc plus rien rester de toute
classification des tumeurs, fondée sur l'examen de ces produits en eux-
mêmes, sans tenir compte de leur liaison avec la constitution intime
des tissus normaux.

pathologiques en apparence les plus singuliers ; et cela
« sans transition brusque, sans interruption du cours
des idées, sans dénomination nouvelle qui vienne faire
croire à l'intervention d'objets étrangers à celui dont
on s'occupe » (1).

Il n'y a dans l'économie que des propriétés d'élé-

(1) Robin, *loc. cit.*, p. 148.

M. Robin fait remarquer avec raison que c'est faute de connaître le
lieu, les conditions et le mode de naissance de la substance organisée,
dans ses différentes formes normales, qu'on s'est trouvé réduit à des
hypothèses sur la nature de ses altérations, le lieu précis, les conditions et le mode de développement de ses lésions. . Supposant les éléments morbides d'une nature différente de celle des tissus au sein desquels ils se produisent et se développent, on a cherché pour chaque
produit morbide quelque composé particulier qui serait caractéristique.
Mais l'analyse anatomique a montré que ces éléments nouveaux
n'existent pas. C'est seulement la constitution moléculaire de la substance organisée qui a changé.

« Dans les épidémies, dit M. Robin, on s'est toujours préoccupé de
trouver au dehors de l'être organisé, dans le milieu où il vit, quelque
composé nouveau qui, introduit dans l'organisme, y causerait les
troubles qu'on observe. Ce n'est point là ce qu'il faut chercher, mais
bien les conditions extérieures nouvelles, les modifications de milieu,
autres qu'un changement de composition, ayant peu à peu déterminé
un état moléculaire nouveau de la matière organisée, ayant produit
une disposition moléculaire des principes coagulables qui change les
phénomènes de nutrition, de sécrétion, etc.; de telle sorte qu'ils ne
peuvent plus s'effectuer que quelques jours ou quelques heures, au lieu
de continuer régulièrement, sans que se modifie la substance qui en
est le siége. » (Robin, *loc. cit.*; p. 149.)

Il est impossible d'admettre aujourd'hui que des espèces nouvelles
d'éléments anatomiques soient produites par une cause étrangère à
l'économie, qui serait en lutte avec les propriétés normales de la substance organisée, et qui, venue du dehors, modifierait l'organisme à la
manière d'un *poison*. Cette hypothèse remonte, d'ailleurs, à une
époque où l'on ne connaissait même pas les éléments anatomiques, et,

ments, de tissus, d'organes et d'appareils (1). Quand ces parties s'altèrent, il en résulte immédiatement une altération corrélative dans leurs propriétés : « Ce sont ces altérations simultanées de substance et de propriété qui constituent les maladies. Il y a donc des maladies d'éléments, de tissus, d'organes et d'appareils » (2). Les liquides, de leur côté, sont susceptibles d'éprouver des altérations primitives, aussi bien que des altérations,

comme le dit M. Robin, il n'y a donc pas lieu de s'étonner beaucoup si elle ne s'accorde pas avec la réalité. « Lobstein a le premier donné le nom d'*homœoplasie* au travail vital particulier qui causerait le développement de tissus nouveaux, mais analogues et même identiques aux tissus naturels, qu'il appelle *homœoplastiques* ou *homologues*... Il appelait *hétéroplasie* ce travail morbide particulier en vertu duquel des substances étrangères à l'économie normale seraient déposées peu à peu dans les interstices des parties, les forceraient à leur céder la place, soit en les pénétrant, soit en les convertissant en leur propre nature. (Lobstein, *Traité d'anatomie pathologique*, t. I, p. 293 et 374. Paris, 1829.) La force organisatrice resterait, dans ce dernier cas, la même que dans l'homœoplasie; mais c'est la matière animale *hétéroplastique* qui, au lieu de se convertir sous l'influence de la force en tissu cellulaire, etc., serait différente, serait *ennemie de l'économie*, qu'elle altérerait et corromprait par sa tendance au ramollissement, à la désorganisation et à la liquéfaction, » (Robin, *loc. cit.*, p. 150.)

(1) Il est aujourd'hui impossible d'admettre qu'il existe des causes surajoutées à la matière, auxquelles seraient dues les propriétés des corps. Dire que la matière n'est qu'un substratum privé de toute propriété et échappant dès lors à tous nos moyens d'investigation, c'est énoncer une hypothèse, *à priori*, indémontrable et surtout incompréhensible. En réalité, les notions de cause et de force sont réductibles à la notion primitive et irréductible de propriété. Les corps n'étant gouvernés par aucune entité sont donc véritablement actifs par eux-mêmes, puisque la notion de propriété n'est autre chose qu'un mode d'activité des corps absolument inséparable de la matière.

(2) *Dictionnaire dit de Nysten*, article MÉTAPHYSIQUE.

consécutives. Par suite du *consensus* qui existe entre
toutes les parties constituantes d'un organisme, la maladie d'un organe retentit sur tous les autres : d'où la
tendance des maladies locales à se généraliser. « La
fièvre, à ce point de vue, peut être considérée comme
le premier degré de cette tendance qui a l'action réflexe
à son service » (1). Il y a enfin des maladies qui résultent de changements dans l'état moléculaire des principes immédiats constituant la substance organisée :
ces maladies (*totius substantiæ*) n'entrent dans l'organisme, ni par l'altération d'un solide, ni par l'altération
d'un liquide, mais proviennent du jeu même de ces
principes, c'est-à-dire de leurs mouvements intimes de
rénovation nutritive incessante. Aussi elles intéressent
tout l'organisme d'emblée.

L'anatomie, la physiologie, la pathologie, résultent
donc toutes les trois de l'étude des éléments, de leurs
propriétés et de leurs altérations. « Au fond, dit
M. Robin, la pathologie n'est qu'une annexe des autres
sciences : c'est une anatomie et une physiologie comparées sur un même être, mais dans des conditions diverses ; car elle étudie les perturbations des propriétés
organiques dont l'état moyen d'oscillation constitue l'état
appelé *état normal*. Dans ces phénomènes il n'y a, pas
plus qu'en mécanique céleste, d'état normal et d'état
anormal. Les perturbations organiques, comme toutes
les autres, ne résultent jamais que du développement
et du jeu d'influences réelles et conformes aux lois gé-

_____

(1) *Dictionnaire* dit *de Nysten*, article MÉTAPHYSIQUE.

nérales (1). Ainsi, en principe philosophique, contrairement à la métaphysique médicale, toujours l'état pathologique se relie à l'état physiologique » (2).

Quant à la maladie, nous la définirons avec M. Robin : « Toute perturbation survenant dans une ou plusieurs des parties simples ou composées du corps, et se manifestant par le trouble des actes d'un ou de plusieurs organes, d'un ou de plusieurs appareils » (3). La succession d'actes anormaux qui constitue la maladie, offre, pour une même lésion organique, des différences très-notables d'un individu à l'autre (ou, qui plus est, sur le même individu), selon les âges, les lieux et un très-grand nombre d'autres circonstances qui dépendent

(1) Parmi ces influences, celles des milieux sont au premier rang, bien qu'on ne puisse regarder toutes les maladies comme dues à des influences extérieures.

(2) Littré et Robin, *Dictionnaire* dit *de Nysten*, article MÉTAPHYSIQUE.

(3) Littré et Robin, *Dictionnaire* dit *de Nysten*, article MALADIE. Et plus loin : « La maladie à laquelle nous donnons un nom n'est point un objet, un être comparable à un individu animal ou végétal. Elle est un état accidentel de telle ou telle partie solide ou liquide et des actes correspondants de l'économie (comprenant depuis les moindres troubles de la menstruation jusqu'à la méningite, depuis la production épidermique accidentelle la plus minime jusqu'à celle des plus grosses tumeurs), et interrompant la régularité de la vie d'une manière temporaire, s'il décroît graduellement et disparaît, ou d'une manière permanente, s'il détermine ou hâte la fin de tous les actes d'ordre organique. La notion de maladie, en tant que constituant un tout distinct, n'a qu'une existence subjective ou intellectuelle que chacun se représente un peu différemment, selon la nature de ses connaissances. C'est, en outre, toujours par le groupement, par la superposition après coup, si l'on peut ainsi dire, de l'ensemble ou d'un certain nombre des phénomènes accidentels qui ont lieu successivement, que l'on détermine et dénomme une maladie. » (*Loc. cit.*)

du malade. Cependant la maladie amenée par une même
lésion organique se reproduit chez les divers individus
sous certains traits généraux qui lui donnent un caractère à peu près constant. D'où les partisans des doctrines *à priori* n'ont pas manqué d'accorder à la maladie
une existence indépendante, d'en faire un être, une
entité vivant en dehors de l'organisme et agissant sur
lui par des procédés insondables et mystérieux. A titre
d'*à priori*, cette hypothèse est indémontrable et, par-
dessus tout, inconciliable avec les saines notions de
l'expérience et de la raison. Il est manifeste que c'est
le support et non le germe, le malade et non la maladie,
qui imprime à l'état pathologique cet aspect constant.
Il n'y a en réalité, dans la maladie, qu'une altération
d'organes, et, dès lors, de fonctions se succédant dans
un ordre déterminé, en raison de la synergie des fonctions de l'organisme. Nous entendons par là qu'il existe
entre les organes, et, par suite, entre les fonctions, un
consensus pathologique dérivant du *consensus physiologique.*

APPENDICE

NOTE A.

P. 53, note 3. « C'est à cette scission des noyaux et des cellules (ainsi qu'à la prétendue génération endogène), considérée à tort comme mode général de génération normale et pathologique des éléments anatomiques, que quelques auteurs modernes ont donné le nom de *prolifération*. » (M. Robin, *Mém. sur la naissance des éléments anat.*, in *Journal d'anat. et de physiol.*, p. 347.)

Le mot *prolifération* est emprunté à la tératologie végétale. Il désigne dans sa véritable acception la production accidentelle, par un organe, d'un organe semblable ou différent *qu'il ne porte pas habituellement*. L'axe d'une fleur ou d'un fruit *prolifère* quand il produit une fleur stérile ou féconde ou un bourgeon foliaire. L'anomalie qui résulte de l'acte de *prolifération* est dite *prolification* florifère, frondifère ou fructifère. Une fleur dont le centre porte une autre fleur pédiculée ou non est une *prolification* florifère.

En physiologie, on a également donné le nom de *prolifération* à l'apparition successive de gemmes sur les *stolons* de certains animaux (*ascidies*, etc.). Le tissu du corps de ces animaux émet, en effet, des prolongements (*stolons prolifères*) qui, suivant les genres, font saillie au dehors à nu (*ascidies sociales*) ou restent cachés dans leur enveloppe (*ascidies composées*).

Sur ces stolons naissent par *gemmation* des bourgeons ou mamelons qui, sans fécondation, se développent en animaux parfaits; mais il n'y a pas besoin d'un mot nouveau pour désigner ce phénomène, puisque c'est une véritable gemmation.

Plus tard, on a détourné tout à fait le mot *prolifération* (1) de son sens primitif, et on l'a appliqué à la reproduction des cellules, tant par *scission* ou *gemmation* que par *endogenèse*.

« Mais, dit M. Robin, malgré ce que sembleraient faire croire certaines descriptions écrites sous la domination des hypothèses dites de la *génération endogène*, d'une part, et de la *prolifération*, ou mieux scission de cellules, d'autre part, on chercherait en vain des exemples de ces modes fictifs ou réels de génération des éléments sur les cellules nerveuses bipolaires ou multipolaires, sur les fibres-cellules, les fibrilles musculaires striées, les corps fibro-plastiques fusiformes ou étoilés, etc. » (2).

Chez les plantes, on observe la scission des cellules, dites scission par cloisonnement (3), pendant toute la durée de l'accroissement du végétal. On constate ce mode de reproduction des éléments chaque année dans les couches d'accroissement.

Comme nous l'avons vu, ce phénomène de la scission des éléments est, chez les animaux, infiniment plus rare ; on s'est trop pressé de conclure du végétal à l'animal.

Et d'abord, les éléments figurés ayant forme de cellules sont les seuls sur lesquels on ait observé la scission. On ne l'a jamais constatée sur les cellules bipolaires ou multipolaires, fibres, tubes, éléments fibro-plastiques, etc.

---

(1) On a aussi employé dans ce nouveau sens le terme de *proligération* comme synonyme de *prolifération*.

(2) *Loc. cit.*, p. 347. « La génération embryonnaire ou accidentelle des tubes propres des parenchymes glandulaires et non glandulaires dont on peut suivre toutes les phases sur le fœtus, échappe à plus forte raison à ces hypothèses en tant que provenances de noyaux ou de cellules quelconques, par scission, génération endogène ou autrement. » (Voir M. Robin, *Mémoire sur le tissu hétéradénique;* Paris, 1856, in-8, p. 8.)

(3) Au fond du sillon naît, en effet, une véritable cloison dont on peut démontrer la présence mécaniquement ou par les réactifs.

Encore est-il bien entendu qu'on a vu la scission se produire seulement sur certaines espèces de cellules, dans les cas mentionnés dans le cours de ce travail.

Nous avons décrit la segmentation ou scission des cellules dans le blastoderme de l'embryon animal; nous avons vu que chez les mammifères adultes on trouve de fréquents exemples de scission des cellules dans les cartilages articulaires, dont les chondroplastes s'agrandissent; et nous avons dit que le plus souvent il naissait un noyau de toute pièce dans celle des deux moitiés de la grande cellule qui ne conservait pas l'ancien. Nous avons enfin parlé de la scission des noyaux (noyaux scissiles de Henle), s'observant quelquefois dans les cas précédents en même temps que la scission de la cellule, quelquefois sur les noyaux embryoplastiques, quelquefois sur les noyaux libres d'épithélium (surtout dans les tumeurs). Il n'est même pas rare de constater la scission du noyau dans les fibres-cellules, celle de l'utérus en particulier, mais dans ce cas même *il n'y a jamais scission de l'élément contractile.*

Tels sont les seuls exemples que l'on puisse citer de reproduction par scission des éléments anatomiques, ou prolifération. Ce sont en quelque sorte des phénomènes exceptionnels, se montrant sur certaines cellules alors seulement qu'elles ont, par suite d'un développement exagéré, dépassé leur volume habituel.

La segmentation du vitellus ne saurait être regardée comme un fait de prolifération ou de scission de cellule, lors même qu'on regarderait l'œuf fécondé comme étant encore une cellule aussi bien au point de vue physiologique que morphologique. Il n'y a, en effet, que le vitellus qui se segmente, et ce qu'on pourrait regarder comme la membrane cellulaire, c'est-à-dire la membrane vitelline, n'est le siége d'aucun phénomène de scission. D'autre part, le vitellus ne peut être considéré lui-même comme une cellule, puisque nous savons depuis M. Coste qu'il n'a pas de membrane propre. Anatomiquement et physiologiquement, le vitellus est devenu un élé-

ment anatomique amorphe doué d'indépendance par rapport
à la membrane vitelline et qui, dans un organe spécial, joue
un rôle spécial.

La naissance des cellules épithéliales ne peut en aucune façon se rattacher au phénomène dit de prolifération. La génération des noyaux d'épithélium et la segmentation de la substance amorphe qui leur est interposée sont des faits
d'observation. Ils offrent surtout une grande netteté à la face
interne des tubes propres du rein, des culs-de-sac de la mamelle, des glandes salivaires, etc. « Il est on ne peut plus
manifesté à la face interne de la paroi propre des tubes du
rein, des glandes sudoripares, etc., dont la substance est entièrement homogène et des plus nettement isolables, que ni
les noyaux d'épithélium, ni la matière amorphe interposée
qui va se segmenter, ne sont une provenance de cellules ou
de noyaux quelconques (1). La scission ni la génération endogène ne peuvent être invoquées ici comme phénomènes
établissant un lien entre des éléments préexistants et ces
noyaux, ou la matière amorphe qui va bientôt s'individualiser en cellules épithéliales de ces parenchymes ou des téguments » (2).

La naissance des noyaux et la segmentation de la substance
amorphe, dont on peut saisir toutes les phases, prouvent suf-

(1) La meilleure raison en est que d'abord on ne voit ni cellule ni noyau
à la face interne du tube glandulaire. Les noyaux que l'on voit naître par genèse
et les cellules qui résultent de la segmentation du blastème ne sauraient donc
provenir d'aucun élément préexistant.

(2) M. Robin, *loc. cit.*, p. 354. « Voilà donc, ajoute M. Robin, un groupe
important de cellules, c'est-à-dire d'éléments anatomiques, conservant pendant
toute leur durée la plus grande simplicité, qui, dans des régions nombreuses et
très-étendues, échappent à l'hypothèse d'après laquelle tout élément anatomique
se rattacherait par un lien de généalogie directe à une cellule ou à un noyau antécédent. Cette vaste exception n'est pas moins manifeste lorsqu'on voit, sur
l'embryon même, où, quand et de quelle manière naissent les éléments anatomiques des tissus constituants, tels que les parois propres des culs-de-sac
glandulaires, les éléments nerveux, musculaires, cartilagineux, osseux, etc. »

fisamment que la naissance de ces cellules n'est pas une prolifération par scission ou par génération endogène.

L'endogenèse n'est d'ailleurs, pas plus que la scission, un mode habituel de la naissance des cellules. En d'autres termes, la genèse d'une cellule dans la cavité d'une autre cellule, « génération endogène ou intra-utriculaire, n'existe pas comme mode régulier et fréquent de la production des cellules » (1).

De Mirbel (1837), décrivant comment les cellules *formées de toutes pièces* (genèse) dans le cambium, épaississent peu à peu leur paroi par dépôt de couches concentriques de cellulose, se trompa sur l'interprétation du phénomène. Au lieu d'y voir un phénomène de nutrition lent et insensible, il regarda cet épaississement de la paroi cellulaire comme dû à la naissance d'un utricule nouveau dans la cavité de la cellule : il crut qu'en grandissant le *jeune utricule* appliquait et moulait sa paroi sur la face interne de la membrane cellulaire. Il admit enfin qu'il se formait autant d'utricules nouveaux emboîtés concentriquement qu'il y a de couches concentriques dans les cellules ligneuses adultes, qu'il appela pour cette raison *utricules complexes ligneux.* C'était là, comme on le voit, une sorte de génération endogène. Il est aujourd'hui reconnu que de Mirbel s'est trompé, sinon dans le résultat du phénomène (épaississement de la paroi de la cellule), du moins dans l'interprétation qu'il lui a donnée. C'est cependant sur cette interprétation même que s'est fondée l'opinion qui admet la naissance des cellules par *endogenèse*, tant chez les plantes que chez les animaux (2).

(1) M. Robin, *loc. cit.*, p. 163, note.

(2) La théorie de la génération endogène se rattache de la manière la plus évidente à la théorie de l'emboîtement des germes. Turpin, en exposant le développement des plantes, a le premier, en fait, décrit l'endogenèse. (*Essai d'une iconographie élémentaire et philosophique des végétaux,* Turpin, 1820, p. 5.) « Un arbre, dit-il, comme tout autre être organisé, commence par un seul globule. Ce globule, propagateur de sa nature, se creuse, devient vésiculaire. Des parois intérieures de cette vésicule naît par extension une nou-

Nous avons signalé, dans le cours de ce travail, les deux seuls phénomènes qu'on pourrait, à la rigueur, admettre comme faits d'endogenèse. Chose remarquable, tous les deux ne s'observent que dans les cas pathologiques : nous voulons parler de la naissance de cellules épithéliales ou de leucocytes dans les excavations accidentelles dont se creusent quelquefois, dans les productions morbides, les cellules épithéliales.

« Or, il est à remarquer, écrit M. Robin, qu'il s'agit ici de la naissance de cellules *dans les cavités accidentelles* qui se sont creusées au sein de la masse ou corps de cellules qui n'ont pas de cavité distincte de la paroi. Le contenu de ces cavités accidentelles s'est trouvé avoir les qualités du blastème interposé aux cellules, et il a donné naissance par genèse à d'autres cellules. *Mais il n'y a jamais genèse de cellule*

velle génération de globules également propagateurs. Ceux-ci, en grossissant et en remplissant toute la cavité de la *vésicule mère*, qui ne peut plus les contenir, font que cette dernière se déchire et verse une génération d'individus nombreux qui forment masse, qui se soudent plus ou moins entre eux, et continuent à leur tour à engendrer de nouveaux individus, à en multiplier le nombre, à augmenter l'étendue de la masse.... Tout corps propagateur, soit végétal, soit animal, ne peut jamais se former isolément dans l'espace d'une cavité quelconque, il est toujours produit par extension des tissus d'un individu mère qui précède plus tard ce corps propagateur, se sépare et s'isole. » Le phénomène décrit ici est véritablement une sorte de *gemmation interne*, *une génération endogène par gemmation.*

« Depuis Turpin, dit M. Robin (*Journal d'anat.*, t. I, p. 163, note), auquel nous empruntons ces citations, beaucoup d'auteurs ont cherché à expliquer la naissance des éléments anatomiques par l'idée d'un développement continu supprimant toute idée de naissance proprement dite ou par celle d'une génération de cellules dans d'autres cellules. » Nous avons vu, en effet, que le propre de la théorie de l'emboîtement des germes (qui remonte à Leibnitz) est de supprimer toute idée de *naissance* et d'expliquer la génération tant des éléments que des êtres par le *développement successif* de germes emboîtés les uns dans les autres. « Ces idées, conclut M. Robin (*loc. cit.*), contredites par l'observation, ont néanmoins depuis lors été adoptées par un grand nombre d'auteurs et plus ou moins remaniées suivant les époques, sans avoir été jamais aussi nettement exprimées que par Turpin. »

dans la cavité d'une autre cellule offrant naturellement une cavité distincte de la paroi » (1). A proprement parler, les faits que nous venons de citer ne sont donc pas une véritable endogenèse ; ce sont là pourtant les seuls faits qu'on puisse, chez l'homme et chez les autres vertébrés, rapprocher de la génération endogène (2).

Turpin (1820, Schleiden (1838), Schwann (1838), qui admettaient la génération endogène, avaient donné le nom de *cellules mères* aux cellules qui en renfermaient d'autres semblables à elles, et celui de *cellules jeunes* aux cellules incluses ; plus tard on les a appelées *cellules filles* (Kölliker, 1843). «Ces ex-

(1) *Loc. cit.*, p. 163, note.

(2) Nous avons cité, p. 28 (note), la description que donne Remak de la segmentation du vitellus chez les batraciens. C'est ici le lieu de répéter que, si les choses se passent comme il les a décrites, et si ses observations sont confirmées, nous trouverons là le premier exemple de *génération endogène* des cellules. On sait que, d'après Remak, la segmentation du vitellus serait due à une division de cellules par suite du développement et de la fusion de cloisons membraneuses dans l'intérieur de l'œuf. Il dit avoir vu chez les batraciens, dès le troisième degré de la segmentation, les sphères de fractionnement pourvues d'un gros noyau et d'une double membrane d'enveloppe. Vers la fin de la segmentation, après la division du noyau, la membrane interne (*gaine primordiale*) et le *protoplasma* (vitellus) subiraient seuls la scission sans que la membrane externe (*membrane mère, membrane cellulaire*) participât au phénomène. Ce serait là une génération endogène. Aussi trouverait-on dans l'œuf des cellules de segmentation entourées d'une membrane commune. Ces faits ont besoin de confirmation ; ils sont en contradiction flagrante avec ce fait que le vitellus est dépourvu d'une membrane spéciale. Il reste à savoir si les batraciens font exception sous ce rapport, car il est parfaitement certain que les choses ne se passent point ainsi chez les vertébrés, les mollusques, les hirudinées, etc.

Citons un dernier fait dit de génération endogène. « C'est à la génération endogène, dit Kölliker (*loc. cit., suprà*, p. 27), qu'il faut rapporter la formation d'un grand nombre de noyaux dans l'intérieur des cellules. »

On sait que c'est en général chez les cellules épithéliales qu'on arrive le plus souvent à rencontrer plusieurs noyaux dans une cellule. Nous avons décrit, d'après M. Robin, comment se produisait ce phénomène. Lors de l'individualisation du blastème, on voit quelquefois deux ou plusieurs noyaux se trouver, par suite de leur rapprochement, compris entre deux ou plusieurs

pressions, dit M. Robin, sont justes à la rigueur, quand il s'agit :

» 1° De la segmentation ou scission d'une cellule en deux autres cellules semblables, sauf le volume.

» 2° De la genèse d'une ou de plusieurs cellules *de même espèce* que celle de la cavité de laquelle elles naissent, comme dans les cas de cellules épithéliales d'une tumeur naissant dans la cavité accidentelle d'une autre cellule épithéliale.

» Mais elles seraient inexactes si on les appliquait aux *cellules épithéliales*, dans les vacuoles desquelles naissent des *leucocytes,* car ces dernières cellules étant d'une espèce autre que les premières, ne sauraient être considérées comme leur

---

sillons de segmentation. Ils se trouvent donc ainsi réunis dans la nouvelle cellule dès le premier moment de son individualisation. Il n'y a là rien qui ressemble à la génération endogène. A l'égard des autres cellules, nous en avons déjà cité quelques-unes qui acquièrent leur noyau après la génèse du corps de la cellule ; c'est le cas des cellules du cristallin et de la corde dorsale. Nous ne parlons pas des leucocytes, ce qu'on a pris pour leur noyau étant une coagulation. Il n'y a là qu'un phénomène de genèse qui rentre exactement dans l'ordre de ceux que nous avons déjà décrits. Qu'un noyau naisse dans un blastème avant ou après la masse cellulaire, cela ne change rien aux conditions du phénomène ni à sa nature. Ce fait ne peut pas plus être considéré comme un fait d'endogenèse que la naissance du nucléole dans l'intérieur du noyau, et nous savons que les noyaux naissent avant les nucléoles. Outre les cellules d'épithélium, on rencontre quelquefois des médullocelles ayant deux noyaux ; ces noyaux naissent peut-être par genèse dans l'intérieur de la cellule, peut-être par scission du noyau primitif. Nous avons vu, en effet, que lorsqu'une cellule va subir le phénomène de la scission, la scission du noyau précède en général celle de la cellule, sinon il naît plus tard par genèse un nouveau noyau dans celle des deux jeunes cellules qui en est dépourvue. Il peut arriver, comme dans le cas que nous avons déjà cité, des fibres-cellules de l'utérus, qu'il y ait scission du noyau sans que jamais on observe celle de l'élément.

De tous les cas que nous venons de citer, il ressort qu'il y a quelquefois genèse, quelquefois scission d'un noyau dans une cellule. Il est évident qu'on ne peut établir aucune assimilation entre ce phénomène et celui de la naissance d'un élément complet (cellule avec noyau et cavité distincte d'une paroi) dans un autre élément.

descendance» (1). Schwann, qui considérait, comme quelques auteurs l'ont fait depuis, la segmentation du vitellus comme un fait d'endogenèse, avait donné à l'ovule le nom de cellule mère, et aux cellules embryonnaires celui de cellules filles. Mais, par leur origine, leur structure, leur développement, les cellules embryonnaires diffèrent absolument de la cellule que représentait l'ovule, avant la segmentation de son vitellus. Ces dénominations sont aussi inexactes que dans le cas de leucocytes naissant dans une cellule épithéliale ; car la cellule blastodermique ou embryonnaire diffère autant de l'ovule, comme le fait remarquer M. Robin (loc. cit.), que le leucocyte de la cellule épithéliale. D'ailleurs, il faut remarquer qu'à l'époque où commence le fractionnement du vitellus, l'ovule a déjà perdu les caractères propres aux cellules en général (2). « Au point de vue morphologique ou de la conformation, c'est bien encore une cellule, puisqu'il y a une paroi (membrane vitelline) et une cavité pleine d'un contenu (vitellus). Mais, au point de vue ORGANIQUE, il est devenu un produit spécial, un organe faisant partie de l'appareil générateur ; organe des plus simples parmi les organes connus, puisqu'il n'est souvent guère plus complexe qu'un élément anatomique, mais ne remplissant pas moins un usage particulier et des plus importants » (3). Les phénomènes qui se passent dans l'œuf depuis sa fécondation, les modifications de structure qu'on y observe peu à peu, les dimensions nouvelles qu'acquiert cet organe, son développement enfin, montrent suffisamment qu'il n'a plus ni le caractère ni le rôle d'une cellule. Dès lors, l'individualisation du vitellus en cellules ne peut être considérée comme un cas particulier de l'endogenèse, ainsi que l'admettent quelques auteurs.

« L'œuf, dit Kölliker, ayant la signification d'une cellule

(1) Idem.
(2) Voir M. Robin, Des végétaux parasites, 1853, p. 241 et suivantes, et Journal de physiologie, 1862, p. 77 et suivantes, et p. 315 et suivantes.
(3) M. Robin, loc. cit., p. 45, note.

simple, la segmentation rentre dans la formation endogène des cellules » (1). C'est à ce phénomène qu'il donne le nom de *formation endogène de cellules autour de portions de contenu.*

Mais, outre qu'à ce moment l'ovule n'est plus une cellule, il est de toute évidence que la genèse d'une cellule dans la cavité d'une autre cellule est un phénomène absolument différent de la segmentation du vitellus en sphères dépourvues de membrane propre. Si Kölliker a essayé de rapprocher ces deux phénomènes, c'est uniquement parce qu'il considérait l'ovule fécondé comme étant encore physiologiquement un élément anatomique du groupe des cellules. Plus loin, le même auteur donne la scission des cellules de cartilage comme un exemple de *formation endogène des cellules par scission.* La seule raison d'être de cette dénomination est qu'il considère le chondroplaste comme une cellule; cependant le mode d'apparition embryonnaire montre que cette assimilation doit être considérée comme inexacte. Arrivant enfin à la *formation endogène directe*, c'est-à-dire au phénomène qui seul mérite le nom d'endogenèse, Kölliker dit qu'elle a été constatée avec certitude par Meissner dans les éléments du sperme du *mermis albicans*. « *Je crois*, ajoute-t-il, *avoir observé quelque chose de semblable* chez certains animaux » (3). Évidemment, une pareille affirmation ne saurait suffire pour faire admettre l'endogenèse.

« Admettre comme fait général, écrit M. Robin, la naissance des cellules dans un élément plutôt qu'au dehors, n'explique rien tant qu'on ne la *voit* pas s'accomplir, et ne la décrit pas.

» Ce n'est qu'une manière de reculer la difficulté, faute de pouvoir établir la loi du phénomène, ce qui est le problème

(1) *Histologie humaine.* A. Kölliker. Traduit par MM. Béclard et Sée, p. 23, 1856.
(3) *Idem*, p. 24.

à résoudre et qu'on omet d'examiner. Ce n'est qu'une manière de reculer la difficulté, soit au point de vue d'origine des matériaux, soit au point de vue du mode de l'apparition de l'élément nouveau. Turpin et Mirbel ont seuls compris cela, en admettant, bien qu'inexactement, que la génération endogène consistait en une *gemmation interne* » (1).

Pour conclure :

La scission des cellules est un phénomène exceptionnel qui ne se rencontre que dans un petit nombre de cas particuliers.

La génération endogène, si l'on peut qualifier ainsi les deux phénomènes que nous avons décrits sous ce nom, est un fait plus rare encore, et ne se produisant que dans certains cas pathologiques.

Le mode de naissance dit par *prolifération*, c'est-à-dire tant par scission que par génération endogène, ne saurait donc être considéré comme le mode habituel et normal de reproduction des éléments. En un mot, ce n'est point au fait de la *prolifération* qu'il faut rapporter la multiplication des éléments pendant l'accroissement normal ou non des tissus.

Enfin, le terme de *prolifération* ayant le tort d'être employé depuis longtemps en tératologie végétale et en malacologie dans un sens tout à fait différent de celui qu'on lui attribue en histologie, de désigner à la fois deux phénomènes absolument distincts, et de n'avoir par lui-même aucun sens particulier, doit être abandonné.

(1) M. Robin, *Mém. sur la naissance des élém. anat.* in *Journal d'anat. et de physiol.*, p. 164.

« La prétendue génération endogène et la prolification n'expliquent rien tant qu'il reste à déterminer la manière dont elles ont lieu au dedans ou au dehors des cellules. » (M. Robin, *Programme du cours d'histologie*, p. 38.)

Note B.

P. 89. Celui-ci (l'élément anatomique né par genèse) ne dérive d'aucun élément qui l'ait précédé, par développement, métamorphose ou transformation; il naît sans parents, de toutes pièces, molécule à molécule : c'est une véritable génération spontanée.

Beaucoup d'auteurs admettent, depuis Schwann, que les éléments anatomiques définitifs de l'embryon naissent par *métamorphose* des cellules embryonnaires en fibres musculaires, tubes nerveux, etc. En l'état de la science, cette hypothèse, dite *théorie de la métamorphose* (1), ou encore *théorie cellulaire*, ne peut plus être admise; là encore on s'est trop

(1) « Avant qu'on eût constaté où et comment naissent les éléments anatomiques, quelques auteurs ont admis comme antérieure à toute génération, la *préexistence* d'une matière organique générale, vivante, répandue partout (*panspermie*), commune à toutes les espèces (Perrault, Treviranus), ou d'une matière nutritive générale existant dans tout le corps de chaque individu en particulier (Needham), et amorphes toutes deux. D'autres ont admis la préexistence simultanée de la matière vivante et de la forme (*préformation*). Dans tous les cas, tout ce qui apparaît en fait de corps organisés aurait présenté un état antérieur à son apparition. Les syngénésistes admettaient que toute cette matière organique, préformée par rapport aux êtres individuellement, a été créée en même temps. La naissance ou génération ne serait, dans le premier cas, qu'une *prise de forme* de cette matière amorphe, en tant qu'organisme vivant individuellement, sous l'influence de causes extérieures, et cette forme varierait comme les causes qui la produisent (Treviranus). Dans le second cas, la forme préexistant avec la matière, celle-ci n'aurait besoin que d'arriver dans des conditions convenables pour changer cette forme en celle d'organismes agissants, différant les uns des autres selon ces conditions mêmes (Oken), malgré la communauté d'origine et l'unité originelle du type.

» On a donné le nom de *théorie de la métamorphose* à ces deux hypothèses. bien qu'il n'y ait rien là d'analogue à ce qu'on a d'abord appelé la *métamorphose des insectes*. Elles sont du reste contredites toutes les deux par l'observation.

» Dans ces diverses hypothèses, il n'y aurait pas de *génération*, puisqu'il n'y aurait, dans ce qu'on nomme ainsi, qu'une prise de forme par une matière préexistante. Ou bien la génération ne serait qu'une involution par une succession de **juxtapositions** extérieures, comme on l'admet pour les cris-

pressé de conclure de la plante à l'animal. Tous les éléments anatomiques des plantes, en effet, commencent par être sphéroïdaux ou à peu près. Plus tard, arrivés à un certain degré de développement, on les voit devenir polyédriques ou allongés, s'aplatir, etc., et de l'état de cellules ils passent *directement* à l'état de trachées, vaisseaux ponctués, etc.; c'est ce fait qu'on désigne sous le nom de *métamorphose*, en anatomie générale. La métamorphose n'est donc, à vrai dire, qu'un cas particulier du développement de quelques éléments chez certains végétaux (1).

Toute métamorphose est un fait de développement, mais tout développement n'est pas un fait de métamorphose (2). Le développement des éléments anatomiques, chez les animaux,

taux ; ou encore une évolution, c'est-à-dire le *simple développement des parties préexistantes* (Bonnet, *Palingénésie philosophique*, 1769).

» On voit que c'est à ces hypothèses que se rattache celle d'après laquelle les diverses espèces d'éléments anatomiques dériveraient d'un *type unique* par une simple *métamorphose*, ou mieux par un simple développement évolutif : hypothèse ancienne qui remplace la notion de *génération* par celle d'*évolution*, mais que contredit l'étude du lieu, de l'époque et du mode de naissance de chaque espèce d'éléments anatomiques. » (M. Robin, *Mém. sur la naissance des éléments anatomiques ; Journal d'anat. et de physiol.*, note de la page 176, tome I, 1864.)

(1) Il est clair que le phénomène de la métamorphose ne peut pas s'observer sur les plantes dites *plantes cellulaires* (*acotylédones*).

(2) On sait qu'avec les syngénésistes Burdach regarde la prise de forme (car il n'admet pas la naissance) et le développement comme un seul et même phénomène. « Dans le règne organique, écrit-il, se produire est un acte » continu, la formation est un développement, un perfectionnement graduel » et positif tenant à l'acquisition d'une diversité plus grande et d'une indi- » vidualité plus élevée. » Et plus loin : « Le développement est donc une vé- » ritable métamorphose : ce n'est pas seulement la matière, mais c'est ici la » forme qui prend le caractère de chose transitoire ou d'accident, et il n'y a » que la force vitale qui ait la pérennité, qui soit la substance. » (Burdach, *Physiol.* Paris, 1839, t. IV, p. 154.) « Bien que depuis, ajoute avec raison M. Robin, on se soit efforcé de valider ces hypothèses anatomiquement et physiologiquement par les moyens les plus divers et en cherchant ainsi à leur donner un caractère de nouveauté qu'elles n'ont pas, nous avons vu que l'observation les contredit formellement. » (Robin, *loc. cit.*, p. 34, note.)

n'offre rien qui ressemble au phénomène que nous venons de décrire sous le nom de métamorphose chez les éléments végétaux. La naissance des éléments définitifs de l'embryon dans l'ovule ne se fait pas davantage par métamorphose des cellules embryonnaires. Nous savons, en effet, que celles-ci se liquéfient, et que, dans le bastème résultant de cette liquéfaction, naissent de toutes pièces, par génération nouvelle, les fibres musculaires, tubes nerveux, etc., c'est-à-dire que ces derniers éléments se substituent aux éléments primitifs, morts après avoir vécu quelque temps sous la forme de cellules.

Ces derniers phénomènes ont, sur l'hypothèse de Schwann, l'incontestable avantage d'avoir été observés. On les a vus s'accomplir. Ils ne sont point le résultat d'une induction, mais bien des faits d'observation.

Il est très-curieux de rechercher l'origine de la théorie de la *métamorphose* dite aussi *théorie cellulaire*, parce que les éléments constituants sont supposés dériver (par métamorphose) d'éléments ayant forme de cellules (1). En retraçant l'historique de cette théorie, il est facile de faire voir qu'elle n'est, au fond, qu'un remaniement d'anciennes hypothèses. C'est ici la théorie qui a précédé l'observation; et plus tard, au lieu d'accommoder la théorie aux faits, les auteurs qui ont accepté cette hypothèse ont dû chercher à accommoder les faits à la théorie.

(1) De plus, aujourd'hui, les partisans de cette hypothèse admettent que toute cellule naît d'une cellule : *omnis cellula e cellula* (Virchow, 1852). En 1839, Valentin analysant les travaux de Schwann, employa pour la première fois le terme de *théorie cellulaire* ou *théorie des cellules*. Tous les auteurs, depuis lors, ont reproduit cette expression; mais, en fait, il se trouve qu'on a confondu sous le nom de théorie cellulaire trois choses tout à fait distinctes qui sont :

1° Ce fait général ou loi, que les éléments anatomiques définitifs de tous les végétaux et animaux sont *précédés* d'éléments anatomiques offrant l'état de cellule.

2° Les phénomènes de la *naissance* des éléments anatomiques, tant cel-

« Faute, dit M. Robin, de connaître la constitution de la substance organisée, et les propriétés qui lui sont inhérentes, on a longtemps supposé que nul élément ne pouvait naître sans provenir d'une manière directe d'un autre élément; et que la condition d'apparition du second était d'être engendré par le premier, à l'aide de sa propre substance, dans le sens que possède le mot *prolification*. De cette façon, il n'y aurait jamais, à proprement parler, de genèse, génération ou naissance d'un élément anatomique quelconque, mais seulement une *reproduction* ou *prolification* successive d'éléments par un ou plusieurs autres, dont le mode et les conditions premières d'apparition resteraient inconnues (1). »

lules embryonnaires qu'éléments définitifs : ces derniers étant considérés comme *provenant directement* par *métamorphose* des cellules qui les ont précédés. (Nous savons que cette hypothèse est fausse, et les cellules qui précèdent ne sont que les conditions de la genèse des cellules qui suivent).

3° Les phénomènes du *développement* des éléments anatomiques par *métamorphose.* (Hypothèse que les faits contredisent également).

Il est évident que cette dénomination de théorie cellulaire, s'appliquant à trois choses si différentes, ne peut qu'entraîner la confusion.

M. Robin, qui est l'auteur de la distinction que nous venons d'établir entre ces trois phénomènes, propose de réserver le nom de théorie cellulaire pour désigner le premier de ces faits, à savoir que les éléments définitifs, végétaux ou animaux, sont *précédés de cellules.* C'est le seul fait qui reste debout de l'ancienne théorie cellulaire : la démonstration en est due à Schwann plus qu'à tout autre.

Tous les êtres qui naissent d'un ovule commencent par être entièrement composés de cellules dérivant du vitellus « dès que l'embryon qu'elles constituent atteint un volume déterminé dans chaque espèce ; d'autres éléments anatomiques définitifs et permanents succèdent aux cellules embryonnaires qu'ils remplacent. La présence et la préexistence de ces cellules sont les conditions indispensables de la naissance de ces éléments définitifs (fibres tubes, etc.). » (M. Robin, *loc. cit.*, p. 34, note). Ces derniers ne sont cependant ni les produits directs ni les restes des cellules qui les ont précédés : ce fait seul, qu'ils sont bien plus nombreux que celles-ci, le prouverait suffisamment, si l'observation ne l'avait déjà constaté.

(1) M. Robin, *loc. cit.*, p. 317.

« Nous avons vu, dit M. Robin, qu'on ne peut admettre l'hypothèse d'un mode unique d'apparition des divers éléments anatomiques par provenance directe de la substance d'une seule espèce (comme les noyaux embryoplas-

Gruithuisen est véritablement le premier auteur dans les écrits duquel on trouve quelque chose qui ressemble à la théorie de la métamorphose : son ouvrage date de 1811 (1). De Mirbel alors avait introduit déjà dans la science la notion d'éléments anatomiques (1801) (2), mais n'avait point encore cherché à expliquer la naissance et le développement de ceux-ci (1831) (3).

« Gruithuisen, dit M. Robin, cherchant *à se rendre compte des conditions de la naissance* des tissus, plutôt qu'il ne décrit les phénomènes de celle-ci, dit en propres termes que du tissu cellulaire des plantes aussi bien que de celui des animaux peut se reproduire de succession en succession de nouveau tissu cellulaire. Selon lui, chaque forme de cellule n'est limitée par aucune condition de volume. *Dans chaque cellule peut s'en former une autre intérieurement. Il peut se former, par développement des unes ou des autres, plusieurs autres tubes cylindriques.* Toutes peuvent posséder particulièrement

tiques ou du tissu lamineux), et ainsi sans fin en remontant d'un antécédent à l'autre dans l'infini des temps antérieurs. Rien donc de moins réel que l'unité de génération des éléments anatomiques, lors même qu'il s'agit de ceux-là seulement qui ont forme de cellules. C'est ce qu'il est facile de voir en comparant ce que nous savons de l'individualisation des cellules épithéliales à ce qu'on sait des cellules nerveuses, des leucocytes, des hématies, des médullocelles, etc. Il n'y a pas plus unité d'origine, qu'unité de composition immédiate et anatomique, qu'unité de propriétés et d'actions physiologiques spéciales, et cela aussi bien lorsqu'il s'agit des éléments anatomiques, que lorsqu'il est question des tissus et des organes. Partout il y a diversité bien déterminée, anatomique et physiologique, mais avec solidarité caractéristique de ce qu'on entend par *économie organique*. »

(1) Gruithuisen, *Organozoonomie oder ueber der niedrige Leben Verhaltniss*. Munichen, 1811, in-8, p. 151-152.

(2) De Mirbel, *Observations sur un système d'anatomie comparée des végétaux, fondé sur l'organisation de la fleur*, lu à la classe des sciences physiques et mathématiques de l'Institut, le 9 mai 1806. (Mémoires de l'Institut, 1808.)

(3) De Mirbel, *Recherches anat. et physiol. sur le Marchantia polymorpha, pour servir à l'histoire du tissu cellulaire, de l'épiderme et des stomates*, lu à la classe des sciences de l'Institut, le 27 décembre 1851.

dans leur nature les qualités organisantes que nous pouvons journellement observer comme se manifestant dans les formations morbides. On doit aussi, dit-il, chercher dans le tissu cellulaire la matière fondamentale aussi bien de l'organisation la plus inférieure que de celle qui s'élève jusqu'à la vie et à l'intelligence. Seulement, lorsqu'il arrive aux faits de détail, on voit que ces notions générales sont loin d'être fondées sur l'examen de la réalité. Il ajoute en effet que chaque cavité aérienne, chaque cavité médullaire des os est une cellule dans laquelle se sont formées des cellules plus molles remplies de substances pulpeuses qui consistent en cellules. Cela se verrait chez l'embryon où le cerveau est liquide (page 154).

» La cavité thoracique est une cellule dans laquelle est de nouveau une grosse cellule, la plèvre, et de nouveau dans celle-ci plusieurs autres cellules, les poumons, le péricarde, le cœur. Et ces grosses cellules consistent en petites cellules et en fibres et vaisseaux formés à leur tour par des cellules allongées. On voit, par le cœur, par l'estomac, etc., que les cellules peuvent posséder en elles la muscularité (p. 155).

» Les autres exemples qu'il cite étant tous du même genre, les précédents suffisent pour faire sentir où en étaient, à cette époque, les notions analytiques sur lesquelles reposait la synthèse qu'on vient de voir formulée (1). »

Heusinger, en Allemagne (1824), de Blainville en France (1822), ont continué ce même ordre d'hypothèses en s'attachant, plus que Gruithuisen cependant, à expliquer le mode de génération de l'élément.

Heusinger fait provenir les fibres, les tubes, etc., de particules sphériques dont il admet l'existence comme partout démontrée par le microscope.

« Comme expression, écrit-il, de la même lutte entre la

(1) M. Robin, *Analyse du cours de philosophie positive d'Auguste Comte, Journal d'anat. et de physiol.*, 1864, t. I, nº 3, p. 817. Ce résumé est le texte presque littéral de Gruithuisen.

construction et l'expansion, s'offre à nous la sphère (1). Partout la force contractile, centrale, positive, est en équilibre avec la force expansive, périphérique, négative. Par suite, *tous les organismes, comme toutes les parties organiques, ont été primitivement des globules.* L'antagonisme que nous trouvons dans les forces se retrouve dans la matière. Par un surcroît de forces, les vésicules naissent des globules qui souvent ne sont homogènes que d'apparence. C'est ainsi que tous les organismes qui se forment passent de la forme sphérique pleine à la forme vésiculaire.

» Dans l'organisme où se trouvent à la fois des globules et des masses amorphes, celles-ci s'unissent d'après les lois chimiques et représentent alors des fibres.

» Si ce sont des vésicules qui se soudent l'une à l'autre, le résultat sera des canalicules, des tubes.

» D'après ces principes, je partage les tissus suivant trois formations principales :

» 1° La formation de la matière amorphe;

» 2° La formation des globules; celle-ci comprend deux sous-divisions : A, formation de globules parfaits; B, formation de fibres;

» 3° La formation de vésicules; elle comprend deux sous-divisions : A, formation de vésicules parfaites; B, formation de tubes (p. 112).

MATIÈRE AMORPHE.

« La matière amorphe du corps des animaux n'est pas autre chose qu'une *substance de formation.* Cette matière amorphe, qui est l'origine de tous les autres tissus, doit être accumulée en grande quantité dans le corps des animaux. En effet, tous les autres tissus en sont enveloppés, *et ils en naissent constam-*

---

(1) Dans les phrases suivantes, nous avons préféré au mot *sphère* le terme de *globule,* que déjà plusieurs auteurs ont employé dans ce même sens (théorie globulaire).

ment pour se transformer en elle. Toutes les sécrétions, le sang même, n'en sont que des métamorphoses ; car ce n'est pas le sang, mais bien cette matière qui préexiste dans l'embryon. C'est surtout dans les sécrétions que nous voyons très-nettement cette *substance de formation* se partager en des produits qui sont en antagonisme polaire. Dans les membranes séreuses, par exemple, elle se partage en sérum qui est sécrété à la face interne, et en graisse qui est sécrétée à la face externe. Nous voyons cette substance de formation sous différentes formes dans le corps de l'homme (c'est le seul dont je tiens compte ici pour ne pas être trop long) (p. 413).

» Les globules sont les formes que la substance de formation a le plus de tendance à produire, car cette substance apparaît, sous le microscope, composée de petits globules suspendus dans un liquide (p. 114).

A. *Formation des globules.*

» Quoique tous les tissus passent par la forme globulaire, il existe néanmoins dans le corps humain et à l'état normal peu de parties qui soient restées à l'état de globules parfaits. Cela est d'autant plus remarquable que cette forme prédomine dans les éléments morbides de nouvelle formation (page 114).

B. *Formation des fibres.*

» Les fibres sont des agrégations de globules soudés ensemble par les forces polaires.

» Dans le corps humain adulte, on ne peut prouver la naissance des fibres par une agrégation de globules que dans les fibres nerveuses.

» La naissance des fibres musculaires par cette agrégation de globules est très-vraisemblable chez les animaux supérieurs ; mais elle est très-apparente chez les animaux inférieurs.

» La fibre vasculaire, qui est complétement développée dans les troncs des artères, est très-différente, il est vrai, de la fibre musculaire. Mais la fibre musculaire développée des muscles volontaires sert de transition avec la fibre musculaire moins développée de l'intestin et des muscles involontaires. La fibre des parois des veines, qui n'a pas de formes bien caractérisées, a beaucoup de ressemblance avec ces dernières fibres, et elle forme la transition avec les fibres des parois artérielles. On peut voir ces transitions d'une manière très-nette chez les animaux. La fibre tendineuse a la même formation, comme on peut s'en assurer chez le fœtus (p. 115).

FORMATION DES VÉSICULES.

» Pendant que la vésicule s'est formée du globule, elle s'est entourée d'une membrane différente et polarisante : cette membrane rend possible une grande variété de matière et de tissus.

A. Formation des vésicules simples.

» A cette formation se rattachent toutes les membranes simples, closes, ainsi que celles pourvues d'un orifice, les follicules adipeux, les follicules muqueux, les gaînes des tendons, les membranes synoviales, les membranes séreuses. Ordinairement, les éléments sécrétés à leur surface externe sont en antagonisme polaire avec les éléments sécrétés à leur surface interne. Quelques membranes fibreuses ne sont que des *précipités* de ces sécrétions. Le derme, à l'origine, n'est autre chose qu'un pareil précipité à la surface séreuse de l'amnios, et il en est de même pour les membranes muqueuses.

B. Formation des vaisseaux.

» Les vaisseaux sont des vésicules soudées bout à bout et communiquant ensemble.

» La naissance des vaisseaux dans l'embryon du poulet, dans les parties enflammées (formations nouvelles), et dans le circuit des vaisseaux chez les méduses, prouve à l'évidence cette manière de voir (p. 116) (1).

» On peut résumer toute la théorie d'Heusinger en deux points : 1° tous les tissus proviennent d'une substance de formation : cette substance est amorphe et précède le sang ; 2° elle forme les globules qui, soudés bout à bout, forment les fibres : elle forme aussi les vésicules qui, isolées, constituent les séreuses, follicules glandulaires, etc., et qui, soudées bout à bout, forment les vaisseaux. Aussi admet-il avec Gruithuisen que les valvules des vaisseaux sont des restes de cellules.

» Ce sont là d'ailleurs, à peu de chose près, les principaux points de la théorie que de Blainville émettait en France la même année (1822). Ce dernier auteur, en effet, s'appuyant sur les données de l'anatomie comparée (2), admettait un

(1) Heusinger, *System der Histologie*, Eisenach, 1822, in-4. Je dois à l'obligeance de mon ami E. Onimus la traduction de ce passage d'Heusinger.

(2) « Faute de pouvoir suivre sur un même individu le développement de chaque élément anatomique, consécutivement au fait de sa naissance, on peut remplacer cet ordre d'observation par l'examen de cet élément fait sur un certain nombre d'êtres de même espèce, pris à des âges différents, toutefois aussi rapprochés que possible. Mais on ne saurait lui substituer la description d'éléments de même espèce, étudiés dans la série animale sur des êtres d'organisation de plus en plus simple. Ces deux ordres de conditions sont en effet essentiellement distincts.

» Le développement est un phénomène continu d'une rapidité variable, selon la durée de l'existence de chaque individu, pouvant même être si lent qu'il semble avoir complétement cessé, mais c'est toujours sur un même être qu'il a lieu : cet acte s'opère dans des conditions statiques qui restent de même ordre, sans interruption pendant toute sa durée ; c'est cette continuité dans les conditions statiques, comme dans le fait dynamique, qui caractérise l'évolution.

» En comparant au contraire des éléments anatomiques ou des parties plus complexes, dans la série des êtres et non dans la succession des âges, on ne constate plus les phénomènes d'une évolution. Ce ne sont plus des faits d'ordre dynamique assimilables à ceux d'un développement évolutif qu'on a

seul élément anatomique générateur, le tissu cellulaire. Les fibres de ce tissu, en se modifiant depuis leur apparition dans l'embryon devenaient l'origine des fibres nerveuses musculaires, du cartilage, de l'os, etc. (1). *L'élément générateur*, écrit de Blainville, est le tissu cellulaire ou absorbant.

» Les éléments secondaires sont :

» *a.* La fibre musculaire ou contractile ;

» *b.* La pulpe et la fibre nerveuse ou excitante.

» *L'élément générateur en se modifiant* un peu, mais sans changer beaucoup ses principales propriétés, produit un certain nombre de systèmes (dermique, muqueux, fibreux) » (p. 11).

sous les yeux : ce n'est qu'une série de termes distincts plus complexes les uns que les autres, représentant des conditions statiques qui ne sont pas semblables. Si en raison du peu de différence de l'un à l'autre des éléments anatomiques comparés entre eux, d'une espèce animale à l'autre, on peut, par une vue de l'esprit, exprimer leur analogie à l'aide de formules dont les expressions se rapprochent de celles qui servent à décrire un phénomène continu, il importe d'éviter une confusion entre les deux ordres de notions différentes que ces mots servent à désigner.

» Dans le cas du développement d'un élément anatomique qui vient de naître, celui-ci ne cesse pas d'être lui-même à partir de ce point initial. Dans son évolution il trace en quelque sorte une courbe non interrompue, dont l'état adulte marque le sommet, et la mort, ou destruction de l'élément, le point terminal. Les aberrations accidentelles ou morbides de forme, de volume et de structure en sont autant de *points singuliers*.

» Dans le cas de la comparaison des éléments anatomiques ou des tissus, etc., d'un animal à l'autre, à compter des plus simples pour arriver aux plus complexes, il ne s'agit plus d'une continuité de phénomènes et de changements qui les décèlent, on a sous les yeux une série de termes distincts, plus ou moins séparés les uns des autres, et disposés en une certaine progression. La suite des points obtenus dans ce dernier cas ne peut se superposer exactement à la courbe continue que trace cette même partie du corps dans son évolution. » (M. Robin, *Journal d'anat. et de physiol.* ; *Analyse du cours de philosophie positive d'Auguste Comte,* p. 323.)

(1) Dans l'opinion de de Blainville, les fibres du tissu cellulaire allaient également en se modifiant de plus en plus d'une espèce animale à l'autre, à partir des espèces les plus simples, et engendraient successivement ainsi des éléments de plus en plus complexes.

Page 7. « Quand on étudie la structure des animaux, il est
aisé de se convaincre que l'élément principal le plus généralement répandu, et peut-être l'*unique*, est le *tissu cellulaire*.
Il n'est autre chose qu'un composé de filaments entièrement
fins, blanchâtres, élastiques, entrelacés, enchevêtrés dans
tous les sens. Ces filaments forment ainsi des aréoles, des vacuoles de formes très-différentes, dans lesquelles peuvent se
déposer des fluides de nature également diverse.

« Les propriétés principales du tissu cellulaire sont :

» 1° L'élasticité, propriété physique généralement répandue.

» 2° L'hygrométricité, c'est-à-dire la propriété d'absorber
une plus ou moins grande quantité du fluide au milieu duquel
il est plongé : c'est un effet dépendant de la capillarité qui
n'est elle-même qu'un simple phénomène d'attraction moléculaire, et dont nous verrons naître l'absorption et la circulation des fluides.

» 3° Une autre de ses propriétés, qui dérive très-probable-
ment des deux premières, est la possibilité d'être raccourcie
ou contractée, quoique très-faiblement sans doute, par l'action des agents extérieurs ; ce qui donne naissance à la contractilité de tissu ou organique, qui, par degrés, arrivera à
celle que nous connaîtrons sous le nom de contractilité animale. Mais, pour jouir de cette dernière propriété au plus
haut degré, la fibre élémentaire ou l'élément générateur
éprouve une modification remarquable dont nous allons parler tout à l'heure. Voyons auparavant comment, sans changer beaucoup de nature, si ce n'est peut-être dans la disposition de ses parties, il produit certaines modifications
importantes à connaître.

» En se condensant plus ou moins par l'action mécanique
et peut-être chimique du fluide ambiant, le tissu cellulaire
forme le derme (page 8).

» Par sa disposition en filaments très-serrés plus ou moins
allongés, et en se combinant avec une quantité presque déter-

minée d'un fluide aqueux, la fibre cellulaire forme les aponé-
vroses, les ligaments et les tendons, ou le système fibreux
élastique ou non.

» En recevant dans ses mailles, et cela dans des endroits
déterminés et constamment en dedans de la peau ou du
derme proprement dit, une plus ou moins grande quantité
de mucus concrété ou de molécules calcaires, l'élément générateur produit le cartilage et les os.

» Enfin, en se contournant, en se disposant en tubes dont
la cavité n'est pour ainsi dire qu'une très-grande lacune, le
tissu cellulaire forme ce que nous connaîtrons sous le nom
de vaisseaux artériels veineux et lymphatiques (p. 9).

» Le premier élément secondaire que l'on peut parfaitement concevoir *comme provenant de l'élément primitif* est celui que l'on regarde presque exclusivement comme animal,
c'est la fibre contractile. Elle appartient évidemment à la
peau ou à l'enveloppe générale avec laquelle elle est d'abord
confondue, et dont elle se sépare de plus en plus complète-
ment, à mesure que l'animal s'éloigne davantage du moment
de sa naissance ou du commencement de la série animale. Cet
élément est ordinairement sous la forme de fibres ou de
filets extrêmement fins, plus ou moins allongés, de couleur
et d'aspect très-variables.....

» Cette fibre n'est jamais complétement indépendante du
tissu cellulaire et surtout du tissu cellulaire fibreux; c'est-à-
dire que par ses extrémités elle se continue très-évidemment
avec lui, et par là s'attache au corps qu'elle doit mouvoir.
En sorte que l'on conçoit que la fibre contractile ne soit réelle-
ment que la fibre celluleuse dans les mailles de laquelle s'est dé-
posée une certaine partie du sang (p. 10).

» L'irritation intérieure est le plus ordinairement produite
par le deuxième élément secondaire, modification encore
plus inconnue du tissu fondamental ou cellulaire, à laquelle
on donne le nom de fibre nerveuse, de fibre productrice, ou

mieux peut-être conductrice du fluide excitant » (p. 12) (1).

M. Robin, qui mentionne la théorie de de Blainville, ajoute, après l'avoir exposée :

« On voit tout de suite combien d'hypothèses postérieurement émises et encore adoptées par quelques médecins ne sont que des remaniements de celles-ci. Seulement on a donné à ces hypothèses un corps plus voisin de la réalité, en prenant pour les appuyer des exemples dans les éléments anatomiques réels, ayant forme de cellules, alors aperçus par le microscope; et non plus dans certaines dispositions anatomiques des organes, comme la plèvre ou les veines (2). »

En effet, les auteurs des théories que nous venons de citer n'ont pas reconnu les éléments anatomiques réels. On peut faire le même reproche à Dutrochet (1824-1837), qui énonça cependant en termes précis la théorie que Schwann s'appropria plus tard, en l'appliquant aux éléments anatomiques réels et en essayant de l'étayer sur l'observation.

Dutrochet affirme en effet que les animaux et les végétaux se développent de la même manière, et que les uns comme les autres dérivent de cellules. « Tout dérive évidemment de la cellule dans le tissu organique des végétaux, et l'observation vient nous prouver qu'il en est de même chez les animaux » (3). « Les corpuscules globuleux qui composent par leur assemblage tous les tissus organiques des animaux sont véritablement des cellules globuleuses d'une excessive petitesse, lesquelles paraissent n'être réunies que par une simple force d'adhésion. Ainsi, tous les tissus, tous les organes des animaux ne sont véritablement qu'un tissu cellulaire diversement modifié (4). » Tout dérivant de la cellule, les fibres mus-

(1) *De l'organisation des animaux*, ou *Principes d'anatomie comparée*. De Blainville, 1812, Paris, in-8°, p. 9 et suiv.

(2) *Mém. sur la naissance des élém. anat.*, Robin, t. I, p. 318.

(3) Dutrochet, *Recherches sur la structure intime des animaux et des végétaux*. Paris, 1814, in-8°.

(4) Dutrochet, *Mémoire pour servir à l'histoire naturelle des végétaux et des animaux*. Paris, 1837, in-8, t. II, p. 468.

culaires ne sont que des cellules allongées, etc..... La question de savoir comment naissent les cellules est complétement
omise.

C'est par la comparaison entre l'organisation des végétaux
et celle des animaux que Dutrochet fut conduit à formuler
ces idées. « Mais, pour que toute idée fructifie, dit M. Robin,
il faut une démonstration au moins apparente, susceptible
de vérification. Aussi, la conception de Dutrochet n'eut pas
entre ses mains la même influence qu'entre celles de Schwann.
Cela tient à ce que ne pouvant se servir que d'instruments
trop imparfaits, le premier de ces auteurs ne décrivit anatomiquement d'une manière exacte que ce qui a rapport aux
plantes (1). »

De Mirbel, qui, le premier, avait *vu* et décrit les éléments
anatomiques (chez les plantes) (1802), fut aussi le premier à
observer sur les végétaux les modes de formation et de développement des éléments, deux propriétés que d'ailleurs il distingue très-nettement (1831) (2). Il considère les *fibres* et les
tubes comme des *cellules allongées*. Selon lui, les cellules naissent de trois façons : *dans* les cellules (génération *intra-cellulaire*), *sur* les cellules (génération *superutriculaire*), *entre* les
cellules (génération *interutriculaire*. Ce sont en réalité la génération dite *endogène*, la *gemmation* et la *genèse*. Ce ne fut
qu'en 1839 qu'il décrivit ce dernier mode de naissance des
cellules. Il le nomme aussi *formation de toutes pièces*, et dit
qu'on l'observe partout où abonde le cambium (3). Il vit
comment la paroi, commune à deux cellules, d'abord simple,
se dédouble en premier lieu vers les angles : d'où résulte

(1) « Il est inutile aujourd'hui de discuter l'expérience dans laquelle il
crut voir se former sous l'influence de la pile voltaïque dans de l'albumine,
du jaune d'œuf, etc., des fibres musculaires par l'agglomération des globules
dont il croyait tous les solides formés. » Robin, *Analyse du cours de philosophie positive d'Auguste Comte; Journal d'anatomie et de physiologie,*
t. I, n° 3, p. 320, 1864.

(2) De Mirbel, *Recherches sur le* Marchantia polymorpha, 1831.

(3) De Mirbel, *Nouvelles notes sur le cambium,* 1839.

l'apparition de méats intercellulaires. A mesure que le dédoublement gagne de proche en proche, chaque cellule devient distincte et n'a plus que des rapports de contiguïté avec les cellules voisines. « Ces cellules sont autant d'individus vivants, jouissant chacun de la propriété de croître, de se multiplier, de se modifier dans de certaines limites, et qui sont les matériaux constituants des plantes. *La plante est donc un être collectif* (p. 649). » « Il est impossible, ajoute M. Robin, à qui nous empruntons ce passage, de caractériser d'une manière plus simple et plus réelle comment l'individu total résulte de la réunion d'éléments constituants solubles, comment les propriétés vitales de l'être ne sont qu'une manifestation des mêmes propriétés de chacun des éléments anatomiques réunis pour le constituer. Ce fait est vrai non-seulement pour les plantes, mais encore pour les animaux. » (Robin, *loc. cit. supra*, p. 319). De Mirbel enfin montra que les vaisseaux ne sont pas tubuleux dans toute leur longueur, mais qu'ils sont cloisonnés d'espace en espace, étant formés d'utricules superposés. Ces cloisons d'ailleurs ne sont pas toujours complètes, mais se résorbent et se perforent par places (1). « Plus tard, de Mirbel crut voir les granulations moléculaires, douées du mouvement brownien, se rencontrer et s'ajuster ensemble pour former des cellules. Il les appelle, à cause de cela, des *phytospermes.* » (Robin, *loc. cit. supra*, p. 320.)

Raspail (1833) (2) admet, sans le démontrer, que toutes les parties animales sont d'abord des cellules ; il émet cette opinion que la *génération* est une *cristallisation vésiculaire.*

En 1838, Broussais écrivait : « Il résulte des travaux modernes sur l'organogénie et surtout des savantes recherches de Raspail, faites au moyen du microscope, que tout être

(1) On sait que les trachées naissent trachées, les vaisseaux ponctués, vaisseaux ponctués ; mais à leur naissance ces éléments ont la forme de cellules sphéroïdales, ovoïdes ou cylindriques qui s'allongent plus tard.

(2) Raspail. *Nouveau système de physiol. végét. et de botan. ; Nouveau système de chimie organique,* 1838.

organisé commence par une vésicule imperforée détachée
d'un être semblable. « L'analogie obtenue par une induction
» rigoureuse », dit Carus, » nous conduira à établir que la paroi
» de cette vésicule est elle-même formée de vésicules aggluti-
» nées côte à côte, qui peuvent aussi être composées d'autres
» vésicules, et ainsi de suite, jusqu'à cet infini qu'on est forcé
» d'admettre partout, quoique le calcul ne puisse jamais l'at-
» teindre (1). » Nous éviterons de nous perdre dans cet infini,
qui n'est qu'une conception confuse et non un fait démontré,
et nous admettons avec le même auteur que la vésicule perceptible au microscope, qui sert de point de départ à l'organisation, s'accroît en s'assimilant une partie des éléments gazeux et liquides qu'elle aspire, et en rejetant au dehors par
l'expiration ce qui lui est superflu. Ce fait étant applicable à
l'embryon de l'homme, dont nous nous occupons principalement dans cet ouvrage, nous disons que la vésicule embryonnaire ne peut conserver la vie que par l'excitation que produisent sur elle les matériaux propres à sa nutrition.... L'embryon les trouve d'abord dans les humeurs de l'utérus, qui
ont été elles-mêmes soumises à l'action des modificateurs externes : ce sont donc des fluides déjà animalisés qui sont ses
premiers excitants, comme ses premiers matériaux nutritifs,
et c'est de ces fluides que sont retirés les premiers éléments
gazeux proportionnés à la finesse des *vésicules qui vont se multipliant par emboîtement et prolongement pour constituer les tissus.....* Nous admettons que tout être organisé commence
par une vésicule, que toutes les extensions, tous les prolongements, se font également par des vésicules développées dans
l'intérieur de la première et de toutes les autres; en un mot,
que tout a germé et poussé sous la forme vésiculaire.

» Nous reconnaissons que cette forme persiste encore dans
les organes creux, mais elle disparaît dans les filaments divers

_____

(1) *Traité élémentaire d'anatomie comparée.* Carus, traduit par Jourdan,
1835.

dont l'entrelacement constitue leurs parois. Nous sommes loin de nier que ces corps linéaires aient été primitivement des vésicules sorties les unes des autres, dont les cloisons se sont rompues pour constituer des canaux ; que cette disposition ait persisté dans tous les organes qui ont conservé la forme canaliculée, qu'elle ait disparu dans les filaments qui nous paraissent former la trame de ces organes et de tous les autres par une oblitération complète ou incomplète ; en un mot, nous ne voulons infirmer ni même attaquer aucun des résultats des observations microscopiques que nous admirons, tout en convenant qu'ils ont besoin de confirmation. Mais tout cela ne nous fait pas renoncer à nous servir du mot *fibres*, qu'aucun autre jusqu'à présent ne peut remplacer (1). »

En 1838, Schleiden reprend les vues de de Mirbel sur la *génération* des *éléments* et leur *développement* par *métamorphose*. Dans ce qu'il nomme la *phytogenèse endogène* et *exogène*, il est facile de reconnaître la *génération intra-cellulaire* et *interutriculaire* de de Mirbel. Mais Schleiden chercha à pénétrer dans l'intimité même du phénomène de la génération des éléments anatomiques. Sous ce rapport, il alla plus loin que de Mirbel. Il décrivit comme suit la naissance de la cellule : le nucléole apparaissait d'abord de toutes pièces au sein d'un liquide formateur (blastème, cytoblastème) ; deux petits granules provenant du blastème venaient se grouper autour du *nucléole* dès qu'il avait atteint un certain volume ; une membrane venait entourer ces dépôts et constituait ainsi le *nucleus* complet (2), précédant toujours le corps de la cellule et toujours précédé lui-même par le nucléole. Sur le cytoblaste ou noyau, ainsi développé, apparaissait une membrane sous forme d'une petite vésicule transparente, ou segment de sphère, aplati comme un verre de montre appliqué sur sa sertissure.

(1) Broussais, *Traité de l'irritation et de la folie*, 1839. Paris, in-8, t. I, p. 57 à 64.

(2) C'est à Robert Brown qu'on doit la découverte du noyau (nucleus) dans l'intérieur de la cellule végétale (1831).

En se distendant peu à peu, cette petite vésicule s'éloignait du cytoblaste et devenait la membrane cellulaire, l'espace qui sépare le noyau de la paroi étant d'ailleurs rempli de liquide. C'est ainsi que, selon Schleiden, naissent toutes les cellules. Il admet également que le développement se fait par métamorphose, mais il confond la naissance avec le développement, que de Mirbel avait distingués avec soin.

Enfin Schwann (1838) appliqua aux éléments anatomiques des animaux les vues de de Mirbel et de Schleiden concernant la genèse des cellules et leur métamorphose chez les végétaux. Ce que ces auteurs avaient observé sur la plante, il essaya de l'observer sur l'animal; ce que Gruithuisen avait supposé, il prétendit le démontrer. A ce point de vue, on peut regarder Schwann comme le véritable fondateur de la théorie de la métamorphose, puisqu'il fut le premier à généraliser et à théoriser les faits observés par de Mirbel et Schleiden. Il est vrai qu'avant lui (1811) Gruithuisen avait essayé la même généralisation et posé les fondements de la même théorie. Mais ce n'était là qu'une hypothèse; Schwann entreprit de le démontrer. L'induction de Gruithuisen ne prit réellement corps que le jour où Schwann *observa* l'embryon tout formé de cellules, et vit que les tissus sont d'autant plus riches en cellules qu'ils sont plus jeunes. «Schwann, dit M. Robin, a vu les éléments anatomiques réels à telle ou telle période de leur évolution fœtale, à deux ou trois près (1). »

Pour pouvoir conclure en toute liberté de la plante à l'animal, Schwann chercha à démontrer l'identité de la cellule végétale avec la cellule animale (2). Partant de là, il admet entièrement, pour les éléments des animaux, l'opinion de Schleiden sur la génération et la métamorphose des éléments végétaux. Il adopta également, en la développant, la théorie

(1) Robin, *Programme du cours d'histologie*, p. 37.
(2) On sait que la cellule végétale diffère de la cellule animale par l'existence d'une enveloppe de cellulose doublée par un utricule formé de substance azotée auquel se rattache le noyau.

au moyen de laquelle ce dernier auteur cherche à expliquer la formation libre des cellules : dans un liquide riche en substances organiques dissoutes, un grain ou *nucléole* se précipite; s'entourant de cytoblastème, le nucléole devient un noyau; celui-ci attire les molécules qui l'entourent, les condense de plus en plus à sa surface jusqu'à ce qu'elles deviennent une membrane; celle-ci, laissant passer au travers de ses pores le cytoblastème liquide, s'écarte ainsi du noyau, et la cellule se trouve constituée. Schwann fait intervenir ici, dans la génération des cellules, une *attraction moléculaire* (1) analogue à celle qui préside à la cristallisation. D'ailleurs il compare formellement, comme l'avait déjà fait Raspail, la *cellule* au *cristal* et la *génération* à la *cristallisation*.

Admettant, comme Schleiden, que le développement se fait par métamorphose, Schwann se trouve ainsi conduit à confondre également la *naissance* et le *développement*. La théorie

(1) Nous avons vu que cette hypothèse, émise dans le but d'expliquer la *formation libre* des cellules (genèse), manque de justesse. Le noyau joue certainement un rôle dans les phénomènes de l'apparition de la cellule, le plus souvent il la précède (genèse de la cellule ou individualisation de matière amorphe). Cependant les cas assez nombreux et parfaitement constatés où la cellule apparaît avant son noyau (cellules du cristallin) prouvent d'une manière irréfutable que celui-ci ne joue pas le rôle qu'on lui a assigné et n'est pas indispensable à la génération de l'élément.

Dès 1840, Reichert avait combattu cette hypothèse en montrant que le nucléole n'apparaît dans les noyaux qu'après leur naissance par les progrès du développement. Vog et Bergmann (1840-1841) réfutèrent également cette théorie en montrant : 1° comment les cellules naissent par segmentation du vitellus ou d'autres cellules ; 2° que dans certaines cellules du cartilage et de la corde dorsale, le corps de la cellule apparaît quelquefois avant le noyau. Plus tard, dans la théorie de l'involution, on cherche à expliquer la segmentation du vitellus en disant que le noyau était un *centre d'attraction* qui agissait, après sa scission, sur les molécules du vitellus, de manière à diviser celui-ci en deux moitiés. Mais il resterait toujours, comme le remarque M. Robin, à dire comment a lieu la *division spontanée* du noyau vitellin. L'absence de noyau vitellin pendant la segmentation chez les gastéropodes d'eau douce, etc., la production des cellules blastodermiques par gemmation, sans noyaux, chez les tipulaires caliciformes, et avec un noyau chez les muscides, infirment la validité de ces propositions.

de la métamorphose mène par une pente insensible à la confusion de ces deux propriétés qu'il importe tant de distinguer.
Si l'on admet que les éléments constituants (fibres, tubes, etc.)
dérivent tous directement du type cellule, la naissance de ces
éléments (en tant que fibres, tubes, etc.) se confond évidemment avec le développement de la cellule qui subit la métamorphose (1). De là à faire dériver directement toute cellule
de la cellule par prolifération (génération endogène ou scission), il n'y avait qu'un pas (2). Remak (1852), qui n'admettait qu'un mode de naissance pour les cellules, la formation
intra-cellulaire (génération endogène), émit l'axiome : *omnis
cellula in cellula.* Peu après, Virchow (1854), qui rejetait avec
Remak la formation libre des cellules (genèse), mais admettait trois modes différents de naissance des cellules (par *génération endogène*, par *scission* et par *bourgeonnement cellulaire* ou
gemmation) (3), modifia légèrement la théorie de Remak en

(1) On sait que les cellules des plantes pour passer à l'état de fibres,
tubes, etc., ne subissent pas une véritable métamorphose dans le sens réel du
mot, comme l'entendaient les auteurs que nous avons cités. Les éléments, qui,
après leur développement, constituent les trachées, par exemple, naissent avec
la structure spéciale aux trachées, seulement plus courts qu'ils ne seront plus
tard. Toute leur métamorphose consiste à s'allonger. Chacun de ces éléments
a son mode de naissance particulier, tout à fait distinct de son développement.
Il naît cellule ; en changeant de forme, par suite de son développement, il
acquiert la figure d'une fibre ; mais toujours, depuis sa naissance, et pendant
tout le cours de son développement, il conserve les caractères spécifiques
qui lui sont propres. Si, au contraire, comme on l'admettait autrefois, une
cellule devenait fibre par métamorphoses, comme une chenille devient papillon, il est clair que le *développement* de la cellule et la *naissance* de la fibre
seraient deux phénomènes absolument confondus, de même que la *naissance*
de la nymphe et plus tard celle du papillon ne sont, à vrai dire, qu'une des
phases du *développement* d'un même être, la chenille.

(2) Cette idée que la cellule provient directement de la cellule, ne se trouve
pas dans Schwann, puisqu'il admet la formation libre des cellules (genèse). Il
professait seulement que tous les animaux procèdent originairement de cellules, et que les parties élémentaires plus élevées se développent de celles-ci
(métamorphose). Nous avons vu que ces trois faits si différents ont été confondus sous le nom commun de théorie cellulaire.

(3) On sait que ces trois modes de génération ont été compris sous le terme

posant le principe : *omnis cellula e cellula.* Dans ces deux
théories, non-seulement la *naissance* d'une fibre, d'un
tube, etc., résulte du *développement* (par métamorphose) d'une
cellule (1), mais encore la *naissance* de la cellule elle-même
n'est autre chose qu'un résultat du *développement* de la cellule
dont elle dérive par voie de généalogie directe, c'est-à-dire
que la naissance et le développement sont confondus. Schwann
ne faisait cette confusion qu'en ce qui concerne les éléments
ayant forme de fibres, tubes, etc., et admettait encore la *formation libre,* c'est-à-dire véritablement la *naissance* des cellules. Remak et Virchow, en refusant d'admettre ce dernier
mode de génération, supprimèrent ainsi toute idée de naissance, et de cette confusion de deux propriétés distinctes
firent une loi. « Enfin, écrit M. Picard, le traducteur de
Virchow, parurent Remak et Virchow, qui nièrent la libre
formation cellulaire, et qui, en physiologie comme en pathologie, considérèrent le *développement cellulaire comme une
succession régulière et légitime de générations* (2).

Comme de Blainville, Virchow admet une *substance forma-
trice* répandue dans tous les tissus de l'organisme, et qui,
grâce au développement (par métamorphose) de ses cellules,
produirait les éléments des tissus. Pour de Blainville, cette
substance était le *tissu cellulaire ;* selon Virchow, cette substance est le *tissu conjonctif,* ce qui est tout un. Les cellules
du tissu conjonctif, nées par développement des cellules qui
les précèdent (prolifération), produisent à leur tour par
leur développement les éléments de tous les tissus (métamor-

commun de prolifération. Ce mot, dans le nouveau sens qu'on lui a attribué,
désigne ce fait qu'une cellule dérive d'une autre cellule par voie généalogique
directe. Il comprend donc aussi bien la segmentation et la gemmation cellulaire que la génération endogène.

(1) Nous avons vu que si toute *métamorphose* est un fait de *développement,*
tout développement n'est pas nécessairement une métamorphose.

(2) *Pathologie cellulaire.* Virchow, traduit par Paul Picard, 1861. *Introduction du traducteur,* p. 11.

phose) (1). Ces cellules du tissu conjonctif seraient même le
point de départ unique (toujours par métamorphose) de
toutes les néoplasies pathologiques. Virchow écrit : «Du moment où je fus en droit de soutenir qu'il n'est aucune partie
du corps qui ne possède des éléments cellulaires; lorsque je
pus démontrer que les corpuscules osseux sont de véritables
cellules; que, grâce au tissu conjonctif, on trouvait des cellules véritables en nombre tantôt moindre, tantôt plus considérable, dans les points les plus divers du corps humain, on
eut ainsi des germes qui rendaient compte du développement
éventuel de nouveaux tissus. En effet, le nombre des observateurs augmentant, il fut de plus en plus démontré que la
plus grande partie des néoplasies du corps humain provient
du tissu conjonctif ou de ses équivalents. Les néoplasies pathologiques qui n'entrent pas dans cette classe sont peu nombreuses : ce sont d'un côté les formations épithéliales; d'un
autre côté celles qui ont des relations avec les tissus animaux
plus élevés, les vaisseaux, par exemple. Ainsi, avec quelques
restrictions peu importantes, vous pouvez *substituer à la
lymphe plastique, au blastème des uns, à l'exsudat des autres, le
tissu conjonctif avec ses équivalents, et vous pouvez le regarder
comme le tissu germinatif par excellence du corps humain*, et le
considérer comme le point de départ régulier du développement....

« Actuellement nous partageons l'idée émise par Reichert,
et nous considérons le corps humain comme composé d'une
masse plus ou moins continue de tissus appartenant à la substance conjonctive, au milieu desquels on trouve en certains
points des tissus différents comme des muscles et des
nerfs (2). » Comme le dit Virchow lui-même, on voit qu'à la

(1) Ce qui revient à dire : La cellule naît de la cellule par prolifération; la
fibre, le tube, etc., naissent de la cellule par métamorphose.

(2) « D'après mes recherches, continue le même auteur, c'est au sein de
cette charpente plus ou moins continue que se développe la néoplasie d'après
les lois qui régissent le développement dans l'embryon. La loi de l'identité du

théorie du blastème (théorie de la genèse), il substitue la
théorie du *développement continu* des tissus. Aussi, pour être
logique, dut-il refuser de considérer le vitellus comme un élément amorphe et n'y voir qu'une substance cellulaire : « Ici
encore, il a fallu se convaincre qu'on a affaire à une substance
cellulaire, et s'il est vrai, comme Remak l'a établi mieux que
tout autre, que la segmention du vitellus soit due à une division de cellules, au développement et à la fusion des cloisons
membraneuses dans l'intérieur de l'œuf, vous comprendrez
alors qu'il ne s'agit plus d'un mouvement organisateur libre
s'effectuant dans la masse vitelline, mais d'une division continue se propageant d'un élément simple (dans le principe) à
une série de générations des éléments (1). » L'embryon se
trouve ainsi d'abord uniquement composé des cellules de la
substance conjonctive qui, par leur développement, se métamorphosent en éléments constituants : « L'élément cellulaire,
écrit Virchow, peut se développer et devenir fibre nerveuse.
Le noyau, cet élément constant, ne fait pas défaut ; mais il se
trouve relégué dans la gaîne de la fibre nerveuse en dehors
de la portion médullaire (2). »

Tel est le résumé succinct des diverses phases par lesquelles
a passé la théorie de la métamorphose depuis son origine
jusqu'à nos jours. D'une hypothèse Schwann fut conduit à
essayer de faire une doctrine. Préoccupé de cette idée que la

---

développement embryonnaire et du développement pathologique a été formulée
par Jean Müller, qui s'appuyait sur les travaux de Schwann. » (Virchow, *loc.
cit.*, p. 334 et 335.)

(1) Virchow, *loc. cit.*, p. 335. Nous avons déjà démontré que les faits
observés par Remak sur l'ovule de quelques batraciens étaient en contradiction avec la généralité des faits. Si donc les observations de Remak sont confirmées, elles auront le caractère de faits particuliers, d'exception même, et
non d'une loi générale.

(2) Virchow, *loc. cit.*, p. 11. Kölliker fait jouer au tissu conjonctif à peu
près le même rôle, il propose de le nommer *substance de soutien* parce qu'il
sert de charpente à tout l'organisme tant comme substance d'enveloppe, que
comme substance de remplissage.

théorie de Schleiden sur la génération et le développement
des éléments végétaux devait nécessairement s'appliquer
de tous points à la génération et au développement des éléments animaux, il dut se trouver entraîné à interpréter ses
observations dans ce sens. Il se laissa guider par l'analogie,
et l'analogie le servit mal; il dut solliciter doucement les faits
pour en tirer les conclusions favorables à son hypothèse. La
théorie chez lui précédant l'observation, il lui fallut, quand
même, adapter la théorie aux faits. Il observa bien, mais il in-
terpréta mal. Il admit par *induction* des phénomènes qu'il
n'avait point *vu* s'accomplir. En pareille matière, ce vice de
méthode est très-grave; c'est pourtant celui qu'on peut re-
procher à beaucoup d'auteurs. On cherche à observer plusieurs éléments d'une même espèce, à des états différents,
suivant la période de leur évolution, et de cette observation
on induit les diverses phases de leur développement. Mais,
pour que cette méthode soit rigoureuse, il faut être sûr qu'on
a bien affaire à des éléments d'une même espèce et que les différences qu'ils présentent résultent *seulement* de leur évolution
naturelle, toutes conditions qu'il n'est pas toujours facile de
remplir. Si l'on peut étudier de cette façon le développement
élémentaire, il devient très-difficile de tirer quelque profit
d'une pareille méthode pour arriver à la connaissance du
phénomène de la génération. Cependant la scission d'une cellule, l'individualisation d'un blastème par segmentation, se
prêteront encore à l'emploi de cette méthode. (On observe des
cellules en voie de scission; et, dans les blastèmes en voie de
segmentation, on constate la présence de sillons se perdant
dans la substance amorphe). Mais la genèse, le phénomène
de la naissance par excellence, est absolument rebelle à l'emploi de la même méthode. Il faut *voir* l'élément naître, il
faut constater les diverses phases du phénomène sur le même
élément. Sinon il faudra se contenter d'hypothèses ou rejeter
la genèse, c'est-à-dire supprimer la naissance pour en faire
une des phases du développement (*omnis cellula e cellula*).

« L'étude de la génération des éléments, dit M. Robin, néces-
site une série d'observations et d'expériences aussi complexes
que celle de la digestion. Le raisonnement suffirait à lui seul
pour montrer qu'on ne peut découvrir les lois de cette génération à l'aide seulement d'une hypothèse (1). » Pour citer un
exemple : vous observez une fibre nerveuse à double contour
avec son cylindre-axe et sa gaîne médullaire. Cette gaîne
contient un noyau pourvu de son nucléole. Vous vous exposez
à tirer de ce dernier fait une induction fausse, si vous en in-
férez, sans autre preuve, que la fibre nerveuse est une cellule
allongée, modifiée dans sa structure, métamorphosée en un
mot. Ce n'est là que l'interprétation hypothétique d'un fait,
et le phénomène que vous décrivez, vous ne l'avez pas vu s'accomplir. Si, au contraire, nous observons la naissance d'un
noyau par genèse, si nous voyons la substance amorphe s'a-
masser et prendre figure autour de ce noyau comme centre
de génération ; si nous observons les phases successives de
l'apparition de l'élément, nous tirerons vraiment de nos observations des conclusions légitimes concernant la naissance
des éléments anatomiques. Ce dernier cas est celui de M. Robin. A ses observations on peut opposer des analogies, des
inductions plus ou moins ingénieuses, mais non pas des faits.

Nous avons décrit la naissance de chaque espèce d'éléments
anatomiques, nous n'avons pas à y revenir. Nous avons déjà
signalé d'ailleurs quelques-unes des conclusions générales
qu'on peut tirer de toutes ces descriptions particulières,
conclusions qui sont toutes en contradiction formelle avec
l'hypothèse cellulaire ou de la métamorphose.

C'est ainsi que M. Robin écrit : « Dans l'hypothèse d'après
laquelle tous les éléments dériveraient de cellules, il n'y a
donc de vrai que ce fait, que chez l'embryon ils ont été précédés par des cellules qui ont primitivement composé le blastoderme, mais elles se sont liquéfiées peu à peu, elles ont dis-

_____

(1) Robin, *Progr. du cours d'histologie*, p. 37.

paru, et l'on ne peut dire jusqu'à quel point ce sont exactement les matériaux qu'elles ont ainsi fournis, plutôt que les
principes immédiats venus de la mère, qui ont servi à la génération des éléments qui leur succèdent (1). »

D'un autre côté, il importe de faire ressortir les conditions
dans lesquelles a lieu la genèse des éléments définitifs de
l'embryon, aux dépens de ceux qui disparaissent en se liquéfiant (cellules embryonnaires). Nous avons décrit, avec
M. Robin, ce phénomène sous le nom de *naissance par substitution*, ou mieux encore *dans des conditions de substitution* (2).
« On donne le nom de *théorie de la substitution* à ce fait que
chez les animaux tous les *éléments constituants* naissent par
genèse; d'où résulte la substitution de ces éléments nouveaux
et définitifs aux cellules embryonnaires qui disparaissent par
liquéfaction : il y a remplacement des cellules embryonnaires
qui se liquéfient par des éléments définitifs qui naissent spontanément à l'aide et aux dépens du blastème résultant de cette
liquéfaction... Ce mode de génération, la *substitution*, est
propre aux animaux seulement, et encore uniquement aux
éléments de leurs *tissus constituants* (3). (Ces derniers présentant le plus souvent l'état de fibres, de tubes, etc., et rarement celui de cellules, tandis que c'est l'inverse pour les
produits). « C'est, dit M. Robin, pour ne pas avoir poussé
l'étude de l'anatomie jusqu'à la connaissance des principes

(1) Robin, *Mémoire sur la naissance des éléments anatomiques ; Journal
d'anatomie et de physiologie*, t. I, p. 168.

(2) « La *substitution* des éléments anatomiques qui naissent à d'autres qui
disparaissent s'observe dans un grand nombre de cas postérieurement à l'état
embryonnaire et chez l'adulte, *mais toujours dans des circonstances morbides.*
Tantôt les éléments qui existaient disparaissent devant ceux qui se multiplient
outre mesure et qui les compriment, comme le ferait une poche anévrysmale
qui détermine, en se distendant, l'atrophie et la résorption du tissu osseux.
Tel est le cas dans lequel les cellules épithéliales des tumeurs prennent la
place des autres éléments et *envahissent,* suivant l'expression reçue, le tissu
du derme, des muscles et autres organes voisins. » (*Mémoire sur la naissance
des élém. anat.; Journal d'anat. et de physiol.*, p. 35, note.)

(3) *Dictionnaire*, dit de Nysten, art. CELLULAIRE.

immédiats, que beaucoup de médecins pensent qu'en disant qu'il y a *substitution d'un élément anatomique* ou *d'un principe immédiat à un autre*, au lieu de dire *transformation d'un élément ou d'un principe en une espèce différente*, ce n'est qu'une question de mot, c'est au contraire une question de fait. Il y a le fait de la disparition, molécule à molécule, de plusieurs principes immédiats, avec remplacement de ceux-ci par d'autres espèces : un corps nouveau, qui reste, se met à la place d'un corps qui s'en va. En disant *substitution*, c'est donc exprimer d'une manière juste la réalité ; ce serait la désigner par un terme faux que dire *transformation*, ce qui entraînerait l'idée de passage d'une forme à une autre, là où il n'y a que remplacement molécule à molécule d'une espèce de corps par une autre espèce d'une nature chimique ou élémentaire différente (1). »

De cette genèse par substitution des éléments nouveaux et permanents aux éléments primitifs de l'embryon, il résulte que toutes les espèces distinctes d'éléments anatomiques naissent successivement et qu'elles ne sont point, au moment de leur apparition, semblables entre elles « sous forme de cellules d'un type unique que différencierait le seul développement consécutif à la naissance (2). » Le seul caractère commun de toutes ces espèces, c'est de présenter dès le principe une structure bien moins compliquée que celle qu'elles offriront plus tard. Chaque élément naît en son temps, en son lieu, à sa manière. Aucun d'eux « n'offre au début les caractères propres des cellules, en tant que corps sphéroïdal ou polyédrique : aucun d'eux n'a commencé par avoir l'une de ses formes pour présenter plus tard une configuration différente par suite de son propre développement ou de sa soudure à ses semblables : aucun surtout n'a au début les carac-

(1) *Dict.*, dit de Nysten, art. SUBSTITUTION.
(2) Robin, *Mémoire sur la naissance des élém. anat.; Journal d'anat. et de physiologie*, p. 37.

tères des cellules embryonnaires, lors même qu'il succède à celles-ci ou naît au milieu d'elles.

» Ayant pour centre de génération un noyau autour et aux extrémités duquel s'ajoute molécule à molécule une certaine quantité de matière d'abord amorphe, ces éléments offrent pour la plupart la figure d'un corps allongé, plus ou moins effilé à ses extrémités, et auquel la présence d'un noyau central donne une structure analogue à celle des cellules en général; mais, dès le début, ils offrent cette particularité, sans avoir eu la configuration ni l'état ordinairement grenu que présentent les cellules, même lors de leur apparition, et ils s'éloignent de plus en plus de cette forme, sans avoir passé et sans passer désormais par celle qu'offre l'une quelconque des espèces de cellules qui conservent ce dernier état pendant toute la durée de la vie individuelle.

» Ainsi, l'apparition d'un élément anatomique ayant forme de fibre, de tube, etc., de même que celle de toute autre espèce de substance organisée, amorphe ou figurée, n'a d'autres antécédents que l'apparition des conditions physiques et moléculaires qui ont amené sa genèse. Celle-ci est due à un ensemble de circonstances concomitantes et extérieures à la chose qui naît, laquelle continue à exister et à présenter les qualités qui lui sont immanentes, tant que ces conditions demeurent les mêmes ou analogues. C'est faute de les avoir étudiées et d'avoir suivi le phénomène de la genèse, que toujours on n'a fait que reculer la difficulté du problème qu'il s'agissait de résoudre, en admettant que tout ce qui a forme et volume dans l'économie proviendrait directement de quelque partie préexistante et toujours visible, qui n'aurait fait que céder une portion de sa substance, ou changer de figure et de dimensions (1). »

(1) Robin, *loc. cit.*, p. 167-168.

Les phénomènes de l'apparition des éléments constituants, tels que nous les avons décrits, ne peuvent pas être considérés comme un fait de métamorphose. Après la genèse de l'élément, l'acquisition de parties nouvelles et la

Chaque espèce de ces éléments diffère donc spécifiquement de toute autre. « Elle en diffère tant par les caractères mêmes des noyaux qui, nés par genèse, servent de centre à leur génération, que par les caractères de la substance homogène qui s'ajoute aux extrémités ou à la périphérie de ces noyaux. Les phénomènes évolutifs, consécutifs à la naissance, ne font que rendre de plus en plus tranchées ces différences. En effet, ces éléments ne naissent pas tels qu'ils seront plus tard, aux différences de volume près : le développement chez eux consiste en des changements incessants de structure propre, indépendamment de leur augmentation de volume, jusqu'au moment où ils ont atteint le degré dit adulte ou de plein développement, à partir duquel ils peuvent présenter en outre

résorption (mais non par la *mue* de parties existant déjà) correspondent bien à ce que chez les animaux et chez les plantes on appelle évolution et développement ; mais on ne peut nullement les comparer à ce qu'on a nommé métamorphose chez les insectes et les batraciens. « Ceux-ci, en effet, dit M. Robin (*loc. cit.*, p. 166) ne perdent par une succession de mues que des organes extérieurs, et avant cette perte ils possèdent déjà toutes les parties qui existeront lorsqu'elle sera achevée. L'expression de *métamorphose* ne peut donc être employée sans erreur pour désigner les phénomènes qui se passent durant l'évolution des éléments anatomiques, à moins de changer le sens attribué jusqu'alors à ce mot. Il n'y a enfin dans cette évolution de chaque élément que des âges sans *transmutation de specie in speciem* (d'épithélium en fibres lamineuses, etc.), comme on l'a cru. Il n'y a pas non plus perte de l'individualité de chacun d'eux comme lorsqu'il s'agit des êtres complexes considérés dans leur entier, qui présentent les phénomènes de la *métagenèse*, c'est-à-dire chez lesquels des individus donnent naissance à des êtres plus complexes qu'eux-mêmes et meurent sans atteindre l'état dit adulte, ou de la reproduction ovulaire.

» D'autre part, rien dans l'étude des éléments anatomiques n'apporte un seul fait à l'appui de l'idée d'après laquelle l'élément nerveux, par exemple, proviendrait directement d'une même espèce d'éléments que celle qui a composé la tache embryonnaire ou de celle qui forme les parois des lames ventrales et dorsales de l'embryon, et cela simplement sous l'influence de conditions évolutives diverses ; hypothèse d'après laquelle cette même espèce d'éléments donnerait naissance, sous d'autres influences, à des parois propres glandulaires, à l'épithélium qui les tapisse, à celui qui naît pathologiquement au sein des muscles, le long des nerfs, dans le canal médullaire des os, etc., loin des régions où normalement existe l'épithélium. »

des modifications accidentelles de structure, de forme, de dimensions (1). » Par exemple, des éléments naissent pleins qui seront creux à l'époque de leur entier développement (capillaires, tubes du myolemme, parois propres des tubes nerveux périphériques, etc.). Les fibres élastiques qui seront plus tard très-ramifiées naissent peu subdivisées, etc. ; les fibres lamineuses dont plus tard la longueur ne se peut mesurer, naissent très-courtes ; enfin, parmi les éléments qui ont des noyaux pour centre de génération, il en est pour lesquels un seul noyau sert de centre à l'apparition de plusieurs fibres (fibres élastiques lamineuses, etc.). Il en est d'autres pour lesquels plusieurs noyaux servent de centre de génération à un seul tube (tubes du myolemme, tubes de la paroi propre des nerfs périphériques, etc.). Dans certaines espèces, les noyaux disparaissent après le développement complet de l'élément (2).

Ce qui ressort principalement de l'étude des phénomènes

---

(1) Robin, *loc. cit.*, p. 165.

« Ces modifications successives de leur caractère dans la série des âges, tant à l'état normal, à compter du moment de leur genèse jusqu'à l'état sénile le plus avancé, que dans les conditions morbides à partir de l'une des phases de cette évolution ou de l'état adulte ; ces modifications, dis-je, ne ramènent en aucune circonstance ces éléments à l'un quelconque des états par lequel ils ont passé pendant leur évolution, ni à celui qu'ils ont offert lors de leur apparition. » (Robin, *loc. cit.*, p. 165.) Cependant beaucoup des partisans de la métamorphose ont admis à l'état pathologique une *métamorphose régressive* ; ils supposaient *une régression*, un retour sur lui-même de l'élément qui, pendant cette évolution en arrière, aurait exactement reproduit, mais dans un sens inverse, les diverses phases de la métamorphose par lesquelles il avait déjà passé. La théorie de la métamorphose ruinée, il ne reste plus rien de l'hypothèse de la métamorphose régressive. « Chaque élément, dit M. Robin, a son *individualité normale et morbide*, sa manière de *naître*, de se *développer*, de se *nourrir*, a même sa manière de *s'altérer*, ce qui peut causer des aberrations l'éloignant de l'état normal, *sans le rapprocher pathologiquement d'une espèce normale quelconque*. (*Progr. du cours d'hist.*, p. 38.)

(2) Il importe de noter ce point. Jamais dans son évolution une espèce d'éléments ne devient semblable à une autre.

de la genèse, c'est l'*indépendance spécifique* des éléments anatomiques figurés. Cette indépendance est absolue, puisque dès leur origine, dans chaque espèce, ils présentent des caractères propres, et que pendant toute la durée de leur évolution, ces différences spécifiques ne font que s'exagérer (1).

« Chaque espèce a son autonomie des plus nettement caractérisées, son individualité propre, sa manière de naître, de se développer, de se nourrir. Aussi, une fois la série des actes commencée, il la suit immuablement, sauf des variations qui ne l'entraînent hors de la constante que dans des limites toujours susceptibles d'être déterminées. Dans ces variations accidentelles, les divers éléments et tissus d'un même organe peuvent être malades chacun à sa manière. Ce fait montre à lui seul que dans l'état sain les éléments et les tissus distincts offrent nécessairement des modes distincts d'existence dont la vie de l'organe est réellement composée. Cette notion met également à néant l'idée de la réduction des divers éléments anatomiques et de leur mode de naissance à un seul type ; car on ne peut ramener à un seul leurs modes d'agir de s'altérer, etc.

» Chaque espèce d'éléments observée à l'état adulte remplit un rôle physiologique qui lui est propre, en rapport avec une constitution organique spéciale. Chacune d'elles a son individualité jusque dans les moindres détails relatifs au lieu, au mode et à l'époque de sa naissance, de son développement et de sa nutrition (2). » Quant à ces trois propriétés dites propriétés végétatives de la matière organisée, l'étude de la ge-

---

(1) « On a commencé par admettre que plusieurs espèces d'éléments dérivaient d'une seule ; aujourd'hui quelques auteurs voudraient qu'une seule pût provenir de plusieurs. L'observation ne permet pas d'admettre cette hypothèse. Les éléments n'ont pas non plus une paternité multiple, c'est-à-dire qu'un seul ne peut pas dériver de plusieurs ou *vice versâ*. » (Robin, *Programme du cours d'histologie*, p. 38.)

(2) Robin, *Mém. sur la naissance des élém. anat.; Journ. d'anat. et de physiol.*, p. 43.

nèse fait également comprendre combien il importe de les distinguer. « La nutrition, le développement et la génération sont trois cas particuliers et nettement différents de l'activité immanente à la substance organisée ; réduits à un seul, ils rendent incompréhensible le changement évolutif qui nous frappe incessamment dans la substance organisée, considérée dans ce qu'elle a de plus élémentaire et de plus général, aussi bien que dans ce qu'elle a de plus complexe et de plus spécial comme organisme individuel (1). »

La naissance est, comme on sait, essentiellement caractérisée par l'apparition d'un élément anatomique qui n'existait pas.

« L'idée de comparer la naissance ou genèse d'un élément anatomique à la *cristallisation* n'exprime donc rien de réel en soi, quand on considère la nature même du phénomène, si ce n'est peut-être qu'elle indique qu'il est moléculaire, ou dominé par des phénomènes moléculaires. Cette comparaison n'a pu se produire qu'à l'époque où, ne sachant encore ce qu'est la nutrition, on ignorait aussi quelle est la condition d'existence de tous les autres phénomènes d'ordre biologique (2). »

La comparaison de la naissance des éléments anatomiques à la cristallisation se trouve pour la première fois dans Raspail, lorsque parlant du mode de formation des cellules, il

---

(1) Robin, *loc. cit.*, p. 152.
(2) Robin, *loc. cit.*, p. 169.

Il importe de ne point oublier que la génération n'est possible que dans un organisme en voie de nutrition. Le double mouvement continu de composition et de décomposition de la substance organisée, c'est-à-dire la rénovation moléculaire, est la condition nécessaire de toute production d'éléments normale ou accidentelle dans l'économie, « et cela par suite de la formation de substances organiques qui prennent figure et structure particulières en même temps qu'elles s'unissent aux principes cristallisables ». (Robin, *loc. cit.*, p. 170.) Ce sont en effet ces phénomènes simultanés qui caractérisent essentiellement la génération de la substance organisée, amorphe ou figurée.

dit que l'*organisation est une cristallisation vésiculaire* (1).
Schwann (1838) a repris et développé longuement cette idée,
il a tenté d'envisager la formation des cellules comme une
cristallisation de substances organiques, et de déduire de la *perméabilité* de ces substances les différences entre les deux
ordres de phénomènes. Il assimile aussi bien à la cristallisation la formation libre des cellules (genèse), que leur prétendue métamorphose ; il considère l'allongement d'une cellule
en fibre comme l'analogue de la transformation du cube en
prisme : ces deux phénomènes résultant de ce que de nouvelles molécules se déposent en plus grande quantité aux extrémités d'un axe qu'aux extrémités de l'autre axe. Sa conclusion est que l'organisme est composé d'une agrégation de
cristaux formé de substances susceptibles d'imbibition.
Valentin (1839), Henle (1843), s'élevèrent les premiers contre
cette hypothèse ; M. Robin l'a également combattue, son
argumentation nous paraît décisive ; nous la résumons en
terminant :

La genèse est caractérisée par deux faits simultanés qui la
distinguent de tout autre phénomène moléculaire. En même
temps qu'apparaît un corpuscule de configuration spéciale, il
se forme un principe immédiat qui n'existait pas dans le blastème. « Formation aux dépens du principe du blastème d'une
substance organique qui n'y existait pas, nouvelle pour lui
par conséquent, et apparition en même temps de matière
organisée, soit amorphe, soit à l'état de noyau, soit même à
l'état de cellule, sont des phénomènes simultanés (2). »

Il y a là une *synthèse chimique* en même temps qu'une *synthèse organique*. Au point de vue chimique, les éléments diffèrent donc des blastèmes ou des plasmas dans lesquels ils
naissent. Ces derniers, par conséquent, ne sauraient être con-

---

(1) Raspail, *Nouveau système de chimie organique*. Paris, 1838, t. II,
p. 104.
(2) Robin, *loc. cit.*, p. 170.

sidérés comme un état antérieur individuel des espèces d'éléments anatomiques figurés qui naissent à leurs dépens.

Ce fait distingue tout spécialement la genèse d'un élément
anatomique de la formation d'un cristal.

« Il y a en effet une différence radicale entre :

» 1° La simple réunion molécule à molécule des parties
dissoutes d'un même composé, ou au plus de trois ou quatre
espèces chimiques analogues, pour produire un corps à
formes anguleuses déterminées ;

» Et 2° la réunion en proportions diverses de principes
immédiats, les uns cristallisables, les autres coagulables
(parmi lesquels une espèce au moins se forme aux dépens
des matériaux du liquide au moment où se produit l'union
complexe de ces divers principes), en même temps qu'a lieu
l'apparition subite ou à peu près (genèse) de l'élément anatomique solide, amorphe ou figuré, et de volume variable suivant l'espèce dont il s'agit (1).

Le seul caractère commun que possèdent ces deux phénomènes, c'est d'être tous les deux moléculaires. Dans les deux
cas, il y a réunion molécule à molécule, de principes qui
étaient à l'état liquide et de diffusion dans une matière liquide
ou demi-liquide. Mais on ne peut les comparer sous tout
autre rapport, sans confondre en un seul tous les phénomènes moléculaires. La *génération* et la *cristallisation* se passent dans des conditions tout à fait différentes. En eux-mêmes,
les deux phénomènes ne sont pas moins dissemblables :
d'une part, réunion en proportions différentes de principes
nombreux très-divers par leur nature élémentaire et surtout
changement d'état spécifique au moment même de l'union des
substances organiques ; d'autre part, réunion sous des angles
constants, mais avec les dimensions les plus variables, des
parties dissoutes d'un *seul* composé chimique. « La dissem-
blance entre ces deux phénomènes consiste encore en ce que

---

(1) Robin, *loc. cit.*, p. 171.

précisément, dans le cas d'une solution complexe, les différents composés définis, mélangés ensemble, se séparent les
uns des autres pour se réunir exclusivement à une molécule
de même composition (1). »

Une différence capitale sépare encore la cellule du cristal
et la genèse de la cristallisation. C'est l'absence de tout *état
antérieur* en ce qui concerne l'élément anatomique. Quand ce
dernier apparaît, nous pouvons dire qu'il n'existait réellement pas avant de devenir perceptible à nos moyens d'investigation. Avant qu'on l'aperçût, les réactions les plus sensibles n'en pouvaient déceler la présence (2). Le composé
chimique, au contraire, avant d'être sensible aux pouvoirs
grossissants les plus considérables, peut être reconnu par des
réactifs s'adressant à chacune de ses parties élémentaires (3).
Avant la formation des cristaux, la matière de chacun d'eux
existe donc spécifiquement à l'état antérieur de corps simple
ou composé en dissolution. « Il suffit de connaître exactement
les conditions des phénomènes essentiels et simultanés qui
constituent la naissance des éléments anatomiques, ainsi que
les faits caractéristiques du développement et de la nutrition,
pour voir qu'on se met en contradiction avec toute démonstration, en *supposant* aux éléments un état individuel et spécifique antérieur. Mais, pour chaque espèce chimique ou de

(1) Robin, *loc. cit.*, p. 172. « Le cas des sels dont les acides et les bases
contenant de l'oxygène en même proportion se réunissent au nombre de deux
ou plusieurs dans un même cristal (isomorphisme) (le carbonate double
de chaux et de magnésie, appelé *dolomie*, et beaucoup d'autres composés
naturels ou artificiels, en sont des exemples) ne suffit certainement pas pour
contredire ce qui précède. » (Robin, *idem*.)

(2) C'est ainsi que dans le blastème où naît l'élément musculaire, on trouve
de la fibrine et jamais de la musculine ; c'est seulement dans l'élément lui-
même que les réactions signalent la présence de celle-ci. L'élément composé
de musculine n'a donc point d'état antérieur spécifique individuel avant le
moment de sa naissance.

(3) « Quelle que soit du reste l'idée qu'on se forme de ces particules élémentaires, d'après les diverses hypothèses sur l'état atomique et moléculaire
des sels, etc. » (Robin, *loc. cit.*, p. 173.)

CLÉMENCEAU. 18

corps brut, partout où nous l'apercevons, nous pouvons toujours *démontrer* qu'avant d'être visible (qu'elle soit amorphe ou cristallisée), elle existait déjà à un état antérieur invisible, soit de mélange, soit de dissolution ou combinaison. On peut faire des hypothèses diverses sur la *nature* atomique ou moléculaire de cet état, mais son existence est hors de contestation (1). »

Il n'est donc pas juste d'assimiler la génération des éléments anatomiques à une *cristallisation de substances organiques*, en essayant d'expliquer par la *perméabilité* de ces substances les différences que présentent ces deux ordres de phénomènes. Le cristal et la cellule sont tous les deux le résultat de phénomènes moléculaires, la cristallisation et la génération. On ne peut pas établir entre eux d'autre point de comparaison.

NOTE C.

P. 90. La génération des éléments de l'organisme dans l'œuf, la naissance de l'homme, en un mot, est une *génération spontanée*.

Il importe de distinguer la *génération spontanée* de l'*hétérogénie*. La connaissance du phénomène de la *genèse* a scientifiquement démontré la *génération spontanée* des éléments anatomiques. « Mais, dit M. Robin, au lieu d'être une *génération spontanée hétérogénique*, c'est-à-dire s'accomplissant hors de l'économie et donnant naissance à des corps dissemblables à ceux dont ils dérivent c'est une *génération spontanée homogénique*, c'est-à-dire d'éléments anatomiques semblables à ceux des êtres préexistants auxquels on doit les conditions d'accomplissement de ce phénomène (2). »

(1) Robin, *loc. cit.*, p. 175.
(2) M. Robin, *Mém. sur la naissance des élém. anat.* (*Journal d'anat. et de physiol.*, t. I, p. 49, note.)

La question de l'*hétérogénie* n'est encore scientifiquement résolue, ni en ce qui concerne les organismes, ni à l'égard des éléments anatomiques. M. Robin définit l'*hétérogénie* une production d'êtres vivants, ne se rattachant point à des individus de même espèce, et ayant pour point de départ de leur génération des corps d'une autre espèce ; et il ajoute que cette production ne s'accomplit point sous l'influence des mêmes conditions (de rénovation moléculaire continue ou nutritive) que nous avons vues présider à la naissance des éléments. « C'est la manifestation d'un être nouveau dénué de parents, c'est par conséquent une génération primordiale, une création (Burdach) (1). »

Jusqu'à présent l'apparition par genèse des éléments anatomiques est le seul exemple qu'il y ait dans la science de la génération spontanée d'un corps organisé ayant une forme, un volume, une structure déterminés. En revanche, il offre un grand caractère de certitude, se passant sous les yeux de l'observateur. Mais la production artificielle d'un élément, sa génération hétérogénique, de toutes pièces, molécule à molécule, et loin des éléments préexistants, n'a point encore été observée. Ce qu'on pourrait regarder à la rigueur comme une sorte d'hétérogénie relative, c'est la genèse d'éléments différents de ceux au contact desquels ils naissent, mais ayant leurs analogues dans une autre région de l'économie.

La distinction que nous établissons ici est due à M. Robin. Remak (1852), qui ne s'en est pas rendu compte, se refuse à admettre la naissance extra-cellulaire des cellules animales, parce que, dit-il, elle est aussi invraisemblable que la génération spontanée des organismes (2). Mais nous venons de voir

---

(1) M. Robin, *Journal d'anat. et de physiol.*, *Analyse du Cours de philosophie positive d'Auguste Comte*, t. I, p. 314.

(2) Virchow a également confondu ces deux idées. Il écrit : « En pathologie comme en physiologie nous pouvons poser cette grande loi : *Il n'y a pas de création nouvelle ; elle n'existe pas plus pour les organismes complets que pour les éléments particuliers.* De même que le mucus saburral ne forme

que si la genèse mérite d'ailleurs le nom de génération spontanée, ce n'en est pas moins un phénomène très-distinct de
l'hétérogénie. De plus, c'est aujourd'hui *un fait d'observation*
que dans l'organisme vivant et aux dépens d'un blastème virtuel ou distinct, on peut voir la génération spontanée de
corps organisés, ayant une forme, un volume, une structure
spécifiques, les uns plus simples, les autres plus complexes
que les infusoires végétaux ou animaux. On n'a point constaté
ce phénomène hors de l'économie ou de l'ovule fécondé.

Une autre question est de savoir si parmi les infusoires végétaux et animaux, plus compliqués ou non que les éléments
anatomiques, il existe des espèces qui puissent naître de
toutes pièces, molécule à molécule (par genèse en un mot),
aux dépens non plus d'un blastème, mais des matériaux de
l'eau et des substances qu'elle tient en dissolution (1). Tel est
le problème de l'hétérogénie. Jusqu'à présent personne n'a
vu naître d'infusoires dans l'eau, comme on a vu naître les
éléments anatomiques dans nos tissus. Cela seul pourrait cependant résoudre définitivement la question. On n'a encore
cherché à étudier que les conditions du phénomène, sans se

pas un ténia, de même qu'un infusoire, une algue, un cryptogame, ne sont
pas produits par la décomposition des débris organiques végétaux ou animaux;
de même, en histologie physiologique et pathologique, nous nions la possibilité de la formation d'une cellule par une substance non cellulaire. La cellule
présuppose l'existence d'une cellule (*omnis cellula e cellula*), de même que
la plante ne peut provenir que d'une plante et l'animal d'un autre animal. »
(Virchow, 1858, *Pathologie cellulaire*, traduit par P. Picard. Paris, 1861,
p. 23.)

Outre que ce passage ne renferme rien autre chose qu'une affirmation,
nous ne pouvons répéter que ce que nous avons déjà dit : la genèse et l'hétérogénie sont deux phénomènes tout à fait différents ; et de l'existence ou de la
non-existence de l'un on ne peut pas légitimement conclure à la possibilité
ou à l'impossibilité de l'autre.

(1) « C'est là ce qu'on a appelé génération spontanée ou équivoque (*generatio heterogenea, æquivoca, primitiva, primigena, originaria seu sponta-
nea*), par opposition à la génération par germe, dite génération univoque
(*generatio univoca*). » (*Dict.* dit de Nysten, art. HÉTÉROGÉNIE.) Le terme
d'hétérogénie est celui qui s'adapte le mieux à ce phénomène.

préoccuper du phénomène en lui-même. Ceux qui parlent des germes ne les ont point vus. Ceux qui parlent de génération spontanée hétérogénique ne l'ont point observée davantage. Les uns cherchent à prouver qu'il n'y a pas de germes dans leurs liqueurs, et concluent à l'hétérogénie par voie d'exclusion. Les autres tâchent de démontrer (par le raisonnement seul) qu'il y a des germes, et en concluent toujours par voie d'exclusion à l'impossibilité de l'hétérogénie. Quant au phénomène en lui-même, de la présence des germes et de leur développement, ou de la naissance des êtres nouveaux, tout le monde en parle et personne ne cherche à le constater (1).

« Il importerait de n'expérimenter, écrit M. Robin, qu'après s'être familiarisé avec l'observation du mode de génération des éléments anatomiques dont on peut constater journellement la naissance dans les embryons végétaux et animaux, dans les tissus de l'adulte même. Or, ceux qui admettent que des infusoires, les uns plus simples, les autres plus complexes que les cellules, les fibres (2), etc., de nos tissus, peuvent naître dans des circonstances autres que celles qui dépendent du concours d'un être semblable, ne se préoccupent pas assez de savoir où, quand et comment a lieu la genèse des éléments anatomiques (3). Ils ne s'inquiètent pas assez de savoir si cette genèse qu'ils admettent pour des êtres vivant librement a lieu ou non pour chacun des éléments anatomiques qui vivent réunis et solidaires dans les plantes

---

(1) La génération spontanée hétérogénique demande à être constatée comme on a constaté la génération spontanée homogénique, ou genèse des éléments anatomiques avec ses conditions de lieux, de temps et de mode.

(2) « Les plus simples infusoires ne sont généralement pas plus compliqués qu'une cellule d'épithélium, et même moins, comme les *monas, trichomonas, amibes,* etc. » (*Dict.* dit de Nysten, art. HÉTÉROGÉNIE.) Ces organismes sont donc infiniment plus simples de structure que la plupart de nos éléments.

(3) M. Robin, *Journal d'anat. et de physiol., Analyse du Cours de philosophie positive d'Auguste Comte,* t. I, p. 314.

et les animaux (1). » Il fallait procéder du connu à l'inconnu, et comparer la genèse de l'élément anatomique avec celle de l'infusoire, organisme élémentaire qui, au point de vue anatomique et physiologique, n'est guère autre chose qu'un élément indépendant (2).

D'un autre côté, ceux qui admettent que les infusoires ne peuvent naître qu'avec le concours d'êtres semblables à eux, et non par création de toutes pièces, ont besoin, pour être irréfutables, de suivre une méthode analogue. « Il importe que, partant de leurs connaissances expérimentales propres sur la génération des éléments anatomiques, ils décrivent comment se développent et se reproduisent les infusoires dont le mode de génération fait l'objet du litige (3). Il leur faut dire en quoi ces phénomènes se rapprochent ou diffèrent des mêmes phénomènes observés sur les éléments anatomiques de nos tissus ; car aujourd'hui nous pouvons suivre l'évolution de ces éléments depuis leur apparition première jusqu'aux dernières périodes de leur développement (4). »

Nous avons tenu à citer ici textuellement l'opinion de M. Robin sur la marche à suivre pour arriver à la solution de cet important problème. Elle critique en effet très-justement les travaux faits de part et d'autre sur la matière, en même temps qu'elle replace la question sur son véritable

---

(1) *Journal d'anat. et de physiol.* de M. Robin, *Mém. sur la naissance des élém. anat.*, t. I, p. 50.

(2) « Ce n'est, en effet, qu'après qu'on aura étudié la genèse de tous les éléments anatomiques de nos tissus, partout où elle peut être suivie, ce qui est loin d'être fait, que l'on commencera à posséder les notions convenables pour résoudre la question de l'hétérogénie.» (*Dict.* dit de Nysten, art. HÉTÉROGÉNIE.)

(3) M. Coste est jusqu'ici le seul adversaire de l'hétérogénie qui soit entré dans cette voie (voyez ses récents travaux sur le mode de génération des kolpodes). Cette manière de procéder est assurément la plus longue, mais c'est la seule vraiment scientifique et qui ne laisse de place à aucune objection.

(4) *Journ. d'anat. et de physiol.* de M. Robin, t. I, p. 315 : *Analyse du Cours de philosophie positive d'Auguste Comte.*

terrain, et rétablit l'enchaînement logique des faits qui pourraient conduire à une conclusion.

On a déjà discuté sur la portée philosophique qu'il conviendra d'attribuer à cette conclusion, suivant qu'elle sera ou non en faveur de l'hétérogénie.

Nous ne sommes pas de ceux qui admettent avec l'école primitiviste (1), que la science ne peut nous fournir aucun renseignement sur l'origine des choses. Nous ne pensons pas que jamais on puisse empêcher l'homme de se demander d'où il vient, et où il va. Supprimer les questions, n'est pas y répondre, et d'aussi graves problèmes réclament une solution. Ils la réclament si impérieusement, que l'humanité a jusqu'ici vécu sur la réponse *à priori* qu'elle a dû se faire dans son enfance, alors que manquaient les éléments d'une solution *à posteriori*.

De l'état actuel de la matière, on peut induire ses états antérieurs. La géologie ne repose pas sur autre chose. C'est ainsi que les données mêmes de cette dernière science ont prouvé que la matière organisée n'a pu coexister de tout temps avec la matière brute. Il est donc certain qu'il y a eu une genèse d'êtres, c'est-à-dire une *génération spontanée hétérogénique,* une véritable *création* (2).

Faire intervenir ici une volonté extérieure, est une hypothèse toute gratuite qu'on n'a jamais pu démontrer, qui est en contradiction flagrante avec tout ce que nous savons, et dont le moindre défaut est de n'expliquer rien.

(1) Il est de notre devoir d'ajouter que sur beaucoup d'autres points nous acceptons les doctrines positivistes si éminemment représentées aujourd'hui par MM. Robin, Littré, Stuart Mill, Brewster, etc.

(2) Le mot *création* ne peut évidemment s'entendre ici que des êtres nouvellement apparus. Il va sans dire que la matière organisée n'a pas plus que la matière brute, été *créée* dans le sens biblique du mot, c'est-à-dire de rien, ce qui n'a aucun sens. La matière *est* avec ses propriétés immanentes ; elle a toujours été, elle sera toujours. La matière organisée n'a pu être, au moment de son apparition, qu'une association moléculaire (avec ou sans dimorphisme) de la matière brute.

Dire qu'il y a eu une création, parce qu'il y a eu une force créatrice, est déjà une pétition de principe. Mais placer cette force en dehors de la matière, et lui donner l'intelligence et la conscience d'elle-même, est une conception qui ne relève ni de l'expérience, ni du raisonnement.

« Pour peu qu'on ait réfléchi, dit Buffon, sur l'origine de nos connaissances, il est aisé de s'apercevoir que nous ne pouvons en acquérir que par la voie de la comparaison : ce qui est absolument incomparable est absolument incompréhensible (1). » Or, les partisans eux-mêmes de la force créatrice lui rendent cette justice qu'elle est absolument incomparable.

Cette hypothèse exclue, nous ne pouvons plus refuser d'admettre l'hétérogénie des êtres, de par les seules forces naturelles immanentes à la matière. En d'autres termes, nous pouvons affirmer que les êtres sont nés par hétérogénie, car il est impossible qu'ils soient nés autrement.

On voit, d'après ce que nous venons de dire, que l'état de la science nous permet d'arriver, au moins par voie d'exclusion, à une certaine vue sur l'origine des êtres ; vue imparfaite, il est vrai, mais qui ira toujours s'éclairant de la forte lumière de la science. Le jour où nous aurons observé le phénomène de l'hétérogénie, nous serons en droit de conclure que, dans d'autres conditions, en d'autres temps, en d'autres lieux, le même phénomène a pu se présenter sous d'autres aspects, avec des phases, avec des résultats différents.

Mais, dira-t-on, si l'observation conclut contre l'hétérogénie ? A cela nous répondrons que l'observation ne peut pas conclure contre l'hétérogénie. Il peut arriver qu'on démontre que telle génération d'êtres considérée comme fait d'hétérogénie, n'est qu'une naissance au moyen de parents. Peut-être même la présence des germes sera-t-elle constatée, et leur développement décrit partout où jusqu'à présent on avait

(1) Buffon, *Histoire naturelle*. Paris, 1749, in-4, t. II, p. 450.

supposé, je dirais presque espéré l'hétérogénie. Mais il ne sera jamais scientifiquement démontré que la genèse hétérogénique ne puisse ou n'ait pu avoir lieu. On établira peut-être qu'on n'est point arrivé à obtenir les conditions de l'hétérogénie; on ne prouvera jamais que ces conditions n'aient pu se trouver réalisées à un moment donné, ou même ne le soient quelque jour.

Ce n'est donc point, à vrai dire, l'hétérogénie en elle-même qui est en cause dans tout ce débat, mais bien seulement un des cas particuliers de l'hétérogénie.

FIN.

TABLE DES MATIÈRES

Paris. — Imprimerie de E. MARTINET, rue Mignon, 2.

www.ingramcontent.com/pod-product-compliance
Lightning Source LLC
Chambersburg PA
CBHW060419200326
41518CB00009B/1406